自 然 文 库
N a t u r e
S e r i e s

Leonardo's Mountain of Clams

and

the Diet of Worms

达·芬奇的贝壳山
与沃尔姆斯会议

〔美〕斯蒂芬·杰·古尔德 著

傅强 张锋 译

创于1897 商务印书馆
The Commercial Press

Leonardo's Mountain of Clams and the Diet of Worms:

Essays on Natural History

By Stephen Jay Gould

目录

I

艺术与科学

1

在达·芬奇的活地球上向上运动的化石

　　在俘虏们要绞死亚瑟王（King Arthur）时，摩根这样形容他的绝望："那些人蒙住了亚瑟王的眼睛！我瘫倒在地，半点也动弹不得，喉咙里堵得很，舌头僵硬如石……他们将亚瑟王带到了绞索下面。"但是，像经典的文学作品里描写的那样，最后时刻，兰斯洛特爵士①（Sir Lancelot）带着五百骑士骑着自行车拍马杀到进行营救。"我的天，盔缨迎风飞舞，自行车队一眼望不到头，蜘蛛网一样的车轮在阳光下闪闪发光！在兰斯洛特冲过来的时候，我挥舞起了右手。我扯下绳子和绷带，高声喝道：'跪下，你们这些混蛋，还不快向国王致敬！谁敢不从，今晚就请他到地狱去赴宴！'"

　　我这里引用的既不是巨蟒剧团（Monty Python），也不是《周六夜现场》（*Saturday Night Live*）的剧本，我也没有在第一句中混淆我的性别。说话者不是女巫摩根勒菲（Morgan le Fay，毫无疑问，对于同样的困境她将会拿出具有魔力的，而不是技术上的解决方案），而是汉克·摩根（Hank Morgan），他是亚瑟王御前的康涅狄格州的美国

---

① 亚瑟王圆桌骑士中的第一位勇士。

佬，是马克·吐温同名讽刺小说中的英雄。摩根从 19 世纪的哈特福德（Hartford）①穿越而来，通过引入所有的"现代"设备（包括烟草、电话、棒球和自行车），解救了 6 世纪卡米洛特（Camelot）②的危机。

作为一种文学创作或艺术策略，"穿越"（anachronism）深深吸引了我们，它是从最高端的哲学到最低端的喜剧等所有流派的重要题材。犹如在达利（Dali）的画作中，耶稣在一个公司的会议室里被钉了十字架上；在陀思妥耶夫斯基的鸿篇巨著《卡拉马佐夫兄弟》中"宗教大法官"③谴责耶稣的二次降临（Second Coming）；反而是各种族笑话里意大利理发师或犹太裁缝给耶稣打了半价（耶稣换成了现代的衣着）这样的题材，现在已被视为没有品位和不能说的。

我想，穿越能产生怪诞而有力的效果，这是因为我们用已知的历史事件脉络作为主要武器，为混乱的世界建立了秩序。当"时代全盘错乱。唉，可恨的冤孽"④，我们真的不知所措了。我们知道，现实生活中不会像魔幻小说中那样可以轻而易举地修正感知到的时空错乱［在小说中，魔法师梅林（Merlin）可以让汉克·摩根睡上 1300

---

① 康涅狄格州的首府。

② 传说中亚瑟王的宫殿所在地。

③ 《卡拉马佐夫兄弟》是陀思妥耶夫斯基（Fyodor Dostoevsky，1821~1881）最重要的作品，也是他写得最呕心沥血的一部作品，他自视第五卷《正与反》为全书的巅峰，其中的第五章节《宗教大法官》又被誉为"陀思妥耶夫斯基作品的顶点及其辩证法的皇冠"。虽然这个章节的主题贯穿了整部小说，但由于它自身"戏中戏"的游离性质，完全可以从叙事时序中抽离出来，独立成篇。事实上，《宗教大法官》曾经多次被抽印成单行本发行。——译注

④ 出自莎士比亚的《哈姆雷特》，与本段后面的引用合起来为一句。原文为"The time is out of joint; O cursèd spite, that ever I was born to set it right！"。

　　　　　　　　　　达·芬奇的贝壳山与沃尔姆斯会议

年，或者将木桩打入正确的位置，便可杀死德古拉］。当哈姆雷特用"hakuna matata"①的形式喊出"……我生来就是为了纠正它！"这句诗时，我们认为他的无忧无虑的自信是他发疯的标志。

部分是出于其理想化，部分是出于准确性和荣誉，科学的所有学科都是按部就班地发展的。如果科学是通过推理、观察和实验等富有成效的、基本不变的方法运行，不断进步、日益精确地认知自然界，那么科学史上应该有一条由不断获得的成功所定义的时间线。在这样一个简单的线性过程中，知识是不断积累进步的，任何明显的"穿越"定会让我们倍感意外——可依据线性发展的逻辑做出完全相反的判断。在当下保持的一个古老的观点让我们看起来十分荒诞和可笑——如希望将生命的历史纳入《圣经》所写的几千年的框架中的神创论者，或者少数认真的地平说学会②成员的想法。然而有一个在遥远的过去的学者，不合时宜地支持一个"现代的"真理，让我们充满敬畏，甚至看上去可能近乎神奇。

一个始终走在时代前列的人——如汉克·摩根这样的普通人可以向尤利乌斯·恺撒（Julius Caesar）展示六发式左轮手枪，或向圣托马斯·阿奎纳（Saint Thomas Aquinas）解释基于自然选择的进化论——他堪比来自更先进的宇宙的一个太空人或来自天国的一个真正的天使。在整个科学史上，似乎没有人像莱昂纳多·达·芬奇（Leonardo da Vinci）那样有资格获得此称号，他虽然去世于 1519 年，但在其笔记

---

① 斯瓦希里语，意思为"无忧无虑"，出自由《哈姆雷特》改编的动画片《狮子王》。

② 地平说学会（Flat Earth Society）又称国际地平说学会或者国际地平说考证学会，是一个支持地平说、反对地圆说的组织。——译注

本中却写满了航空学原理、飞行器和潜艇的设想，以及对于化石本质的正确解释，要知道关于化石的专业学科直到 18 世纪末才发展起来。难道他竟然能跨越时空与爱因斯坦，或者甚至与上帝联系上吗？

我必须承认，我与许多其他人一样终生对这个人充满了好奇。我并非一个特别聪明的孩子。我每天下午都玩棍子球游戏，除漫画书和作业外很少读书。但达·芬奇吸引了我的想象。大约在十岁时我曾恳求得到一本关于达·芬奇生平和作品的书，这可能是我向父母公然要求的唯一一件知识礼物。在大学主修地质学时，我买了两卷本的多佛平装版的达·芬奇笔记（让·保罗·里奇特①1883 年编辑的重印本），因为我在莱斯特手稿（Leicester Codex）②中读到了他对化石的一些观察，不仅震惊于他的精确性，还被其清晰陈述的古生物学原理所吸引，虽然在 20 世纪之前并未被清晰总结，但这些原理如今依然是现代研究的基础。

在很多方面，达·芬奇都保持着一个低调而谨慎的形象。他的

① Jean Paul Richter，历史上破解达·芬奇笔记的第一人。——译注

② 诚如达·芬奇在某地曾说过，来了什么，就去了什么（类似中文中的因果循环、善有善报之意）。莱斯特手稿是达·芬奇最重要的笔记之一，满载关于水的本质和用途的评述，在 17 世纪 90 年代方为世人所知，朱塞佩·盖齐（Giuseppe Ghezzi，画家）在罗马的一个手稿箱子中发现了这些文献。1717 年，托马斯·科克（Thomas Coke），即后来的莱斯特勋爵（Lord Leicester）买下了这些笔记，因此被称为莱斯特手稿。在其家族一直保存到 1980 年后，被阿曼德·哈默（Armand Hammer）购得，从而被重新命名为哈默手稿（Codex Hammer）。1994 年 11 月 11 日，佳士得拍卖行声势浩大地（涉及巨大的利益）对该手稿进行了拍卖，美国的比尔·盖茨力压欧洲几国政府将其收入囊中，其价格超过了我的计数（为 30,802,500 美元）。盖茨将其恢复原名，并支持向公众公开展示，如 1996 年在美国自然历史博物馆进行的展示，在此我见到了梦寐以求的偶像，在那里我产生了写作本文的想法。莱斯特手稿是保存于美国的达·芬奇唯一的手稿。盖茨以数码扫描技术对该手稿进行了保存，并在 1997 年发布完整的光盘版。

　　　　　　　　　　　　　　　达·芬奇的贝壳山与沃尔姆斯会议

画作得到公认的大约仅有一打，其中就包括人类文化中最著名的两幅作品，《蒙娜丽莎的微笑》（藏于卢浮宫）和《最后的晚餐》（已经剥落的壁画，位于意大利米兰）。尽管他有庞大的写作计划，但他活着的时候什么东西都没有出版；虽然有几千页精彩手稿流传了下来，但也可能仅是他总产量的四分之一。但他并没有将自己的光芒隐藏起来，生前他可能就已经是欧洲最著名的知识分子了。王公贵族争相与其结交，谈论他制造战争机器和修建水利工程的计划。他为欧洲当时最慷慨的资助者，也是最有权势的统治者服务，包括米兰的卢多维科·斯福尔扎公爵（Ludovico il Moro）、声名狼藉的切萨雷·波吉亚（Cesare Borgia）和法国国王弗朗索瓦一世（King Francis I）。

达·芬奇的笔记直到 18 世纪后期才广泛为人所知，更是在 19 世纪才得以出版（且当时只是零散地出版过）。因此他扮演了独特的"私人太空人"的角色——一个具有卓越创造力的思想家，但他那些不为人知的著作对科学的发展并未产生任何影响（在其笔记重见天日之前，他的几乎所有的伟大洞见都已经被独立地重新发现了）。①

---

① 一种费解的氛围始终围绕着达·芬奇。一个学者必定会努力获取如莱斯特手稿那样的所有文件的完整译本。里奇特编辑的版本十分不系统，每个段落的内容都被打散了，按照主题进行了重新排列。（因此，你可以在一个标题下看到从其所有笔记中抽取的关于水的内容，却无法领略莱斯特手稿的全貌。虽然莱斯特手稿本身就不系统，但无论多么零散，鉴于达·芬奇出于有趣的原因经常进行奇怪的文本并置，学者们需要追踪笔记里的顺序。）达·芬奇笔记另外一个重要的版本是爱德华·麦科迪（Edward MacCurdy）在 1939 年编译的，本文中所引用的也是来自于此。这个版本虽然也按主题进行了编排，但内容更加充足，几乎堪称足本。我不得不承认，在看到最近在纽约自然历史博物馆举行的莱斯特手稿展览后，我只能一笑了（如果换个脾气，我定会怒不可遏）。参观者在那里可以看到所有的原文，也可以买一本漂亮的全真复制品目录；但却没有任何译文的印刷品，且目录上仅在内页附有简单的摘要。你可以买一张带有全文的光盘（正如比尔·盖茨所承诺的！），但大多数人家里并没有播放

在绝大多数占主导地位的公众评价中，达·芬奇一直被视为西方文化中"太空人"的典型代表。也就是说，作为一个超凡的天才，在他所处的 15 世纪，他得出的结论是科学在沿线性发展的过程向真理慢慢前进的几百年都没办法证实的。我们被一次又一次地告知，达·芬奇之所以卓然独立，是因为他将自己无与伦比的天才与基于密切观察和巧妙实验的现代方法结合在了一起。也因此，他能够克服他那个时代的无知和挥之不去的、无用的学院哲学。

　　例如，最近在纽约举办的莱斯特手稿的展览中，官方图录中的"缘起"是这样概括达·芬奇的成功的："在其（手稿）中，我们可以看到他如何将超人般的观察能力与对实验重要性的理解结合在一起。那些激发了对自然运行洞见的结果可以与他的艺术成就相媲美。"当这些传统的原始资料承认达·芬奇很多声明所具有的中世纪特征，人们几乎总是将这些内容视为可以通过观察和实验克服的纯粹障碍，而不是曾经对达·芬奇有用的或可能帮助我们理解他的信仰和结论的基质。例如，《不列颠百科全书》中关于达·芬奇的长文最后这样写道："达·芬奇进入了广阔的自然王国，探索它的秘密……他从中获得的知识依然属于中世纪经院哲学的概念，由于是建立在经验原则的基础上，他的研究结果足以成为新时代思想的第一大成就。"

　　（接上页）设备，此外，我尝试使用的版本竟然无法一次在屏幕上完整显示一行包括达·芬奇的边注的内容。一个学者无法根据屏幕上一次显示的部分文本进行工作。你不得不像在老式书中做的那样，一次比较几页上的段落。我几乎能感觉到我们所处的原声摘要——即"我们知道你只需这些内容"这种态度——的时代，会导致出现一个反对学术上隐藏达·芬奇的共谋。我喜欢查阅原始资料，但我却没有能力（也没耐心）在一个镜子中长时间阅读中世纪的意大利文献！

达·芬奇的贝壳山与沃尔姆斯会议

我想，就对待知识历史的一般方法而言，这种传统的观点是十分错误的，也不利于我们认识人类历史上这个最迷人的人。达·芬奇进行过精彩的观察。他经常得出一些预见性的结论，直到两三百年后公众才能接受。但他既不是太空人也不是天使，如果我们坚持像解读汉克·摩根那样解读他，我们将永远无法理解他，只会视之为从未来穿越而来的人，美第奇家族（Medici）的现代主义者，以及弗朗索瓦一世殿堂上的未来学家。

　　达·芬奇在他的时代背景下工作生活。他基于中世纪和文艺复兴时代关于宇宙的观念提出重大的问题，将主题和现象系统化，这将产生他非凡的独创性。如果我们不按时间顺序梳理并尊重达·芬奇思想的中世纪来源和特点，我们将永远无法真正地理解他，也无法欣赏他那些革命性的思想。所有伟大的科学，所有创建性的思想，都是有其社会和知识背景的，这些背景极可能促进洞察力，也有可能禁锢思想。历史并不是直线前行的，过去并非只是必然被取代和抛弃的坏旧时代。

　　在本文中，我将通过分析莱斯特手稿中他杰出的古生物观察记录，试图说明达·芬奇的中世纪大背景的核心价值。首先，我要承认达·芬奇的观察真正具有前瞻性的特点，但随后将提出两个问题来揭示 16 世纪早期达·芬奇进行研究的背景。第一，达·芬奇通过观察试图驳斥当时对化石的哪些认知？第二，达·芬奇试图用他的发现支持什么样的地球理论？达·芬奇并不是为了赢得后人的赞赏而做的这些观察；他通过研究化石探索那个时代背景下的这两个问题——他的答案不会出现在当时的"热门话题"中，如今我们会因这些话题的过时而不屑一顾。如果我们仅停留在惊讶于他做出的精确观察，而忽略了他进行探究的原因，我们将无法理解达·芬奇的古生物学。

的确，千真万确，如专家一直所说的，在传统意义上，达·芬奇的观察经常是异常精确的。此外，其精细程度和与现代古生物学分析的基本规则的近似程度，均让以某种方式深陷 16 世纪初期的维多利亚时期的地质学家印象深刻。但是，让我们停止惊奇，开始举一些小例子吧！（如无特殊说明，本篇所有引述均来自莱斯特手稿，麦科迪编译的达·芬奇笔记本。）

1. 通过联系河谷两侧同样的地层，达·芬奇认识到了水平地层的时间和历史本质：

> 河流是如何将巍峨的阿尔卑斯山的不同部分分割成两半的；分层岩石的排列揭示了这一点，从山巅一直下到河谷，可以看到河流一侧的地层与另一侧的地层是相对应的。

2. 他观察到在高山上的河流上游，沉积了大块的、具有棱角的岩石，越往下走，岩石不断被磨小、磨圆，在河流平缓地带沉积了沙砾，而到河口则成了细黏土。（我在大学地质学入门课程一开始，学到的就是这一头号法则。）

> 当河流奔流出山时，一路留下了大量巨石……这些大石头棱角依然分明。随着河水一路奔涌而下，它们所携带的石头棱角逐渐被磨平，个

头也逐渐变小。到后来沉积下来的是粗砾，然后是细砾……到最后沙子变得非常细，看起来跟水差不多了……这些白泥常被用来制作陶器。

3. 在几个叠覆的岩层中含有化石，证明它们是在不同时间连续沉积的。

4. 在某些地层平整的层面上，经常可以见到海洋生物留下的活动痕迹："岩石的不同层之间依然能发现蠕虫的爬痕，那是沉积面未干之前蠕虫在上面活动留下的。"

5. 如果在化石沉积中，蛤的两半壳依然连在一起，说明它们一定是在活着的时候被埋起来的，如果在死后经过水的搬运，无论如何都会使其分离。活着的时候，蛤的两半壳不是黏合在一起的，而仅是通过有机韧带以铰链的方式结合的，死后韧带会很快腐烂掉。（通过观察蛤的两半壳是否连在一起进行搬运推测的原理，是日常古生态分析的第一经验法则。我怀疑19世纪之前是否有地质学家有意提及过这样的观察结果，然而，达·芬奇已经将这个论点视为核心。这一观察首先激起了我大学时对达·芬奇的敬畏，因为我刚在课堂上学到这一法则时，心里就想，"这是多么的聪明，多么的现代啊！"）

我们发现了大量堆积的蛤，可以看到其中一些蛤的壳依然紧密相连，这说明它们是在还活着的时候被大海丢弃于此的。

另一方面，达·芬奇在另外一个地点推测了蛤死后被大量搬运：

这里曾是一片海滩，贝壳都是破碎分离的，没有像海中活着那样成对的，活着时两半壳总是扣合在一起。

6. 达·芬奇经常通过观察当前的过程去推测远古的事件，来说明所谓的均变论原理。一个明显的例子是，他计算了鸟蛤一天移动的距离，来解释岩层中贝壳化石的空间分布：

> 它们不会游泳，只能在沙中匍匐前进，靠沟槽两侧支撑自己的身体，每天行进三到四臂（*braccia*）的距离。（1臂约等于2英尺，1英尺约等于0.304米）

7. 海洋生物化石都是在海洋曾经覆盖的地区和海洋沉积物中发现的。

8. 当我们看到贝壳化石已经碎了一地，堆积在一起时，我们就可以推断在沉积前它们受到海浪和水流的搬运：

> 除非它们是死在海滩上被海浪带来的，否则我们怎么会发现一个大螺壳里有很多其他种类贝壳的碎片呢？就如同其他轻的东西被海水冲到陆地上一样。

9. 贝壳化石的年龄可以通过其生长纹来推测，这些生长纹记录了月或年的天文周期。（硬质骨壳年代学或生长周期的分析近期才成为古生物学的严谨而又重要的内容。）达·芬奇写道，如同通过计数公牛角的生长纹推断公牛的年龄一样,"(我们可以通过)计数鸟蛤或螺壳的生长纹来推测它们的寿命。"

我经常在文章中引用达尔文的一句话:"难道我们没有发现,出于不同的目的,任何观察都一定会支持或反对某些观点吗?"达·芬奇的敏锐观察似乎已经散发出了现代性的味道,但当我们知道他为何要进行这样的探索,以及他是如何对其发现的事实进行规整的,我们才能把他放到正确的时代背景中去。达·芬奇并非纯粹出于好奇才去观察化石,他是有目的性,并且带着问题去的。他从一开始就抱有明确的目标记录各种信息,为的就是反驳当时对化石的两种主流解释。这两种理论都是用来解决从古代开始就困扰着西方博物学的一个问题:如果贝壳化石是海洋生物(有些完全与现代的种类差不多)的遗骸,它们是如何到距离海平面几千英尺的高山上的岩层中去的呢?

首先,达·芬奇反驳和奚落了所有化石都是被诺亚洪水带到高山之上的观点。我所列举的观察 3~6 的例子可以驳斥这一理论:注意到很多化石保持着活着时的姿态,死后没有受到任何运动的干扰。一次大洪水无法产生连续几层化石记录。(观察 3)洪流形成的地层无法保存蠕虫的取食痕迹。(观察 4)诺亚洪水会将所有的蚌蛤化石的两个半壳打开,使之分离。(观察 5)对于鸟蛤来说,一天仅能辛苦地行进 6 到 8 英尺(1 英尺约等于 0.3048 米),40 个昼夜的大雨几乎无法为其提供从现代最近的海边到 250 英里(1 英里约等于 1.61 千米)之外的内陆(化石扇贝所在之地)旅程所需的时间:

以这样的速度，它无法在 40 天内从亚得里亚海到 250 英里以外的伦巴第的蒙法拉托——如他所说他留存了当时的记录的话。

此外，达·芬奇还说鸟蛤的壳太重了，浪头是无法挟带它们的；而底层的海水是无法将它们带到山顶的，因为达·芬奇相信底部水流总是从高处向低处流的，即使在波浪和表层水流涌向内陆时。

明确反驳诺亚洪水是化石的成因，成为莱斯特手稿的一项主要内容，占了七个完整的页面，例如，有一页的标题为"大洪水和海洋贝壳"，还有一页写着，"反驳这样的说法，大洪水可以将贝壳从海洋带到需要多日行程才能到达的地方。"

第二，达·芬奇更加轻蔑地反驳了各种版本的新柏拉图主义的理论，这些理论认为化石根本不是远古生物的遗骸，而是岩石内一些塑形力的表现，或者是一些来自星星的流溢（emanation），它们能精确地模拟生物，以显示自然界中动物、植物和矿物之间的象征性和谐。因为如果化石真的属于矿物，那么它们在山顶的位置也就不足为奇了，我们也就不需要相信它们曾经生活在海中了。

从观察 7 到观察 9，达·芬奇对新柏拉图主义的化石理论进行了反驳，后者认为化石是在所在的岩石内生长而成的，并非生物的遗骸。如果海相化石是无机物，那么它们为何不在所有的岩层中生长呢，而仅仅在携有大量海洋起源证据的岩石中才有呢？（观察 7）如果化石属于矿物，它们为何经常以碎片和杂乱的形式生长，看上去像海边的贝壳堆或像湖泊和池塘中河流带来的沉积层？（观察 8）更有说服力的是，如果化石是从岩石中的无机"种子"生长而成的，它们

是如何在不破坏周围的基质的情况下逐年扩大的，如贝壳上的生长纹所显示的那样？（观察9）

达·芬奇把最猛烈的抨击留给了那些他认为属于新柏拉图主义理论中关于符号和签名等挥之不去的内容［尽管这种观点到17世纪后半叶依然存在于西方科学界，并且生机勃勃。伟大的耶稣会学者阿塔纳斯·珂雪（Athanasius Kircher）在《地下世界》（*Mundus Subterraneus*，1664）中表达了对新柏拉图主义观最后的坚定支持］。达·芬奇写道：

> 如果你要说，根据当地的特点和上天在这里的力量，这些贝壳是在这里制造出来的，并依然在不断地被创造出来。这样的观点是不可能出现在任何具有强大推理能力的大脑中的，要知道根据贝壳外面的生长纹就可以算出它们生长的岁月。（观察9）此外，还可以看到大小不一的贝壳，如果不进食或光吃不动，它们也长不成这样。在（坚硬的岩石中）它们根本无法移动……只有那些不学无术的人才会坚持大自然或上天在这里通过天体的影响创造了（化石）。

但达·芬奇进行古生物学观察是为了反驳他那个时代盛行的理论的示例，并没有证实我的观点，即认为在他所处的近代背景下，他应该被视为一个思想家，并且不能根据他对20世纪观点的卓越预见而对其进行评价。因为一个真正的太空人还应该引述来自自己时代的优越观点，反驳自己周围的谬论。（就如汉克·摩根拒绝用信使，而是用电话召唤兰斯洛特爵士的自行车军团。）我必须给出就达·芬奇而言有据可查的见解。

正如达·芬奇进行了敏锐的观察以反驳当时流行的关于化石的理论，他还竭力给出解释以支持自己喜爱的地球理论。（所有的观察必定支持或反对某些观点……）对达·芬奇古生物学观察的积极推进正好就在文艺复兴时期或中世纪晚期，这更多与他自己的时代及关注点而不是我们所处的时代相关联。达·芬奇观察化石是对他独特的地球理论的支持所做工作的一部分，如果诺亚大洪水的故事和新柏拉图主义关于化石的理论是真实的，那么达·芬奇的理论框架将被严重削弱。如果达·芬奇没有如此地致力于这些"陈旧"的地球理论，我怀疑他是否会对化石进行如此现代性的精彩观察——因为笔记本中总是出现支持其理论的观察。

即使是在同时代人的眼中，达·芬奇也是一位超越自我的伟人，从一开始他身上就笼罩着一层强大的神话色彩。达·芬奇去世30年后，乔尔乔·瓦萨里[①]才出版了第一部传记，里面充满了如达·芬奇是如何死在法国国王弗朗索瓦一世的怀中这样的感人的荒诞故事。（弗朗索瓦一世的确非常崇拜达·芬奇，但他和他的整个朝廷在达·芬奇去世之日已经逃往到另外一个城镇了。）A. 理查德·特纳（A. Richard Turner）曾写过一整本引人入胜的书，梳理了达·芬奇传奇故事的历史，该书名为《创造达·芬奇》（*Inventing Leonardo*，加利福尼亚大学出版社，1992）。神话中一个突出的构

---

① 乔尔乔·瓦萨里（Giorgio Vasari, 1511~1574），意大利画家、建筑师、作家和历史学家。其最著名的作品是《最优秀的画家、雕塑家和建筑师列传》（*Lives of the Most Excellent Painters, Sculptors, and Architects*），被视为艺术史写作的思想源泉。——译注

成是，达·芬奇目不识丁，完全依靠观察工作，因不知道中世纪经院哲学的错误传统而获益匪浅（不知道是不是讽刺），如果我举的例子对他的中世纪神话有用的话，那我必须要反驳。因为如果达·芬奇从未知晓或学习过当时流行的传统书本知识，我就不会坚持这一专断性的观点。

作为一个佛罗伦萨公证员的私生子，达·芬奇生长在舒适但非学术的圈子中，仅接受了有限的正规教育。最重要的是，他没有学习当时知识分子圈几乎必须掌握的拉丁语。但达·芬奇在生命的后半段刻苦学习拉丁语，虽然他只掌握了一点点知识。[我喜欢马丁·坎普（Martin Kemp）在其杰作《达·芬奇：自然和人类的杰作》（*Leonardo da Vinci: The Marvelous Works of Nature and Man*）中的说法："想想达·芬奇在三十多岁时偷偷自学的样子，不断地背诵着'*amo, amas, amat ...*①'，像一个积极表现的孩子一样，就让人感到心酸。"]

此外，达·芬奇学习拉丁语是因为渴望获取古希腊和中世纪的全部知识。他建造了一个当时看来非常可观的图书馆，只要可能就都是意大利语的译本，但必要时拉丁语著作也是有的。他在古生物学和地球结构方面涉猎广泛而深入。坎普写道："他选择了古典时期和中世纪科学中存在巨大争议的难题。在他的自然地理的学习中，有一份令人惊叹的古典权威的名单……很可能在达·芬奇涉猎的古典和中世纪的知识中，没有哪个领域能如此宽广。"

---

① 拉丁语第一课都是从读背"*amo, amas, amat*"开始的，这三个词分别是拉丁语中动词"爱"的第一、第二、第三人称，意思分别是我爱、你爱、他爱。——译注

他阅读了古希腊大师亚里士多德和泰奥弗拉斯托斯^①关于地质学的论述，他还拥有一套普林尼博大的《博物志》（*Natural History*）。他研究过伟大的穆斯林学者阿维森纳^②和阿威罗伊^③（主要通过中世纪基督教的资料）的思想。他在其手稿 F 的封面内页列举了他所阅读和拥有的部分资料：亚里士多德的《气象学》（*Meteorologia*），阿基米德关于重心的论述，阿尔伯图希奥（Albertuccio）和阿尔伯图斯（Albertus）的《天地论》（*de coelo et mundo*）。我发现最后一条参考资料的注释特别好玩，达·芬奇遵循中世纪的传统区分他的参考资料，标注了"小阿尔"（Little Al，意大利语 Albertuccio 的简写）和"大阿尔"（Big Al）。小阿尔，即阿尔伯图希奥，亦称萨克森的阿尔伯特（Albert of Saxony，约 1316~1390），德国哲学家和物理学家。后世的学者经常将其与大阿尔，即阿尔伯图斯，全称阿尔伯图斯·麦格努斯（Albertus Magnus，约 1200~1280）搞混，大阿尔伯特是

---

① 泰奥弗拉斯托斯（Theophrastus，约前 372~ 前 287），也作西奥弗拉斯特，希腊哲学家、博物学家，亚里士多德之后逍遥派的领导人。泰奥弗拉斯托斯一生完成了 200 多部生物学著作，但大多数仅留下书名。在幸存的著作中，有《植物志》9 卷和《植物的本源》6 卷，是古希腊最完整的植物学书籍。此外，更为重要的是，是他率先阐明了动物和植物在结构上的基本区别。——译注

② 阿维森纳（Avicenna，980~1037），亦称伊本·西纳（Ibn Sina），中亚哲学家、自然科学家、医学家。他在波斯萨曼王朝与突厥喀喇汗王朝、伽色尼王朝时代的花剌子模和波斯工作，著作达 200 多种，最著名的有《哲学、科学大全》，在当时是高水平的百科全书；另一部巨著是《医典》，直到 17 世纪西方国家还视为医学经典，至今仍有参考价值。——译注

③ 阿威罗伊（Averroes，1126~1198），阿拉伯名为伊本·路西德（Ibn Roschd），出生于西班牙，是对西方影响最大、同时在哲学上也最接近于亚里士多德的哲学家。阿威罗伊同时也是一位医生和博物学家。他极其崇拜亚里士多德，认为亚里士多德的学说是最高的真理，因为他的理解力是人类理解力的极限。因此，伊本·路西德一生的著述活动主要是对亚里士多德著作进行注释。——译注

圣托马斯·阿奎纳的老师。两个阿尔都有关于地球形状和运动的论述，达·芬奇可能是通过阅读小阿尔的讨论知晓让·布里丹[①]的观点的。布里丹的观点成为了达·芬奇通过观察化石所捍卫的地球理论的基础。

那么，达·芬奇要用古生物学数据支持什么样的地球理论呢？简单来说，达·芬奇努力地提倡一种普通但与众不同的近代观点，这更是其所有思想和艺术的核心：将地球视为一个"宏宇宙"，将人体作为"微宇宙"，并对其进行比较和因果关联。我们今天倾向于将这种比较视为"仅仅是"类比或"纯粹的"比喻——与任何普通的因果关系的真正洞见相比，这类比较更容易助长假的统一的错觉。相比之下，达·芬奇所处的近代世界视这样的关联意义重大，它在某种程度上与源自跨尺度和物质领域的符号的普遍理论是一样的，（具讽刺意味的是）对这些理论，达·芬奇在面对新柏拉图主义思想时是强烈反对的，后者认为化石应该是在岩石中生长的，是矿物界的产物。

身体微宇宙和地球宏宇宙因果和物质的统一，在莱斯特手稿和整个达·芬奇的著作中，没有哪个主题是如此反复重现和占据核心重要性的。达·芬奇还知道这一学说从古典哲学到中世纪的经院哲学的古代渊源。在手稿 A 中［现在藏于法兰西学院（Institut de France）］，达·芬奇说，他将以下面的话开始他的《水论》（Treatise on Water,

---

① 让·布里丹（Jean Buridan，1300~1358），法国哲学家。他证明了在两个相反而又完全平衡的推力下，要随意行动是不可能的。据说他举例说，在两捆完全等量的草堆之间，一头驴因无法确定选择哪一堆，在无所适从中活活被饿死，这就是著名的"布里丹毛驴效应"。后来广泛指决策过程中这种犹豫不定、迟疑不决的现象。——译注

没有完成或出版），后来这些话一字不差地又出现在莱斯特手稿中：

古人称人为一个小的世界，事实上这样说也十分恰当，看看吧，如果人是土、水、气和火组成的，地球也是同样如此。人体内有骨骼来支撑肉体，而地球内则有岩石支撑泥土。人体内有血液库，而其中肺一张一缩地进行呼吸，地球则有海洋，每六个小时一次涨落地进行呼吸（潮汐）。血液从库出发沿着血管流到身体各处，同样，海洋也通过无数的水道达到地球各处。

我们仅在其最著名的作品《蒙娜丽莎的微笑》中就可以见识到他思想的核心：宏宇宙和微宇宙的类比。拉·乔肯特[①]站立在阳台上，俯瞰一个水流潺潺的复杂地质背景，这里的流水构成了一个完整的循环，就如同血液在身体中流动。马丁·坎普写道：

生命过程不仅反映在她身体的解剖上，在其形态和着装的表面细节上也有明显的呼应，那里有无数动感的波纹和涟漪。她精致如瀑布般的头发，完全符合水的流动，正如达·芬奇曾欣喜地观察到的那样："请注

[①] 拉·乔肯特（La Gioconda）是蒙娜丽莎的意大利语说法，翻译成法语是 La Joconde，蒙娜丽莎只是英语国家的叫法。根据后人推测，画中的女子是佛罗伦萨人丽莎·盖拉蒂妮（Lisa Gherardini），弗朗西斯科·德尔·焦孔多（Francesco del Giocondo）的妻子。焦孔多是佛罗伦萨的大家族。意大利语中 la+ 姓名表示这个家族的女人，故这幅画意大利语名叫 La Gioconda。——译注

请注意在达·芬奇的《蒙娜丽莎的微笑》中，背景中出现了复杂的
水流循环，这些水流以模拟的形式延续到拉·乔肯特的头发，以及
其服装的褶皱中（同样暗示这种模式延续到其体内的血液中）。

意，水表面的运动与头发十分吻合。"……从她聚拢的领口垂下的溪流般布料的皱褶也强调了这一类比，此外，搭落在其左胸上的面纱的螺旋皱褶也是如此。

现在我们触及到了困境的核心，它使得古生物观察对莱斯特手稿中所讨论的理论是如此重要。如学者们一直认为的那样，这本笔记主要论述的是水的本质，以及其所有的特点、表现和用途。那么达·芬奇为何要花费那么多的篇幅来讨论化石的本质，以及它们出现在如今远离海平面的山上地层中的原因呢？问题的关键在于，他几乎是在英勇地克服一个核心困难，那就是确认他关于身体微宇宙和地球宏宇宙的关键类比。大多数学者忽略了这一点，因此没有抓住莱斯特手稿中水和古生物内容的联系。

达·芬奇充分地认识到他的关键类比中存在一个致命的问题，那就是人体和地球存在巨大的差异，他在这一问题上奋斗了多年，在几本笔记中都有涉及。人体和地球都是由古希腊时期的四种元素土、水、气和火组成。人体可以通过这些元素的循环维持身体，特别是通过某些机制让水元素（即血液）从腿上升到头。如果地球也存在类似的机制维持这种循环，微宇宙和宏宇宙的类比才能成立。

但如何才能让这样的概念也适应于地球呢？特别是其中存在一个似乎不可调和的问题，即土和水是重元素，它们天生要向下（因此产生了地球存在四个同心层的理想模型，土位于中心，水在其上，气又在水之上，而火在最外围）。如果土和水一定要向下运动，这些重元素将最终在地球中心形成两个稳定的同心球，这样一来地球这个宏宇宙就无法进行充满生机的循环。达·芬奇知道他必须找到一种机制既能让土和水在地球上向上运动（逆自然趋势而行），也能让它们向下运动。这一迫切的需求是如此难以证实，成为整个莱斯特手稿中达·芬奇努力解决的核心内容。

我想说，具有讽刺意味的是，达·芬奇没有解决手稿中的主题——水的问题。他不断尝试，但却始终没有发现保证水向上运动和循环的满意机制。现在让我们关注通常被忽视的关键点，那就是达·芬奇确实成功地（以他的标准）发现了另外一种重元素土向上运动的机制。山上的化石提供了观察证据，表明陆地在通常情况下是能够上升的，因为曾经生活在大海中的贝壳现在来到了高山上。古生物学的观察构成了莱斯特手稿的中心，并非如通常所说的，是因为化石物曾经生活在水中且手稿将水视为讨论的核心（这是解释手稿花费那么大的篇幅谈论古生物学的一个很蹩脚的理由），而是因为化石记录了达·芬奇的成功（相反，他对于水这个中心主题的认识却失败了）。化石构成了其驱动陆地上升的原理的关键证据，因此，通过与人体比较，他的地球自我维持论的证据就可以自圆其说了。

达·芬奇很清楚他面临着水在地球中运动的严重问题，因此他一直在这个问题上纠结，一本笔记接着一本笔记，上面几乎一字不差地重述着这一难题，提出各种解决方案，但后来都又因无法成立而被放弃。水遵从自己的天性（达·芬奇自己的话就是自然进程）往低处流。但在地球上，水也必定能沿着内部的渠道（比附人体中的血管）向上走，在高山上泉涌而出（然后顺势形成河流汇入大海）。因此世间必定存在一种力量让水违背向下流的天性从地面往上升。这两种力量合在一起驱使水不断循环，如同血液在我们体内循环一样维持整个生命系统。

> 水从深海流向高山之巅，通过爆裂的血管（山泉）后下行汇入浅海，接着再上升到它们喷涌的高度，然后再沿同样的路径往下流。因此进行的是上升与下降交替的流动方式，时而遵循自身规律（下降），时而按照所在母体的运动方式运动（上升）。［引自大英博物馆的阿伦德尔手稿（Arundal Codex）[①]]

达·芬奇非常明确地承认，如果存在维持水违背自然趋势向上运动的机制，那就可以给微宇宙和宏宇宙的类比提供唯一的合理希望：

> 很明显，当没有大风浪的时候，整个海平面似乎距地球中心是等距离的，但山巅因为高出海平面因此距离地球中心要远一些[②]。除非地球像人体一样，否则远低于山脉的海洋中的水是无法自然上升到山巅的。因此我们一定会相信，存在与保持血液流向人头部的同样的机制在控制水到达山巅。（引自"手稿A"，藏于法兰西学院）

① 原文拼写有误，正确拼写应该为 Arundel Codex，阿伦德尔手稿是列奥纳多·达·芬奇关于力学和几何学等的一系列论文及笔记的一卷手稿，大约写于 1480 年至 1518 年间。手稿名称来自于 17 世纪 30 年代在西班牙得到这份手稿的阿伦德尔侯爵。——译注

② 达·芬奇正确地摒弃了当时很多人支持的一种流行解释。该观点认为，从横截面看，地球是一个椭球形而非球形，位于长轴末端的水将比短轴上的山脉更高（距离地心更远）。这样水就能从海洋流向山脉。但达·芬奇认识到海平面总是低于地球表面其他区域的山顶。

　　　　　　　　　　　　　　达·芬奇的贝壳山与沃尔姆斯会议

但是表达一种需要不等于发现了运行机制。在整个莱斯特手稿，达·芬奇一直努力寻找维持水在地球上上升的可行物理途径。他尝试并抛弃了几种解释，如马丁·坎普在题为"地球身体"（The Body of the Earth）一文中所说。有可能，达·芬奇首先提出是太阳的热量将水通过管道（内部流）拉升到了山顶。（在关于活地球的最强大的想象中，达·芬奇在莱斯特手稿中曾写道："地球的身体如同动物身体一样，体内交织着管道网络，这些管网彼此相连为地球和生物提供营养和生机。"）但这时他认识到，出于两种原因，这一解释无法奏效。首先，山顶最接近太阳，但水依然是冷的，甚至是冰的。第二，这种机制应该在夏天最热的时候效果最好，但这时山间溪流却经常处于最低水位。

　　达·芬奇的第二次尝试，转向地球的内部加热和蒸馏过程：可能是内部的大火将内部洞穴的水煮沸，它们以蒸汽的形式从山体内部上升，然后又回到液态并在高处的泉口喷涌而出。但这种假设也不成立：如果存在如此强大的蒸馏，那么随着蒸汽的上升，地球内洞穴的顶部必定是湿漉漉的，但它们经常是十分干燥的。于是达·芬奇进行了第三次尝试：与海绵类比，山脉可能以某种方法吸收水分达到饱和，然后从山顶渗出。但达·芬奇认识到他无法将这种类比以机械术语表达出来：

　　　　如果你要说地球的活动像海绵，当将一部分海绵放在水中，它就会把水吸上来，并送到顶端。答案是，即使水自己能上升到海绵的顶端，但除非受到外力的挤压，它们不能从顶部自己流到其他地方。然

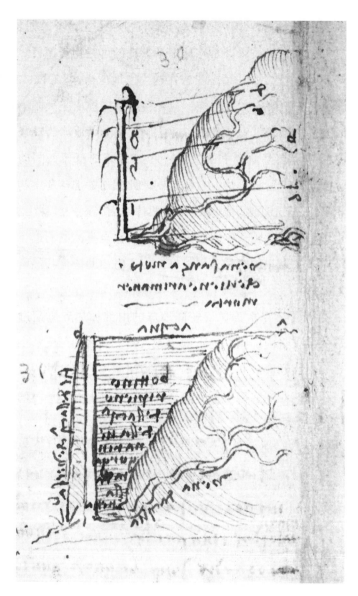

达·芬奇所画的地球内部河流的草图，水可以沿着这些河流到山顶。

而，与人们在山顶上看到的相反，虽然不存在任何的挤压，但水却自己流了出来。

（当然，有人一定会感到奇怪，达·芬奇当时为何没有发展出一种现在看来"明显"正确的解释：水通过蒸发上升，然后在山顶以降雨的形式落下。事实上，达·芬奇在笔记本中勉强承认了这种解释，时间比莱斯特手稿晚。但当我们深入到达·芬奇的头脑和他自己理解的世界，我们就能轻而易举地明白他为何要回避这样一个在今天看来显而易见的答案。达·芬奇想证明在一个活地球之内，水就像人体中的血液一样流动。这样一个类比需要水在地球内部的通道中上下流动，就像血液在血管中流动一样。然而血液是不会在我们体内蒸发，然后像雨一样在头顶降下的！）

如果说令达·芬奇万分遗憾的是未能解决水上升的问题，但他却解决了另外一个同样困难的问题（对此他是满意的），即陆地上升的一般机制——综合了他的重力观和关于侵蚀的观念。（我在达·芬奇复杂的混合思想中奋斗了很多天，这是一个关于重力和地球学术理论的混合体，主要是让·布里丹通过萨克森的阿尔伯特的书传递给达·芬奇的，这也是一个达·芬奇对于地球内部组成的猜测结合对地球表面观察的混合理论。但我现在确信我抓住了问题的核心，并能进行简要的说明。）

我们的星球（地球）有一个几何中心，即达·芬奇所说的"世界中心"，或在哥白尼之前所说的"宇宙的中心"，也就是太阳绕着地球旋转的托勒密的地心说理论。液态水的世界也一定围绕这个中心形成一个完美的球，海洋表面的各处与世界中心是等距离的。如果固态地球是均质、均匀分布的，这些构成元素也将形成一个光滑的球体，表面各处到世界中心等距离。（顺便说一下，与流行的神话相反，自古希腊时期起，所有学者都认识到地球是个球体，而非平的。）

但巨大的地球并非均质的。我们的星球内部是由固态物质构成的复杂的大理石团，液态水在岩石孔隙，乃至空气中流动，水在岩石中溶蚀成洞穴。因此，由于地球内物质分布的不均，总会有一个半球比另一半重。

莱斯特手稿中达·芬奇关于人在跷跷板上的素描图，阐释了
他对重量、距离和平衡的理解。

现在，地球同样具有一个质心（达·芬奇称之为"重心"，现在这一名词已经废弃）。对一个质地均匀的星球来说，"重心"与其几何中心是重合的。但对两个半球重量不同的地球而言，"重心"势必

比几何中心低，位于偏重的那个半球之中。而地球作为一个寻求平衡的活体，应该会努力让"重心"接近几何中心。地球以远古时代人们都知道的压跷跷板的方式在追求这个目标（莱斯特手稿中就有这样一张压跷跷板的图，当然其用途并非说明这一问题）。为了使跷跷板保持平衡，重的一方要离支点近一些，而轻的一方则要离支点远一些。同样，偏重半球的固体物质一定要沉到离世界中心近一些的地方，而在轻的那个半球上岩石一定要凸起来。山从海中升起来，并将海洋生物的化石带到了高山上，记录了地球轻的一侧陆地的隆升。

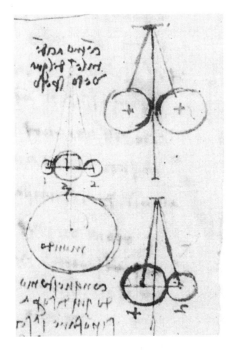

达·芬奇用这两幅图（在图片的右侧）说明当两个物体重量相同时（在他的总体讨论中代表了地球的半球），垂线（代表了"重心"）将落在它们的正中间。当两个物体重量不同时，垂线位于较重的物体内，这会使轻的物体上升（就是说地球轻的那个半球一定会升高）。

达·芬奇在手稿F（藏于法兰西学院）中简洁地描绘了这个一般

过程普遍原理：

> 由于地球的自然"重心"应当位于世界的中心，而地球的某些部分总是在变轻，变轻的部分会被推高，为了让上述的"重心"符合世界的中心，相对的一侧要被淹没相当大的一部分；水球维持其表面各处与世界中心保持稳定的等距离。

当时，达·芬奇一定发现了保持地球平衡的机制，将一个半球减轻，同时使另一个半球加重。他成功发展出两个原理，均基于水的侵蚀：一个作用于地球内部，一个作用于地球表面。在地球内部，水脉切出洞穴，它们最终会变得不稳定。洞穴顶部崩塌，巨大的岩石掉落到了世界的中心。每个半球分布在中心的岩石大体是等量的，因此一个半球的重量增加，另一个半球的重量会减少（因为整块岩体先前完全单独地位于一个半球）。达·芬奇在莱斯特手稿中对这一过程进行了明确的阐述，尽管学者们没有发现这些图的含义，在世界的中心掉落的岩石以"新月形"标示了出来（见下页插图）。在莱斯特手稿关于内部机制的描述中，达·芬奇明确地指出含化石地层的上升为这一机制的结果：

> 山峰高耸于水球之上或许是因为地球内部的一些巨大空间充满了水，这些盛水的巨大洞穴因其被泉水穿过，并不断消磨水流通过的地方，所以它们必定掉落到距离世界中心很近的位置，现在这些巨大的物质具有向下落的力量……它是通过让围绕世界中心的两侧具有相等重量来保证自身平衡，并且通过岩石断裂减轻其所在的半球之重量；它（变

轻的半球）立即将自身从世界中心移走，抬升到高处，这样人们就可以在巍峨耸立的高山之巅看到（带有化石的）岩层，这些岩层是流水所经历的变化逐渐形成的。

外部的变轻途径是侵蚀，一旦山脉隆升，这一过程会增强。河流会侵蚀山的侧边，裹挟着沉积物流入大海中。有时这些沉积物会流入相对的半球，从而进一步加剧了重量的不平衡，致使山脉隆升得更高。

现在这些岩层已经隆升得如此之高，变成了山丘或高耸的山脉，河流冲刷着这些山脉的侧翼，露出了含有贝壳的地层。地球轻的表面继续

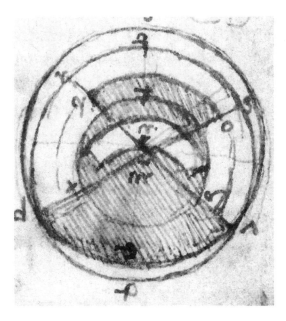

达·芬奇提出的山岳隆升的机制：上部的半球由于巨大的岩石掉落到了地球的中心而变轻。这些巨大的岩石是围绕地球中心的白色"新月形"楔子。这个楔子是从上部半球（从表面而下第三个同心层处）的相应空间（同样形状的暗色部分）掉落的。

升高，而地球另一侧相对的地方则被拉近到更接近地心的位置，远古的海床变成了山脉的一部分。

这样我们最终就抓住了莱斯特手稿中，达·芬奇古生物学观察的要害。他将化石视为证明其近代世界观的核心证据，这一世界观在整个古典时期和中世纪都庄严地宣称地球是个活生生的、自我维持的"有机体"，在宏宇宙中起作用的原理同样适应于人体这样的微宇宙。首先，达·芬奇需要一个机制让重元素，如土石和水，逆着自然趋势向上运动，这样地球就能像一个活的身体一样自我维持，通过所有元素的不断循环，而非让重元素在轻元素之下形成一个稳定的永久层。

达·芬奇无法为莱斯特手稿的主题——水——找到这样一种机制，这一失败让他很沮丧。但他在解释地球更重的元素上取得了成功。他扩充了经院哲学家提出的机制，来解释不均匀的地球中较轻半球隆升的问题。他提出水对于地球内部和外部的侵蚀导致一个半球变轻的想法，但他需要实地的观察证据来证明陆地真的上升了。他的证据的核心就是那个从古希腊时期就激起巨大争议的著名现象——为何海洋生物的化石会出现在高山上。

达·芬奇还需确认含化石地层的抬升一定是地球上普遍的和可重复的特征，而非异常事件。因此他必须驳倒当时对化石的两种最常见的解释。诺亚洪水应该被视为例外的奇异现象：如果所有的化石均来自此事件，那么靠古生物学是无法说明陆地隆升的普遍机制的；如果化石是岩石内矿物形成的，那么山有可能一直就那么高，我们更得不到山脉隆升的证据。因此，达·芬奇对化石进行了出色的观察，来证

达·芬奇的贝壳山与沃尔姆斯会议

实他那可爱而又非常古老的观点：将人体作为微宇宙和地球作为宏宇宙进行的精细而有意义的因果统一。达·芬奇是一个才华横溢的观察者，绝不是什么外星人，而是当时那个处于启蒙和引人入胜的时代的一员。

我愿意将达·芬奇想象为一个平和的、绅士的、艺术的和学术气十足的复合体。他作为一个军事工程师设计出了（一般来说并没有建造出）天才的战争设备，如同在莱斯特手稿中所说，他没有透露自己关于潜艇的设想：

> 基于人类邪恶的本性，人们会在海底进行暗杀，通过破坏船底将船上的成员尽沉海底，因此我不想发表或泄露我的设想。

我喜欢将其关于山脉从海底隆升（化石暴露给了采集者）机制的观点与同一主题上我们最著名的文学形象进行比较：以赛亚的预言说"每一个河谷必升为高陵"。我也想起，平静也将主宰以赛亚的高山（毫无疑问，化石是装饰），在此一个学者定会将研究陆地的隆升为己任，而不需要为好战的赞助者提供围攻或摧毁敌人城市的计划。在以赛亚的顶峰上，"豺狼必与绵羊羔同居，豹子与山羊羔同卧……在我圣山的遍处，这一切都不伤人，不害物"。

2

"大西部号"和《战舰"无畏号"》①

科学在发展，艺术存在变化。科学家在取得普遍的成就之前，是可替代的和无名的，而艺术家则是其独特杰作的特有和必需的创造者。如果哥白尼和伽利略未曾出现，地球依然绕着太阳转，世人会在以后的某个时刻获知这一自然真理。如果米开朗基罗未曾出现，西斯廷教堂的拱顶或许依然会画满画，但艺术的历史将会不同，人文学科将会乏味许多。有关艺术和科学的差异的这种"标准"描述，属于令我们苦恼但普遍存在的过于简单化的二分法的类型。二分法的鲜明对比既助长了它的大胆，又增加了将它错综复杂的实体们按公式化划分为两堆严格不同的东西的扭曲；而且"两者将永远不会相见，直到天地并立在上帝伟大的裁判席前"。

在这样的扭曲的二分法下，所谓的不可阻挡的技术进步导致的科学神话，实质上空洞无物，就像一台自动的机器，几乎不需要任何人驱动就独立地大踏步前进。在这种模式下，科学家的名字消失了，或

---

① 全名《被拖去解体的战舰"无畏号"》(The Fighting Temeraire tugged to her last berth to be broken up, 1838)，英国学院派画家的代表、西方艺术史上杰出的风景画家透纳的代表作之一。该油画作品 1856 年被收藏于英国国家美术馆。

　　　　　　　　　　　　　　　　达·芬奇的贝壳山与沃尔姆斯会议

几乎变得无关紧要。仅有很少几个名字作为偶像和英雄流传了下来，如发明家爱迪生和贝尔，思想家达尔文和爱因斯坦。但是，如果我们接受这一假设，认为（制造、战争、运输和通信领域的）技术推动的社会变革，远大于人类情感和创造力所造成的所有的影响，那么我们如何解决这个悖论，即推动人类历史的最有贡献的人为何都籍籍无名？谁能说出弩、拉链、打字机、复印机或计算机的发明人是谁？

虽然艺术家、政治家和军人大多数对社会的改变推动很小、很短暂，但他们却赢得了喝彩和名誉。科学家、工程师和技术专家推动了历史前进，但却被遗忘了，这在很大程度上要归咎于这一错误的信念，即当一系列渐近的发现按照逻辑和无法阻挡的顺序运转时，个体就显得无足轻重了。让我对比说明一下我们对科学家与政治家和艺术家的不同态度吧。

在吉尔伯特与萨利文（Gilbert and Sullivan）[①]合作的歌剧《耐心》(*Patience*) 中，皇家龙骑兵卫队的统领卡尔弗利上校（Colonel Calverly），向观众展示了建队的标准，并介绍了他的队伍：

> 如果你想知道这个流行的谜，
>
> 窥知龙骑兵的世界，
>
> 将历史中所有的著名人士，
>
> 以通俗的曲调飞快地说出……

---

① 维多利亚时代幽默剧作家威廉·S. 吉尔伯特（William S. Gilbert）与作曲家阿瑟·萨利文（Arthur Sullivan）。两人总共合作创造了 14 部歌剧，其内容和形式的革新，直接影响了 20 世纪音乐剧的发展。

随后，上校（以滑稽歌曲的快节奏）吟出了两段令人捧腹的打油诗，列举了 38 位历史人物，其中包括一些虚构的和普通的人物。只有一位是科学家。[但以性别歧视闻名的吉尔伯特却列出了是科学家人数三倍的女性，安妮女王①、普通和有损身份的"卧榻上的后宫女仆"②，以及伦敦伟大的蜡像馆创始人杜莎夫人（Madame Tussaud）。] 科学家出现在第一个四行中：

> 纳尔逊勋爵在"胜利号"战舰上勇不可当——
> 天才的俾斯麦在制定计划——
> 菲尔丁的幽默（听起来很矛盾）——
> 冷静的佩吉特即将钻孔开颅。

我们大多数人对于前三句没有什么疑问，霍雷肖·纳尔逊上将（Admiral Horatio Nelson）死于特拉法加战役，俾斯麦是伟大的德国政治家，而菲尔丁是小说《汤姆·琼斯》（*Tom Jones*）的作者。但科学家佩吉特在生前就名声不彰，死后更是很快淡出了人们的记忆。那谁是打开了病人头颅的佩吉特先生呢？詹姆斯·佩吉特爵士（Sir James Paget）是女王的外科医生和病理学的奠基人，在维多利亚时代可能家喻户晓，但现在已经没有几个人知道他了（如果不是借助可靠的百科全书我也不了解他）。有那么多创造历史的科学家和工程师，但吉尔伯特仅选取了一个即使是在受过教育的人的一般文化中也被遗忘了的。

---

① 安妮女王（Queen Anne，1665~1714），1702 年即位为英格兰、苏格兰和爱尔兰女王。
② 卧榻上的后宫女仆是欧洲美术史上常见的题材和形象，多半跟色情有瓜葛。——译注

第二个对比，让我们回到纳尔逊上将和特拉法加战役的故事中。1805 年 10 月 21 日，纳尔逊率领 27 艘战舰在直布罗陀海峡的特拉法加角（Cape Trafalgar）之外，遭遇并摧毁了法国和西班牙的联合舰队的 33 艘战舰。纳尔逊的部队俘获了 20 艘船只，让 1.4 万敌军士兵失去战斗力（一半死伤，一半被俘），己方仅有 1500 人伤亡，船只无一损伤。这场胜利结束了拿破仑对英国的入侵威胁，建立了英国海军的霸主地位，并持续了长达一个多世纪。

"在'胜利号'的甲板上"的纳尔逊，指挥旗舰靠近法国的"敬畏号"（Redoutable）。在如此近距离的面对面的交火中，一个法国狙击手从"敬畏号"的后桅楼上轻易地就击中了仅位于 15 码（约 13.7 米）之外的纳尔逊。几个小时之后，在获知战斗胜利后，纳尔逊因伤死去。

处于危险中的第二艘战舰"无畏号"拯救了纳尔逊的船并挽回了整个战局。"无畏号"为了拯救"胜利号"，从左舷猛攻"敬畏号"，将其击垮。（"敬畏号"的主桅正好倒落到了"无畏号"上，法国战舰投降，"无畏号"的船员登上"敬畏号"，并猛攻落败舰只的左舷。）法国的另外一艘战舰"狂热号"（Fougueux）此时向"无畏号"展开攻击，但英国军舰从右舷开火并再次获胜，俘获其第二个战利品，但"无畏号"的右侧受到了冲击。现在因为两侧都遭受了被俘敌舰的攻击，"无畏号"丧失了战斗能力，不得不被护卫舰拖进了港。

回到英国 19 世纪最伟大的艺术家透纳（J. M. W. Turner，1775~1851），我的第二个对比中的主角之一。1806 年，在其生涯早期，透纳描绘了一幅传统的战争中的英雄形象：《特拉法加之战》[*The Battle of Trafalgar*，又名《"胜利号"后桅右舷纵帆处的视角》

（*Seen from the Mizen Starboard Shrouds of the Victory*）］。我们可以看到纳尔逊在军官们的围绕下，死在了甲板上。背景中的"无畏号"正在击退"狂热号"。

1839 年，在其职业生涯晚期，透纳重回特拉法加的战舰，描述了一幅非常不同的场景，饱含哲学和情感意义，是当时世界上最流行的画作之一《被拖去解体的战舰"无畏号"》。这艘装备三层主炮的战舰，美丽而可怕，是令人敬畏的杀戮机器。"无畏号"是橡木材质，

透纳的《被拖去解体的战舰"无畏号"》

在查塔姆（Chatham）建造，1798 年下水。该船载员 750 人，远远超过了驾船所需［火炮甲板长 185 英尺（约 56 米）］，但它需要有人来操作 98 门大炮，每门炮需要几个人进行填弹、瞄准、射击和控制后坐力。但这些"橡树之心"（这些受人喜爱的伟大战舰的爱国名称）成为了自己胜利的牺牲品。它们的优势消除了未来战争的威胁，但随着蒸汽和钢铁技术的进步，它们的木头材质和船帆很快被超越了。拿破仑战争后，这些船再也没上过战场，大多数被赋予了在港内或港口附近做一些无关紧要的普通工作，例如，"无畏号"在 1812 年退役之后曾被用来作为浮动的监狱和食物储备站。

最终，随着木材的腐烂和老化的加剧，这艘伟大的战舰被出售给了拆船厂，一块块的木板被拆解了下来。罗瑟希德（Rotherhithe）码头的拆船商约翰·比特森（John Beatson），在拍卖中花了 5,530 镑的价格买下了"无畏号"。1838 年 9 月，他用两艘拖船将"无畏号"拖到了距离舍尔尼斯（Sheerness）55 英里（约 89 千米）的罗瑟希德。

透纳的画作呈现出了扭曲的戏剧视角，以完全故意的十分不准确的方式，表现了"无畏号"最后的伤心之旅。这艘伟大的战舰透着幽灵般的白色，依然高傲地竖着三根桅杆，合着恰当的光线，帆收拢在横桅杆上。前面的小蒸汽拖船被涂成了暗红色到黑色，从其高烟囱中冒出的黑烟遮挡住了"无畏号"桅杆后面的部分。透纳最辉煌的落日之一，占据了画面的右半部分，带有明确的隐喻。旧秩序最雄伟和惊心动魄的产物被迫走向死亡，被新技术产生的小东西拖着走。约翰·罗斯金（John Ruskin）写道："整个画面丝毫不见人的痛苦，但却是人类绘画史上最伤感的作品。"

透纳明确地将场景设定为浪漫和意味深长，但不追求准确性。船被当木材卖掉总是要断其桅杆，因此"无畏号"是作为没有桅杆、帆或其他任何装置的庞然大物走向了自己命运终点的，如果照实来画，将索然无味。此外，罗瑟希德位于舍尔尼斯的正西，因此太阳不可能在"无畏号"的后面落下！

对于透纳的画，经常会有一个简单而明显的错误解释，如果属实，它将让艺术和科学产生苦涩的敌意，这将颠覆本文的目的：这两个领域虽然在一些关键方面被合理地区分开来，但仍然存在潜在的友好关系和很强的相互作用。在这种对抗性的解释中——让我们回想一下诗人布莱克（Blake）的"黑暗的撒旦磨坊"与"英格兰宜人的绿原"的对比——小蒸汽拖船是邪恶的敌人，是贬低并摧毁高尚时代所产生的艺术的技术力量之象征。在一份写于 1839 年的著名评价中（当时透纳第一次展示了他的画作），作为吉尔伯特的名单中 38 个重骑兵之一的威廉·梅克比斯·萨克雷 [①] 写道：

> 战舰"无畏号"这样伟大的画作从未在任何学院的墙上出现过，也没在任何画家的画架上出现过……老"无畏号"被小小的、恶毒而凶残的蒸汽拖船拖向了最后的归宿……蒸汽小恶魔喷出大量……污秽的、可怕的、炙热的毒烟，奋力前行，激起了周围的水；而在它后面……跟着缓慢的、悲伤而宏伟的勇敢的老船，死亡已经写在了她身上。

[①] 萨克雷（William Makepeace Thackeray，1811 年 7 月 18 日~1863 年 12 月 24 日），是与狄更斯齐名为维多利亚时代的代表小说家，最著名的作品是《名利场》。——译注

这些诠释毫无意义，因为像 19 世纪很多艺术家那样，透纳被新技术深深地折服，有意地将它们融入到自己的画中。事实上，透纳对蒸汽机特别迷恋，很明显他是有意地将新技术产生的黑烟与比自然的白天颜色更亮一点的色彩混合在一起。

美术史学家朱迪·埃杰顿（Judy Egerton）在《透纳：战舰"无畏号"》（*Turner: The Fighting Temeraire*）一书中列举了透纳画的蒸汽船的数量，显然这深受他的喜爱。出现蒸汽船最早的作品是1822 年关于多佛尔城堡（Dover Castle）的一幅，上有一艘明轮汽船（paddle-steamer，客运蒸汽船在 1821 年才开始在加来和多佛之间运营），其数量在完成于 19 世纪 30 年代的、一长串表现塞纳河蒸汽船的油画和素描中达到巅峰。1836 年，一位敏锐的评论家在《评论季刊》（*Quarterly Review*）中匿名撰文，称赞透纳创造了"一个赞美的新对象，一个美的新实例，自我驱动的蒸汽船庄严地、一往无前地前进"。接着他特别地称赞"作为我们风景画家中的典范，透纳以令人钦佩的方式，把蒸汽船引入了塞纳河的一些景色中"。

这位评论家接着称赞透纳对自然和技术的富有成效和不断加强的联合：

> 高大的黑烟囱、黑色的船体和向空中吐着长长的烟圈，在河中构成了一幅生动的图像，宏伟的生动的场景。这似乎只有在大自然的简单和壮观的产物中才能看到。

《战舰"无畏号"》中的蒸汽拖船没有恶意，也不是恶魔。它不会蔑视被它拖去分解的对象。它是一艘普通的小船，干着自己份内的工作。如果透纳的油画有任何不好的暗示，我们一定会想到英国海军部（British Admiralty）的官僚，是他们让这艘伟大的战舰腐烂，然后当废品卖掉。

这将我带到了伊桑巴德·金德姆·布鲁内尔（Isambard Kingdom Brunel，1806~1859）身边，这位工程师与透纳组成了我的第二组比较对象。你们有多少人知道他的名字？看到这个名字的时候，有多少人知道这指的是一个人，而不是地图册或邮票册中什么从未注意过的小公国？当然，会有人提出，即使不是出于他个人的影响力，而是作为他所代表的伟大事业的一个象征符号，布鲁内尔是整个19世纪英国历史上最重要的人物。

布鲁内尔是英国工业历史上最伟大的实践性建设者和工程师——他用工业推动了维多利亚时代的发展，经常像设定交通路线一样坚定地设定政治路线。布鲁内尔修建桥梁、码头和隧道。他建造了一艘浮动的装甲驳轮，并为在克里米亚战争①期间攻击喀琅施塔得（Kronstadt）要塞设计了大炮。他建了一所完全由预制构件装配而成的医院，在1855年分段运到了克里米亚。

无论是在陆地上，还是在海洋中，布鲁内尔在蒸汽机的世界达到了影响力的顶峰，现在就让我们将目光转向他和透纳的关联。布鲁内尔在不列颠和爱尔兰修建了超过一千英里的铁路。他还在意大

---

① 克里米亚战争（Crimean War）在俄国被称为东方战争，1853年至1856年间在欧洲爆发，作战的一方是俄罗斯帝国，另一方是奥斯曼土耳其帝国、法兰西帝国、不列颠帝国和后来加入的萨丁尼亚王国。一开始它被称为"第九次俄土战争"，但因其最长和最重要的战役发生在克里米亚半岛，后来被称为"克里米亚战争"。——译注

利修建了两条铁路，此外，还是澳大利亚和印度的铁路顾问。在其职业生涯的顶峰，布鲁内尔建造了当时三艘最大的蒸汽船，每一艘下水时都是当时世界上最大的。他建造的第一艘船"大西部号"（Great Western），与透纳和战舰"无畏号"具有象征性的联系。"大西部号"是木质明轮船，长 236 英尺（约 72 米），重 1340 吨，是第一艘提供定期跨大西洋服务的汽轮。它在 1838 年开始自己的跨洋之行，"无畏号"也是在这一年被拖走、拆解的。事实上，在 1838 年 8 月 17 日，在"无畏号"被卖掉之后的一天，"大西部号"抵达了纽约，《航运和商贸公报》（*Shipping and Mercantile Gazette*）宣称"整个商贸世界……从此将采取新的运输工具"。透纳画作中的小拖船并未毁灭或威胁到大型帆船。而布鲁内尔的巨大蒸汽船，则宣判了帆船作为海洋运输主要和实用工具的必然终结。

布鲁内尔继续建造更大、更好的蒸汽船。他在 1844 年下水了"大不列颠号"（Great Britain），这是一艘铁壳船，长 322 英尺（约98 米），是第一艘以螺旋桨而非侧桨推动的大型蒸汽船。最后，在1859 年，布鲁内尔下水了"大东方号"（Great Eastern），它具有双层铁壳，用螺旋桨和侧桨同时推动。作为世界上最大的蒸汽船的名头，"大东方号"保持了 40 年。它不是一艘好客轮，但却在第一次成功铺设跨大西洋海底电缆中赢得了最大的名声。不幸的是，布鲁内尔没能活着看到"大东方号"进行它的第一次越洋航行。他在船上得了严重的中风，在"大东方号"起航前几天去世了。

1838 年，"大西部号"开始定期跨大西洋服务，同年"无畏号"走向终结，透纳和布鲁内尔并非仅是靠这样的巧合才紧密联系在一起的。透纳还热爱蒸汽在陆地上的主要表现形式——铁路。1844 年，透纳 70 岁，他画了一幅油画，很多评论家认为这是他最后的伟大作品：《雨、蒸汽和速度——大西部铁路》（*Rain, Steam, and Speed— The Great Western Railway*）。这条两百英里长的铁路位于伦敦和伯明翰之间，是布鲁内尔在 1834 年到 1838 年修建的（后来他用相同的名字命名了自己的第一艘大蒸汽船）。在透纳的画中，一辆火车奔驰在布鲁内尔 7 英尺（约 2.13 米）宽的铁轨上，机车正在经过另一个著名的建筑——梅登黑德铁路桥（Maidenhead Railway Bridge），这座铁路桥拥有世界上最平的砖拱，是布鲁内尔设计和修建的。列车的速度可以超过每小时 50 英里（约 80 千米），但透纳在机车前面画了一只正在奔跑的野兔，尽管没人能够确定，野兔似乎正在准备超越列车，而不是在"隆隆作响的变化之辙"（the ringing grooves of change）下被轧碎，这里引用了丁尼生关于进步的著名比喻，灵感来自诗人第一次看到铁路。

我们十分尊敬透纳，当然理应如此。但为什么伊桑巴德·金德姆·布鲁内尔这个名字几乎已经在公众的记忆中荡然无存了呢？他在工程领域的灵感可比透纳在绘画界的，在 19 世纪历史中的影响力不输艺术界的任何人。我不知道这一难题的完整答案，但科学作为公认的声望的来源，具有讽刺意味地助长了科学发现中的冷酷无情的神话，它无疑地将科学家描绘为技术进步车轮中可替换的齿轮，认为在必然进步的历史洪流中，个人的特质和天分无关紧要。

艺术与科学分属不同的领域，但它们之间的边界却并不截然，且犬牙交错，它们间的互动十分丰富且变化多端，并非通常宣称的那样

达·芬奇的贝壳山与沃尔姆斯会议

刻板。作为对重叠和差异的一个提示，最近我阅读了出版于 1845 年 8 月 28 日的第一期《科学美国人》（*Scientific American*），这是杂志为庆祝成立 150 周年重新出版的。

《科学美国人》的创立者鲁弗斯·波特（Rufus Porter）是生于美国本土的一个真正的古怪天才，具有非凡的商业技能。波特在生命的大部分时间里是一位流动的壁画画家，为整个新英格兰地区房子内墙绘制了几百幅迷人的、朴实无华的山水景观画。他之所以创办一份杂志，主要是致力于科学的实用性，如工程和制造。事实上，作为主打文章，创刊号的特别内容是"在我们的港口所见到过的最大的海上（原文写作 maratime）奇观"首次在纽约登陆的故事，这正是布鲁内尔建造的第二艘船"大不列颠号"。"这个海洋中的巨无霸，"波特写道，"像在欧洲一样，创造了太多的兴奋……在她到达纽约后的前几天，就有 12000 人参观了她，每人开心地为此付出了 25 美分。"

如果一个艺术家可以创办一份权威的科学杂志，如果透纳能用新发明的鲜红色染料［iodine scarlet，这是皇家研究所的汉弗莱·戴维（Humphrey Davy）发明的，这个当时领先的科学实验机构是由拉姆福德伯爵（Count Rumford）于 1799 年创建的］增强他画的日落，那么我们为什么要如此地执着于强调这两个最大的人类天赋表现领域的差异，并淡化其相似性呢？我们为什么那么关注艺术家的个性，而同时不断强调科学的抽象逻辑呢？这种关注点上的差异主要是选择和习惯使然，而不仅仅是显而易见的必要性使然吗？科学家的个性也非常重要，要予以尊重。我承认，如果没有达尔文，我们现在也能获得进化论，不过是其他人做出的发现罢了，很可能在不同的地方，而且肯定有不同的兴趣和关注点。这种风格上的潜在差异可能与同时代的艺术家威尔第[①]和瓦格纳[②]的差别同样深刻或令人惊讶。

我不否认科学发展具有积累的特征，这是人类历史中进步这个概念的最好佐证，同时也是艺术和科学间最大的差异。我在《科学美国人》第一期的一个小条目中发现了一个令人心酸的暗示。在最后一页上有一则关于银版照相的广告，包含以下内容："在城市和周边地区的任何地点采集死者的肖像。"于是，我想起了一本几年前出版的关于死亡儿童银版照相的书，这通常是父母能保存死去子女的唯一的肖像。（银版照相需要长时间曝光，年幼的孩子很少能被劝说一动不动地长时间坐着——但死者是不会动的，因此银版照相在保存死者图像，特别是孩子的图像上，保持了商业上的繁荣，尽管以现在的标准来看，这十分残忍。）

没有什么科学进步的例子比我们不断增长的预防青少年死亡的能力，更能获得肯定或感情上的共鸣了。在透纳和布鲁内尔所处的时代，即使是最富有和最有权势的父母也面临孩子高死亡率的问题。就在布鲁内尔建造铁路和透纳进行绘画的时候，达尔文的地质学老师亚当·塞奇威克（Adam Sedgwick）给一位朋友写信称赞自己年轻门徒取得的成就，当时达尔文正在"小猎犬号"上进行环球航行，由于远

[①] 朱塞佩·威尔第（Giuseppe Verdi, 1813~1901），意大利作曲家。他在意大利摆脱奥地利统治的革命浪潮之中，以自己的歌剧作品和革命歌曲等鼓舞人民起来斗争，因之获得"意大利革命的音乐大师"之称。——译注

[②] 威廉·理查德·瓦格纳（Wilhelm Richard Wagner, 1813~1883），德国作曲家，著名的古典音乐大师。他是德国歌剧史上一位举足轻重的巨匠，前面承接莫扎特的歌剧传统，后面开启了后浪漫主义歌剧作曲潮流。——译注

离陆地得不到治疗，一直遭受一种未知疾病的折磨："（他）在南美的工作令人钦佩，已经寄回了很多无价的标本……他这边还存在成为一个无所事事的人的风险，但他的性格已成定局，如果上帝能保佑他平安，他将在欧洲的博物学家中获得巨大的声望。"如果是在今天，一位忧心忡忡的导师就不需要这么担心了，科学保佑着我们所有的人。

前面我引用了卡尔弗利上校的龙骑兵的名单，现在我也要用其结尾的句子来做结束：

> 伯灵顿的卫队——理查森秀——
> 米考伯先生和杜莎夫人！

我们是从《大卫·科波菲尔》①中知道米考伯先生（Mr. Micawber），从杜莎夫人制作的蜡像知道她本人的。直到我在1897年版的《钱伯斯的传记词典》（*Chambers's Biographical Dictionary*）中发现了下面的条目，"理查森秀"（Richardson's show）这一疑惑才迎刃而解。约翰·理查森（John Richardson，1767~1837）是"来自马洛作坊的'便士艺人（penny showman）'，后来成长为一个富裕的旅游管理者"。但谁或什么是"伯灵顿的卫队"（Beadle of Burlington）呢？

我在20岁的时候爱上了吉尔伯特和萨利文，因此对"比德尔"

---

① 《大卫·科波菲尔》（*David Copperfield*）是英国小说家查尔斯·狄更斯的第八部长篇小说。全书采用第一人称叙事，融进了作者本人的许多生活经历，语言诙谐风趣，展示了19世纪中叶英国的广阔画面，反映了狄更斯希望人间充满善良正义的理想。

（Beadle）好奇了 40 年（可以肯定，并不总是那么好奇！）。然而，半年前，让我喜不自禁的是，我正巧遇到了"伯灵顿的卫队"，当时我根本没想到会发生这样的事。在去皇家科学研究所（汉弗莱·戴维在这里发明了透纳的新颜料）参加一个会议的路上，我在紧邻伦敦的皮卡迪利大街的地方，步入了一个 19 世纪早期的购物商场。乔治·卡文迪什勋爵（Lord George Cavendish）在 1819 年建立了伯灵顿拱廊街（Burlington Arcade），"以满足公众的需要"和在商店里"为勤劳的女性提供工作岗位"。乔治勋爵为穿过拱廊街的人设立了严格的规矩："不许吹口哨，不许唱歌，不许脚步匆匆，不许低吟，也不许作乐。"从 1819 年以来，这些体面的标准一直被伯灵顿的卫队——一个由两人组成的私人警卫队——强制执行。当然，传统必须要维持，伯灵顿的卫队依然穿戴着古老的服装：大礼帽、手套和燕尾服。

我看到一个衣着古朴、庄重的队员，两只手紧握在身后。于是我（慢慢地）绕到他的背后，想看看他所持的可能是什么，我注意到在他戴着手套的手中握着一部手机。技术与传统。老而典雅与新而实用。战舰"无畏号"与蒸汽拖船。艺术与科学。先知阿摩司①说过——"二人若不同心，岂能同行呢？"

---

① 阿摩司是以色列人的先知，《圣经·旧约全书·阿摩司书》的作者，十二小先知之一。

3

透过玻璃面对面地看清楚

我们会嘲笑维多利亚时代声明的一本正经，典型的代表就是来自赋予了这个时代名称的女人的典型引言，女王对她的奉仕官模仿自己的反应（王室中用第一人称复数）："我们不开心。"然而，我们（不仅是女王陛下自己，还有今天我们所有粗俗的人）也必定会羡慕我们维多利亚时代的先辈们在道德和物质方面毋庸置疑的自信，尤其是从我们自己不自信的、破碎的现代性的矛盾视角来看。

在19世纪50年代中期的一本通俗读本中，雪莉·希伯德①（这是一个男女通用的名字，但这里是一位男性，在维多利亚时期名满天下）对当时的盛世，包括国家大事和家居的静好赞不绝口：

> 我们的屋内满是艺术品，花园中种满了奇花异草。我们交谈的内容十分高雅，我们的快乐让我们的道德情操更上一个台阶，诗意的优雅返照我们的身心。

---

① 詹姆斯·雪莉·希伯德（James Shirley Hibberd，1825~1890），是维多利亚时期最受欢迎、最成功的园艺作家。他写了很多园艺方面，以及与博物这一主题相关的作品。——译注

希伯德认为幸福的家庭和成功的政府间存在密不可分的联系，因为"我们的家庭生活是国家伟大的保证"。但如何在家庭中实现这一纯粹而具有启迪性的理想呢？希伯德提倡品位的概念：

> 有审美的家就是有品位的家庭，其中的一切都体现了深邃的思想和纯洁的愿望……在这样的家庭中，美掌管情感教育，而智是通过很多获取知识的途径得以实现的，静静地求之于自然和艺术可以改善道德本质，它们构成了品位的基础。

由于希伯德是一个专业的自然作家，而且我将引用其最著名的作品《乡村风》（*Rustic Adornments*），想必读者不会对其为提升家庭品位开出的主要处方感到惊奇：通过展示活的生物提升品位。"家庭的乡村风，"希伯德宣称，"包含了其最高的吸引力，更不用说照亮了家庭内的爱。"希伯德对钟情于自然物所带来的精神收益推崇备至："如果有学习自然的学生，沉溺于给我们的社会生活投下了很多黑影的罪恶，将是非常不正常的。我不记得在犯罪的历史中是否有这样的伤心事，一个博物学家成为罪犯，或一个园丁被绞死。"（《阿尔卡特兹的养鸟人》①就是个好例子！）此外，拥抱自然能够让我们更平和、更繁盛——不冲突、不低俗，因为我们是英国人！

---

① 《阿尔卡特兹的养鸟人》（*Bird Man of Alcatraz*）是上映于 1962 年的美国电影，讲述了青年罗伯特·斯特劳德（Robert Stroud）因杀人被判终身监禁，一天一只受伤的小鸟飞进他的牢房，在他细心呵护下被医治好了。受到感动后，他便开始发奋研究，最终成为国际知名的鸟类学家。——译注

由于我们实际上是被驯化的人，深深地依附于遍布绿色草场、灌木树篱和灰色老龄林的土地。我们在困扰我们周围国家的冲突中保持平静，为我们古老的自由、不断进步的智慧和不断丰富的物质感到自豪。

但大自然总是在她的地盘上为我们提供启迪。希伯德认为，当时最大的进步在于"乡村风"的发明，这样家庭居民，甚至高度城市化环境中的普通人家，都能够在自己的家中"培养"自然。希伯德的书中包含连续几章讲述各种类型的室内自然陈列，从蕨类容器到鸟类饲养再到插花艺术。但在其首章，他探讨了19世纪50年代非常狂热的十年：几乎每一个试图追求现代化声望的家庭都设立水族箱。希伯德写道："我先从水族箱说起，它们的新奇、科学吸引力和迷人的优雅，使其理所当然地在家庭装饰中占据了首位。"

水族箱在概念上很普通，在现实生活中也很常见，几乎是牙医办公室或儿童房中的标配，但我们无法想象它们是从什么时候明确出现的，最初是一个怎样令人兴奋和新奇的概念。事实上，在19世纪中期，水族箱有一个复杂有趣而独特的诞生过程，在19世纪50年代是维多利亚时期英国公众最狂热的追求之一。当然，我并不是说这一发明标志着水生生物的第一次成为家养陈设。几乎所有的罗马别墅的主人，都可能曾经俯视过自家鱼池中的鱼儿。同样地，也许从古典时期就已经有人直接从侧面、眼对眼地欣赏盛养在碗中的一两条鱼了。（通过玻璃或其他透明的介质，但这在早些时候还不容易实现或太过昂贵。）

但这些都不能算技术意义上的水族箱，因其缺乏最典型的特征：

有能够被观赏的水生生物的稳定群落，并且它们不是被从上面透过带有涟漪的不透明的水流来看，而是要被从侧面透过透明的玻璃和清澈的水面对面观看。

鱼缸可以满足临时的展示，但不是一个稳定的群落。水很快会变臭，必须频繁地换水。（这就产生了一个好玩但令人沮丧的问题，所有那些童年时代爱好养金鱼的人，当然也包括你，在给鱼缸换水时，都需要把鱼捞到稍小的饮水杯中，这样虽然可以让暴脾气的金鱼活上一段时间，但却无法维持一个复杂的水生生物群落。）另一方面，水族箱的概念是建立在化学和生态组分维持平衡的原理上。植物为动物提供氧，鱼吃不断生长的植物，而螺（或其他食碎屑的生物）清除废物、吞食玻璃壁上附着的藻膜。在 18 世纪后期之前，西方科学还未发现氧气、呼吸、二氧化碳和光合作用的基本化学性质，因此在此之前不可能存在具有实用价值的明确概念。水族箱的出现是人类知识巨大进步产生的很多实用性结果中的一项。再次引用雪莉·希伯德的话："水族箱以一种有益的方式展示了补偿的平衡，那是一种存在于动植物间的动态平衡。"

在水族箱发明之前，没有几个博物学家能在室内的容器里让海洋生物活上很长的时间，除非持之以恒地投入大量精力（多为将工作交给用人，这反映了当时的另外一种社会现实）。例如，约翰·格雷厄姆·达尔耶尔爵士（Sir John Graham Dalyell），一位具有悦耳名头"宾斯的第六男爵"（Sixth Baronet of Binns）的苏格兰绅士，作为一名律师，他的日常工作是提供咨询。在 19 世纪上半叶，他在一个圆柱形的玻璃容器中养育海洋生物。但他在每个容器里仅保留了一只生物，并且每天都换水，换水工作被交给了门房，门房每周至少三次到附近的海边往准男爵的家里拉几加仑①的海水。约翰爵士对这一巨大的成功异常自豪。他最顽强的标本是一只名为"格兰尼"的海葵，1828年被养入罐中，一直活到1887年，比好心的男爵和几位继承者都活得长——虽然将卑微但顽强的肠腔动物作为遗产有可能完全不受欢迎。

[涉及水族箱历史的文献不多，但很全面。我在菲利普·雷伯克（Philip F. Rehbock）一篇极好的文章中读过约翰爵士的故事，在本书中我将其列为参考书目。我还从琳恩·巴柏（Lynn Barber）出版于1980年的《博物学的黄金时代，1820—1870》（*The Heyday of Natural History, 1820—1870*）一书中获益匪浅。但是对我而言，最重要的两份一手资料来自我的个人藏书：雪莉·希伯德的《乡村风》（第二版，1858年）；维多利亚时期最伟大的博物学家之一菲利普·亨利·高斯（Philip Henry Gosse）的杰作之一《水族馆》（*The Aquarium*，第二版，1856年）。]

所有关于水族箱起源的主要文献都讲述过一个类似的故事，锡恩夫人（Mrs. Thynne，即文中的米切拉夫人），一位富有的女士，在1846年把一些珊瑚从托基（Torquay）带到伦敦，"为的是研究和朋友间的娱乐"（再次引用雪莉·希伯德的话）。"在一个注满了海水的石头罐子中，石珊瑚被用针和线固定在大海绵上。它们安全抵达伦敦后被置入两个玻璃杯中，隔一天换一次水。但米切拉夫人所带的六加仑海水已经耗尽，必须重复利用。于是她想出了一些办法对其进行活化，以重新利用。"现在我们看一下锡恩夫人自己是怎么说的，看看有关赋闲在家时实际操

① 1加仑（美）=3.785升；1加仑（英）=4.546升。

作的源头：

> 我想通过在开着的窗前来回倾倒，让其吸收更多的空气，在每次用这些水之前要花费半个或四分之三个小时进行这样的操作。毫无疑问这是非常繁重的操作，但我有一个小女佣，她认为这很有趣，非常想帮我。

在后来的试验中，米切拉夫人确实往水中加了些植物，来让其更自然并维持平衡，但她并没有抛弃早先手工充气的操作（或者说抛弃她女佣所做的工作），由此可知，她没能建成真正的自我维持的水族箱："我经常把海藻放入玻璃碗里；但是担心无法维持所需要的真正平衡，我依然保留了倒水充气的方法。我不清楚这两者到底谁起的作用更大一些，我的生物群落还在继续茁壮成长，反正很少死亡。"有趣的是，导致 19 世纪 50 年代水族箱出现的关键发现不是直接来自海洋生物实验，而是来自另外一项技术的创造性转移，这项技术是为了满足 19 世纪 40 年代另外一股更狂热的"乡村风"，这就是为了维持植物生长的华德箱，这是一种"带有玻璃窗的密闭箱"。纳撒尼尔·巴格肖·华德（Nathaniel Bagshaw Ward）是伦敦的一位外科医生，在 19 世纪 20 年代的后期开始进行试验。他将植物封闭在几乎完全密封的玻璃容器中，用他自己的术语说就是一个"带有玻璃窗的密闭箱"，华德掌握了如何促进植物生长，并避免植物干掉或空气被污染，完全不要人费神。白天植物蒸腾作用产生的水蒸气会在晚上凝结在玻璃壁上然后流回到土壤中。因此只要足够密封，不让水蒸气逃逸掉，但又不能太紧以至于阻碍空气的进出（这样氧气才能进入，二氧

　　　　　　　　　　　　　达·芬奇的贝壳山与沃尔姆斯会议

化碳才能散出），华德箱中的植物能够维持很长的时间。

华德博士的发明不仅为希伯德提倡的为增进道德情操进行家庭陈设提供了一件可爱的小玩意，而且在维多利亚时期英国的商品贸易和帝国扩张中扮演着重要的角色。华德箱中的植物可以在海上生活数月，（对于那些无法从种子开始培养的物种来说）长距离的运输第一次成为可能。在出版于1980年的《博物学的黄金时代，1820~1870》一书中，琳恩·巴柏写道：

> 邱园的主管甚至开始进行更大规模的植物迁移……数以百万计的植物被用华德箱来回运送，他们最终在印度种植起了经济价值巨大的茶树（来自中国），在马来亚种植起了橡胶树（来自南美），从而为大英帝国增加了两项价值巨大的新商品。邱园的华德箱可能是英国政府获利最丰的投资之一，事实上直到最近它们才被塑料袋所取代。

尽管不起眼，但在大众眼中，华德箱几乎成了每一个希望彰显自己品位的英国家庭的必备之物。有很多种植物可以种在华德箱中，19世纪40年代对蕨类的狂热席卷英国，这种狂热作为社会风尚是如此壮观，甚至有一个类似拉丁化的词来形容这一大风潮，即Pteridomania，意思是蕨热。当这一狂热不可避免地平息时，华德箱一词保留了下来，为用于下一波"乡村风"的热潮做准备，那就是19世纪50年代的水族箱热。

所有的时尚，不管此刻多么流行和热烈，似乎都会在相对较短的时间以固定的进程退去。水族箱热主导着19世纪50年代对博物感兴趣的业余爱好者，但在下一个十年很快就平息下去了。1868年，另外一个受欢迎的博物学家雷沃伦·伍德（Reverend J. G. Wood）写道：

多年前，一场水族箱热席卷整个国家。每个人都要一个水族箱，里面要么装海水，要么装淡水，装海水的更受欢迎……时尚的女士在客厅要摆一个华丽的平板玻璃（plate-glass）水族箱，男学生也设法在书房中摆一个不那么浮夸的水族箱……然而，这种感觉就像温室中的植物，在人造的条件下十分繁茂，但外部支持消失后很快就枯萎了……时过境迁，那些水族箱十有九空，都被丢弃了……所有的情况都表明，水族箱热已经走到了尽头，再也不会出现了，就像许许多多相似的流行病一样。

即使是最短暂的公众狂热的片段，也能带给我们很多关于一切科学活动的社会和思想背景上的经验教训。我们已经看到水族箱热依赖于化学上的发现、关于自然平衡的哲学观点、支持大量用人在富人家中服务的社会系统，以及技术进步首先带来的人们对蕨类的狂热。进一步阅读揭示了与政治和技术史的另外一重要联系，尤其是1845年政府废除了对玻璃征收的重税。戈斯（Gosse）1856年出版的"如何"（how to）系列书中，《水族箱：揭秘深海奇观》（*The Aquarium: An Unveiling of the Wonders of the Deep Sea*）一书对很多实际问题提供了社会或技术上的解决方案——对今天的一般读者来说那根本就不是问题。例如，一个城市爱好者如何为家中的水族箱获取海水？戈斯写道：

在伦敦，海水可以轻易获得，只要给任何往来于泰晤士河口的蒸汽机船的船主或船员一点小费，就可让其从河水影响范围之外的海域取回一些干净的海水。我就有这个习惯，用两三个先令换回一木桶二十加仑的海水。

样本怎样才能以足够的速度安全运抵城镇呢？当时是乘特快列车。戈斯写道：

> 在样本过境期间，越简单越好。因此，它们应该总是通过邮政列车转运，要么是业主在终点自己接收，要么是安排"专门的信使立即转运"。这种措施的额外费用很少，经过长时间的禁锢也能保留一半的采集品。

任何社会运动都是当时时代的反映，因此我们也就不会对 19 世纪 50 年代的水族箱热这样的启蒙运动感到吃惊了。但对于影响力延续到今天的更有趣（和更实际的）的、具有明确和永久影响的事情，我们能说什么呢？一场发生在历史的道路上如此短暂（但非常强烈）的事件，来去如风，能给后代带来什么样的印迹？当然，从细枝末节上看，我们仅能肯定地回答这一问题，因为在生活的各个方面——从矫揉造作的商业主题公园，到高高在上的公共博物馆，到世界各地的研究实验室，到普通家庭的客厅——水族箱都保持着强大的人气。（兴趣与社会环境紧密相连，至少在美国是如此，喂养热带鱼的都是工人阶级，他们也喜欢打保龄球，而进行滑雪和帆船运动的人群喜欢观鸟或去非洲探索。)

我对隐藏在一目了然的事情下"不可见"的事物情有独钟，由于答案似乎是如此之明显，以至于我们甚至不知道问题之所在。有些认知方式是如此的明确和必然，以至于自古以来我们都认为是理所当然的，是天生如此的。给尼安德特人取名为奥格（Og），给南方古猿取名阿蒂（Artie），甚至给古新世的灵长类祖先取名普里西拉（Priscilla），也一定是出于同样的背景。但当我们可以证明这样的一种思维或见解的策略，只是从我们实际历史中近期一个特殊的事件中产生的，我们从而获得了所有知识都必须在社会背景下产生这一重要原则的最佳证明，即使对那些基于直接或简单观察而得到的最"明显的"事实也是如此。（为了确保恰当观察，首先必须问正确的问题和背景中出现的所有问题。）

蕴含大道理的小故事最能打动我，最有趣的都在于细节——我宣称我所恪守的几则常见的座右铭讲的都是上帝、魔鬼，或任何伟大的时刻都存在于细节中。我相信，我们可以把这些公认的小的但"明显"固定和普遍的观看模式中的一种，作为19世纪中期水族箱热的直接遗产；而作为一种西方的认知方式，它的历史尚不足百年。

我们如何画水下的海洋生物和它们群落的一般的场景呢？对于此问题，答案似乎很明显，我们可能会对有人费心提出这一问题感到吃惊。今天，我们总是以"自然的"视角画这样的场景：人们在以"眼对眼"或侧视的角度观察海洋生物，就像他是在水下画的一样，也就是说在同一层面观察它们。这样的视角难道不是最好的吗？毕竟，我们希望活生生地展示这些生物，了解它们的正常行为和运动。在其生活的海洋环境外，我们怎样才能画好它们呢？

这样一种倾向似乎既自然又无可置疑，因此在人类的实践中保持了下来，但插图的历史揭示了一个不同的、非常有趣的故事。直到19世纪中叶，海洋生物（大部分是鱼，以游泳的姿态）还几乎全部被画在水面之上，或者是堆积在岸边和曝干在陆地上（主要是底栖生物，大多数为无脊椎动物）。自上而下的视角，从站立在陆地上出发的视角，在艺术史中成了惯例。例如，瑞士学者约翰·雅各布·佘赫泽（Johann Jakob Scheuchzer）在18世纪30年代出版的《自然世界》（*Physica Sacra*）中为鱼类和海洋软体动物起源所作的版画，可作为19世纪之前生命史插图的"黄金标准"。

当时的这本杰作相当于今天一部搭售着从书到咖啡杯全套产品的精致纪录片，其中包括750幅精美绝伦的整页的雕版画，描绘了圣经的每一个场景，里面包含了从博物角度看所有似乎合理的生物。《创世记》第一、二章的创始故事为一系列广泛的插图提供了明显的素材。所有海洋生物都位于上方或高出水面，这是从人站在岸边的观察角度出发的。在创造软体动物一图上，画有蚌蛤和螺依附在一弓形岩石上，或位于前景的海滩上，但在背景的海洋中却没有任何生物。在海洋脊椎动物的创生一图中，在顶部和上部边上（也就是位于海洋之上）是鱼类组成的花环，而一些游泳的鲸鱼和鱼类部分地突现于水面，飞鱼则在上部空间优雅地飞着！

对于这种明显不是最优的带有强烈传统的插画，我只能想象出一种原因。当时艺术家一定是在回避今天我们喜爱的更为"自然的"身临其境的面对面的视角，当然也不可能使之概念化。插画家一定回避了侧面的视角，因为在水族箱发明前大多数人从未以这种角度看过

在约翰·雅各布·佘赫泽的《自然世界》一书中，
海洋无脊椎动物是以一种"前水族箱"的视角呈现的。

　　　　　　　　　　　　　　　达·芬奇的贝壳山与沃尔姆斯会议

佘赫泽的海洋鱼类（在海洋表面构成了一个花环框）
是从一个岸边观察者的视角往下俯瞰的。

透过玻璃面对面地看清楚

海洋生物。在家中装点"乡村风"陈设的狂热让原先不可思议（因为从未看过）的视角成为平常。水在流动时通常是模糊和不怎么透明的。在面罩、潜水钟、呼吸管或氧气瓶发明之前，人类在水下观察片刻后必须浮上水面呼吸空气。绝大部分西方人（包括大多数职业水手）是不会游泳的，也不会主动想到潜入海水中。因此，在水族箱发明前，大多数人从未在其生活的环境中看过海洋生物（甚至也没有什么人那样想过）。在水族箱开启一个全新的视角之前，从岸边俯视的传统视角一定是人类"自然的"观看之道。

在其职业生涯早期，马丁·路德维克（Martin Rudwick）是一位优秀的古生物学家，现在则是世界上最著名的地质学史专家。他第一次让我认识到插图史中这种有趣的变化，以及水族箱可能提供的灵感。在其论述史前生命绘画史的杰作《来自时间深处的景象》（*Scenes from Deep Time*，1992）中，路德维克注意到几乎所有描绘海洋生物的早期插图毫无例外都是让它们曝干在海岸上——当时对远古时期生物群落和环境所知甚少，特别是当你认识到生命史的大部分时间都是位于海洋中！路德维克写道：

> 来自时间深处的大多数场景……绘画时都是让普通的海洋生物被冲到岸上，以从人类的视角没有任何问题的前景来呈现。在这一点上，他们简单地延续着既有的绘画传统……实际上，产生大多数化石的水生世界只能从外面、从对人类的时光旅行者更容易接近的地表世界的角度来描绘……这表明对于公众而言想象史前的水下视角是多么的困难……对大多数地质学家可能也是一样。至少直到本世纪中叶，著名的水族箱

　　　　　　　　　　　　达·芬奇的贝壳山与沃尔姆斯会议

热第一次让人们能够轻易地观察到水下世界。

我并不想夸大这一主题的排他性。面对面的视角是不难想象的，即使人们从未以这个角度看过海洋生物，鱼缸的确提供一些简单的提示。因此，在老的插画中也会偶尔遇到"现代"视角。（我所见到的最早的类似插画是在16世纪德国关于军事战术的书中，一个士兵，或者我应该说一个水兵，悄悄地在一个湖底行走接近敌人的船只，将其凿沉。图中有几条鱼在水中游泳，它们非常呆板，很明显只是陪衬。）

在路易斯·菲吉耶第一版的《大洪水之前的地球》中，
这幅平版画描绘了散落在海滩上的泥盆纪海洋生物。

路德维克当然十分正确地注意到这样的绘画的稀有性，他还指出，当同样的艺术家用传统的陆上视角为教科书和其他标准材料绘图时，偶然的例外通常有非常规或幽默的目的。例如，在1830年水族箱热兴起之前很久，英国地质调查局的第一任主管亨利·德·拉拜奇（Henry de la Beche）和一位高水平的插画家绘制了一幅著名的多塞特郡中生代海洋生物复原场景的画作，就是从"现代的"面对面的视角。他绘制这幅图是为了组织一场募捐为玛丽·安宁（Mary Anning）筹钱，这位著名的化石采集者已经贫困潦倒。但两年之后，当在一本流行的教科书中发表关于同样的鱼龙和蛇颈龙的复原图时，却将它们要么放在了岸上，要么放在了水面上。

在过去的五年里，在我的历史阅读中，我曾非正式地关注了一下这个主题，我同意路德维克的观点，直到水族箱为人类提供了正常的观察之后，"自然的"侧视才流行起来。此外，几乎所有的发明从出现到被普遍接受都存在一定的"时滞"，我还注意到面对面的海洋视角在水族箱热盛行的 19 世纪 50 年代并没有流行起来，而是在之后的 20 年里才逐步成为主流。下面引用两个勉强放弃旧传统视角的例子，雪莉·希伯德（1858 年）展示了几种从侧面看水族箱的图。但希伯德几乎所有的插画，虽然是透过玻璃的侧面视角，但还是让观察者从上往下俯视水族箱，而不是直接地从侧面平视（与其中的鱼在同一水平线上）。此外，在书的每章首页的装饰画中，希伯德依然采用站在岸边俯视的视角，如第一章"海洋水族馆"中精美的洞穴无脊椎动物。

在一个著名的例子中（路德维克也引用了），当时非常知名的法国博物学家路易斯·菲吉耶（Louis Figuier）——他是当时的卡尔·萨根（Carl Sagan）或大卫·爱登堡（David Attenborough）——出版了第一本重要的生命编年史的书《大洪水之前的地球》（*La terreavant le déluge*），书中按照时间的顺序展示了每一个时期的场景。与他合作的石版画家爱德华·里乌（Edouard Riou），是当时最著名的科普插画家，为儒勒·凡尔纳（Jules Verne）等其他作者工作过。在1863年的第一版中，里乌所画的所有鱼都是死的，干死在岸边。后面几版亦是如此；但在1865年的第四版中里乌为石炭纪的鱼和海洋无脊椎动物增添了更多的视觉效果，仿佛是从水族箱中对其侧视。

对我们人类这个可怜、愚昧的物种（毕竟是第一个具有哲学和艺术自我意识的进化产物）来说一切都来之不易。即使是最明显、精确和自然的思考和绘画风格，也一定受历史的影响，需要不断地奋斗。因此，解决方案必定在社会大背景下，在定义人类进步可能的思维和环境的互动记录中产生。最后，模仿一段熟悉的文字来结尾：只有在水族箱发明后，透过透明的玻璃，并且面对面地审视华丽的旧世界时，我们才学会了以"自然的"方式观察海洋生物。

石炭纪海洋动物复原图，路易斯·菲吉耶的第四版（1865）中明显展示了后水族箱时代的视角。

透过玻璃面对面地看清楚

海洋水族馆

"是一座声音回荡的拱形的巨窟，上面镶嵌着成千
成千的珍珠，和有形形色色坚硬螺纹的红嘴贝壳，
有的大得可容鲸鱼藏在里面闷闷不乐度过无穷的暴风雨，
也有绿色和淡蓝色的鱼似的东西要喷出水来。"

——济慈《恩狄芒》（朱维基译）

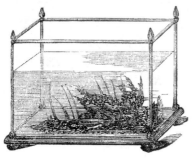

《乡村风》中的章节标题，反映了当时
海洋插图的老式风格，就如从上往下
俯视水族箱。

　　　　　　　达·芬奇的贝壳山与沃尔姆斯会议

II

演化中的传记

4

被博物学家剥光的蛤

在本杰明·布里顿（Benjamin Britten）根据亨利·詹姆斯（Henry James）的小说《旋螺丝》（*Turn of The Screw*）所改编的歌剧中[①]，男孩米尔斯（Miles）在他们的拉丁课上对着家庭女教师有一段唱词：

> 马洛：我宁愿待在（*Malo: I would rather be*）
>
> 马洛：苹果树中（*Malo: in an apple tree*）
>
> 马洛：也不愿做一个逆境中的（*Malo: than a naughty boy*）
>
> 马洛：淘气男孩（*Malo: in adversity*）

布里顿用这首小打油诗充分表现出了詹姆斯怪异小说的恐惧和神秘，将其作为激烈而哀伤的挽歌在整部剧中不断循环。在唱词最后一次出现时，这次是由家庭女教师吟唱，米尔斯死在了舞台上。布里顿的设

[①] 《旋螺丝》是 19 世纪美国小说家亨利·詹姆斯的短篇著作。讲述了女家庭教师试图将两个孩子从幽灵手中解救出来而陷入绝望的故事。20 世纪中叶，英国作曲家布里顿将这部著作谱上音乐，搬上舞台。——译注

计效果很好，十分契合米尔斯平淡无奇的文字（这同时表达了他对个人邪恶的恐惧）。这首英语打油诗合辙押韵，很有意义，但教学上的笑点在于（单词不多的）四行英语中的每一行都可以译为单个拉丁词 malo（动词 malle 的第一人称单数，意为偏爱；名词 malus 的离格，苹果树；等等）。事实上，米尔斯的打油诗属于一种古老的文体，为的是让孩子们爱上拉丁语——很明显，这是教师们要克服的一个古老难题。各种儿童经典的拉丁版，代表了当下我们为了实现这一目标做的最明显的努力，《小熊维尼》（*Winnie Ille Pu*）就是其中最突出的例子。

我之前的那代儿童，经常会遇到刺激他们勤奋学习的动力——那就是性。与我父亲同辈的一些人曾告诉过我，他们会很认真地学习古老的语言，因为有些邻家小孩总是能接触到父母手中克拉夫特－埃宾 ① 所写的《性心理疾病》（*Psychopathia Sexualis*）。这是一部完成于 19 世纪后期的案例研究巨著，涵盖了各种可想象得到的性怪癖，因为描绘得十分生动，即使大法官斯图尔特先生 ② 也能识别其类型。该书内容的主体在很久以前就被翻译成英文了，但诚如克拉夫特－埃宾自己所希望的，有关实例研究的生动描述依然保留为拉丁文！

我没有赶上这些有趣的事。我从未学过那样的儿童经典记忆法，

---

① 克拉夫特－埃宾（Richard Freiherr von Krafft-Ebing, 1840~1902），奥地利精神病学家，性学研究创始人，早期性病理心理学家。《性心理疾病》一书是他为医生和律师而写的专著，副标题为"临床－法医学研究"。——译注

② 大法官斯图尔特先生是指美国前大法官波特·斯图尔特（Potter Stewart, 1915~1985），他在处理一桩淫秽电影案件的时候，曾用"当我看到了，我就明白了"表示淫秽电影对社会所造成的影响是很难定义的。——译注

因为我的拉丁语是在大学学习的。在我对性产生兴趣之前的几年，克拉夫特－埃宾的案例研究就已经被翻译成了英文，因此我也没有体验过那样的性驱动。因此，当我上周从研究生院的科研中获得一些下流的快乐时，我很享受这种迟来的愉悦。但这并不是来自于读克拉夫特－埃宾的书，而是源自我对卡尔·林奈（Carolus Linnaeus）1771 年出版的《软体动物研究基础》（*Fundamenta Testaceologiae*，这本书从未被从拉丁语翻译成其他语言）一书中关于软体动物内容的研读。

当然，我们要讨论的是蛤，尽管林奈的文字看起来是在谈论女性的性解剖。林奈的专著以大多数分类学冷冰冰的传统的模式开始。他说他要根据壳（这也是博物学家最关注的），而不是动物内部的结构（从生物学上讲这将更准确，但难以实施）对软体动物进行分类。就这样他将软体动物分成了 *Cochleae* 和 *Conchae* 两大类群：前者主要是蜗牛，包括掘足类和一两种不确定的具虫管的生物，以及其他一些单壳的种类；后者主要是蛤或双壳类，但还包括了像石鳖那样的多瓣壳软体动物，以及一些无法归类的种类，如腕足类和藤壶。

接着，他依然遵从传统，为壳的各个部分列出了一串术语，然后他以分类学历史上最引人注目的篇幅描述蛤。他认为两个壳瓣（*cardo*）间的铰合处是一个决定性的特征，因此他写道："铰合处之上的显著凸起称为臀部"（*Protuberantiae insigniores extra cardinem vocantur Nates*）。接着他依据人类女性的性解剖结构，对周围所有突出的特征进行了命名——"继续采用隐喻的办法"（*ut metaphora continuetur*）。蛤有一个处女膜（即连接两个壳瓣顶部的柔性韧带）、阴门、阴唇和阴阜［壳顶部位于壳顶（林奈所指的臀部）之下的各种特征]，以及阴阜顶端的阴毛，壳顶前面是肛门。

从他所命名的一种帘蛤（*Venus dione*）的插图中，可以清楚看出林奈采用这些术语的逻辑基础，当然该插图也是为了符合这些术语所画的。我添加了说明的图，全面展示了林奈被认为的言语上的粗俗。因为他采用的词彰显了蛤壳外部特征（从上面看）与女性生殖器官标准色情角度（女性张开双腿，直接面对性器官，臀部包围着外生殖器和肛门）间复杂的类比；这并非过度的牵强附会，你必须承认看上去它们真的很相似。

林奈在社交上比较保守，非常古板。例如，他不允许四个女儿学习法语，因为害怕她们会受欧洲大陆上自由主义的影响。他的分类系统和其他作

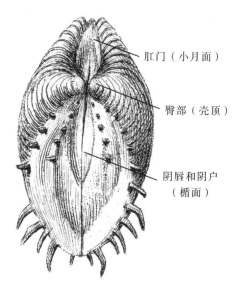

肛门（小月面）

臀部（壳顶）

阴唇和阴户
（楯面）

粗略的类比：林奈描述蛤特征时采用的术语在当时备受批评。本图引自林奈的《软体动物研究基础》，作者进行了简化，并对说明进行了翻译。

品中涉及性的部分，可以看出他充满活力和力量的人格。林奈最得意的著作是基于他所谓的"性系统"对植物进行的新分类［见我上本书《干草堆中的恐龙》（*Dinosaur in a Haystack*）的最后一部分］。这一分类方案枯燥而实用，根本与色情无关，因为其中对于性系统的界定主要是根据花的雌雄器官——雄蕊和雌蕊——的数目和大小。你基本

上只要数一下数目就行，林奈的系统在应用中很受欢迎，并非为了哗众取宠。但林奈确实贯彻了他定义中的比喻性暗示。他将受精称为婚姻行为，将雌蕊和雄蕊比作妻子和丈夫。在林奈的眼中，花瓣成了新娘的床榻，不育的雄蕊就是太监，保护妻子（雌蕊）等待其他可育的雄蕊。在 1729 年的一篇文章中，林奈写道：

> 花瓣……就像新娘的床榻，造物主对其进行了精心的布置，用华丽的床帷装饰它，让柔和的芳香四溢，新郎和新娘可以在此庄严地举行他们的婚礼。

与他描绘蛤的部分的明显充满色情味的术语相比，这种植物的类比则显得甜美而浪漫。因此，由于他在蛤壳顶部区域的命名，林奈受到了很多同时代人的猛烈抨击。

1776 年是一个变革之年，一位鲜为人知的英国博物学家——（正如我们将要看到的）他一生困顿而潦倒——痛斥了这位大师涉嫌使用淫秽术语。在其《贝类学基础：或贝壳知识入门》（*Elements of Conchology: or, An Introduction to the Knowledge of Shells*）一书的前言中，作者写道：

> 然而，我要坚持的一点是要推翻林奈在双壳类特征上的淫言秽语；……科学应该是纯洁和雅致的。有时淫秽被当成了智慧，林奈独自将其用作科学术语。在我看来，他在博物学上的贡献因此要大打折扣。

在这本书的后面，当作者讲到蛤时，他的怒火再也压不住了。这次他明确地说，林奈所用的术语让博物看起来对女性充满敌意，从而阻碍了知识女性在少数几个开放的研究领域上的追求：

我非常渴望将术语确定下来，因为林奈描绘双壳类所采用的非常下流、不合时宜的词汇，必将因犯众怒而被历史所抛弃。因为：

不得体之词终遭非议，

缺少体面也就毫无意义。

如果我的这些术语一旦被采用，将会使描述变得恰当、易懂和得体。通过这种方式，科学可能会变得简单和有用，无论男女，所有有能力的人均可参与。

［我原先认为作者的两句英雄双韵体是引自亚历山大·蒲柏的篇章，但我所信赖的《巴利特常用语录》①告诉我说，它们出自名气不彰的英国诗人温特华斯·狄龙（Wentworth Dillon），即罗斯芒康伯爵四世（Earl of Roscommon，1633~1685）——这是一个充满诗意且异常得体的可靠的名字。］

这本书的作者名为伊曼纽尔·门德斯·达科斯塔（Emmanuel Mendes da Costa），一位葡萄牙裔的西班牙犹太人。1717 年，他出生于伦敦，1791 年在斯特兰德的住所去世。尽管无论是在业余圈还是在专业圈，门德斯·达科斯塔都是英格兰最受推崇的博物学家之

---

① 《巴利特常用语录》(*Bartlett's Familiar Quotations*) 通常被简写为 *Bartlett's*。该书是美国一本历史悠久、影响广泛的语录集，最早出版于 1855 年。——译注

达·芬奇的贝壳山与沃尔姆斯会议

一，尽管他与很多欧洲伟大的博物学家，以及英国业余博物学爱好者中的大多数主要人物保持大量的通信（很多保存于大英博物馆），但他的名字却几乎完全不见于历史记载——除了经常在古玩市场出现的两本可爱的书（本文就主要根据这两本书写成）：1776年关于贝类学的专著和1757年出版的《化石博物学》（*The Natural History of Fossils*）。我可能遗漏了一些二手资料[①]，除了在《英国人物传记辞典》（*Dictionary of National Biography*）中的一个条目和《绅士杂志》（*The Gentleman's Magazine*）19世纪早期卷本中的只言片语外，我没有发现有关门德斯·达科斯塔生平和作品的其他资料。幸运的是，在1822年约翰·尼克尔斯（John Nichols）编辑的《十八

---

① 事实上，我确实遗漏了现代出版物中的一篇有关门德斯·达科斯塔的文章，即1977年怀特海德（P. J. P. Whitehead）对其进行的精彩和深入的解读（详情请见参考书目）。我对这一疏漏深表遗憾，既因为我未能重视怀特海德的全部著作，也因为我花费了大量额外的时间和精力（两次从头开始）搜集稀少而粗略的资料，用作本文的基础。（从这种关键的意义来讲，学术研究真的是一个合作和积累的实践活动，怀特海德和我自己都没有做到最好。怀特海德在一个小众的学术杂志上发表了他的文章，却没有给出标准的参考文献。但这不是借口。我关于门德斯·达科斯塔的资料也十分不确切，十分难以查到！）

怀特海德的文章关注的角度与我的差别很大（怀特海德认为，门德斯·达科斯塔关于贝类学的真正原著就是他自己的著作，而非其他竞争者的）。他还对门德斯·达科斯塔的平生进行了有趣的记叙。我们得出了很相似的结论，但怀特海德的文章解决了本文原始版中的一个问题（这里已更正）。我没有发现足够的证据让我相信，门德斯·达科斯塔在1767年被皇家学会指控有罪，并因此被判入狱数年。但怀特海德证明门德斯·达科斯塔确实被判有罪，尽管他深表悔过和随后的平反也似乎证据确凿。

怀特海德巧妙地肯定了我在这篇文章中提出的一个重要论点：鉴于他独特而迷人的地位，很奇怪门德斯·达科斯塔为什么没有引起后世历史学家和科学家的关注。怀特海德写道："达科斯塔没有像很多同事一样受到传记作家的关注，他是一个写信的狂热爱好者，并对信件（超过两千封）进行了精心的保存，保留至今。"我希望有抱负的科学史专业的博士生能读到这个注脚，从中发现极好的论文题目。如此一来，怀特海德的文章和这篇文章就真的不算白费了。

世纪文学史插图，含著名人士的回忆录和原始书信》（*Illustrations of the Literary History of the Eighteenth Century Consisting of Authentic Memoirs and Original Letters of Eminent Persons*）系列的第四卷中收录了他大约 50 页迷人的书信。

我认为门德斯·达科斯塔的这种销声匿迹是巨大的不幸，原因至少有二：因为他的一生必定十分精彩，并且他的经历说明了几个具有普遍意义的社会和科学问题，其中包括业余爱好者在博物学研究方面的角色和 18 世纪犹太人在英格兰的地位。在本文中，我将聚焦另外一个一般信息所能呈现出的主题，即作为博物学研究的决定性转变关键期中一名主要的采集家，门德斯·达科斯塔扮演着什么样的角色。他"行走"在两个极端，从主要关注奇异的标本和最大、最华丽的明星物件，到 18 世纪启蒙时代对传统世界秩序的强烈渴求；前者代表了 17 世纪巴洛克时期的至善（summum bonum）理念，具体体现在建造珍奇柜（Wunderkammern，或好奇心柜）这个存放博物学标本的传统中。林奈的新系统成为达尔文改进因果解释的先决条件。但古老的猎奇心持续地刺激着公众的热情（即使时至今日也依然如此）。

在这样大的转变期中，门德斯·达科斯塔只是一个普通人。普通人通常能以最高的真实性和兴趣记录历史的模式——因为门德斯·达科斯塔没有试图进行宏大的创新，所以他成了其时代的一个标准。而从林奈身上，我们看到了他对时代转变的推动作用。通过研究门德斯·达科斯塔，我们能更好地理解坚定的信念和创新者带来新事物的影响，特别是他所处的时代给更好地理解自然世界所带来的思想上的障碍。我们一定要学会以适当的同情心来看待这些障碍，而不是用老套的傲慢态度将智慧的童年与我们惊人的成熟智慧相比；并将其视为可以很好地适应过去某个时期的文化的，一套自洽的、强大的信念。持有这些信念的人至少跟我们一样有基本的智慧。如果我们能实现这样的公平和平衡，科学史将成为所有学术冒险中伟大且最有用的，因为过去的缺点有助于我们公正地理解现有的束缚我们的偏见。

如此平凡，却又如此不同！在大部分西方国家，犹太人集群居住，独立于社会之外，这部分源自自我认定，但主要是来自外界的冷眼相对，此外，通常还带有残酷的限制（见本书第 13 篇）。伊曼纽尔·门德斯·达科斯塔生长在不列颠一个有趣的时代，对当时的犹太人来说可能是最有利的时代。

从诺曼底人征服英格兰[①]开始，犹太人就来到了英国定居，直到 1290 年爱德华一世驱逐他们。1492 年犹太人被从西班牙驱逐，1497 年被从葡萄牙驱逐，塞法迪犹太人（Sephardi Jews，这一名字来源于希伯来语的"西班牙"一词）散居世界各地，但他们中没有到英格兰定居的。一些改宗者（conversos）或马拉诺人（Marranos，指正式改变了信仰的犹太人，但很多依然秘密地坚持信仰旧宗教）的小团体会时不时地在英格兰生活，但莎士比亚在写作《威尼斯商人》(*The Merchant of Venice*)并创造了一个反犹太人的角色夏洛克（Shylock）时，还没有在英格兰公开生活的犹太人。17 世纪 30 年代，一批新的马拉诺人开始从法国鲁昂（Rouen）迁入英格兰。这些群体希望奥利

① 诺曼底征服（Norman Conquest）是 1066 年由诺曼底公爵威廉发动的一场战争。威廉是前诺曼底公爵罗伯特一世的私生子，也是独生子。1066 年 1 月，英王爱德华去世，9 月，威廉借口爱德华生前曾许他继承英国王位，遂纠集诺曼底贵族和法国各地骑士，在罗马教皇的支持下，率军渡过海峡，在英格兰南部佩文西登陆，入侵英国。——译注

被博物学家剥光的蛤

弗·克伦威尔（Oliver Cromwell）的摄政应该比以前的君主更宽容，公开请愿希望实现他们的宗教信仰权利，其请求在 1656 年得到了支持。1660 年君主制复辟后，许可没有被撤销，因此，一些犹太人得以继续谨小慎微地度日。例如，直到 1822 年，他们都不能在伦敦从事零售业；直到 1858 年，犹太人才得以进入议会（迪斯雷利 ① 是改信基督教的犹太人）。

作为这段历史的一部分，在门德斯·达科斯塔的时代，生活在英格兰的犹太人寥寥无几。到 18 世纪末，大约有两千名塞法迪犹太人，以及可能稍多一些的源自德国和东欧的阿什肯纳兹犹太人 ②。在一个可能存在偏见的社会里，来自其他文化的少数人群可能显得具有异国情调、十分迷人，而不会受到威胁和轻视。犹太人身份似乎对门德斯·达科斯塔有利，他经常在他高贵的、有身份的交流者中遇到亲犹太者。

伊曼纽尔·门德斯·达科斯塔是学法律的，但却选择投身于博物学。他收集了很多好的藏品，发表了一些文章，1747 年被选为皇家学会会员（英国最早的科学家协会），1751 年又入选古物学会（Society of Antiquities）会员。但多灾多难的一面也随着他的成功浮出水面。《英国人物传记辞典》中写道："尽管他早就因为是当时最好的化石专家而声名远播……但他的生活似乎仍需要继续与厄运做斗

---

① 本杰明·迪斯雷利（Benjamin Disraeli，原名 Benjamin D'Israeli，1804~1881），大英帝国时期最著名的保守党领袖、大英帝国的两任首相（1868~1874，1874~1880）、政治家兼小说家之一。——译注

② 阿什肯纳兹犹太人（Ashkanazim 或 Ashkenazi Jews），指的是源于中世纪德国莱茵兰一带的犹太人后裔（阿什肯纳兹在近代指德国）。其中很多人自 10 世纪至 19 世纪期间，向东欧迁移。从中世纪到 20 世纪中叶，他们普遍采用意第绪语或者斯拉夫语言作为通用语。其文化和宗教习俗受到周边其他国家的影响。——译注

争。"1754 年他因债务锒铛入狱。出狱后的第二年，他开始着手准备一部重要的著作《化石博物学》，并于 1757 年出版。

在 1763 年成为皇家学会的职员后，门德斯·达科斯塔迎来了生命中最大的机会，负责学会的标本和图书馆，它们当时处于被遗忘的角落里，破败不堪。1763 年 9 月他在给一位朋友的信中写道：

> 我立即投入到工作中去了，虽然说是图书馆和博物馆，但我认为它们简直就是奥吉亚斯的牛棚（指大力神海格力斯"最讨厌的工作"，为伊利斯的国王奥吉亚斯清理牛棚中 30 年从未清扫过的粪便，这远比杀死九头蛇更费事）……经过几周的工作，在无数的蜘蛛和其他害虫——它们在这里已经安静地待了很多年——持续的"诅咒"下我终于搞完了。于是，感谢上帝，博物馆和图书馆终于可以见人了，感兴趣的人可以来咨询了。

尽管如此，门德斯·达科斯塔对有幸能得到这份新工作非常高兴。他写信给另一个朋友说："不管你什么时候到城里来，一定要跟我联系。我向你保证，我们的博物馆里有很多好东西，我们的图书馆馆藏丰富，且十分科学。我很享受目前的状况，从今以后我将终生投入到研究中去。"但在四年之后的 1767 年 12 月，他因"各种不诚实的行为"被解雇了，遭到学会起诉并被捕，最后被投入到王座法庭监狱（King's Bench prison），他在监狱中待到 1772 年。他的图书馆和标本也被查封、拍卖。

门德斯·达科斯塔在几位地位显赫的朋友的支持和资助下继续自

己的研究。1770年1月3日，他写信给弗朗西斯·尼科尔斯博士（Dr. Francis Nicholls）：

> 我收到了您备受尊敬的来信，非常感谢您邀请我去您位于埃普索姆（Epsom）的家中做客，观赏您近来在康沃尔采集的精美矿物……但很不幸，我现在无法拥抱这一愿望，以及您向我伸出的热情邀请。因为我在王座法庭监狱服刑……然而，用监禁折磨我的万能上帝，也向我展示了他的仁慈，允许我做自己想做的事情，我又像原先一样全身心地投入到研究中去了。

四年后，尼科尔斯还想着此事，他写道：

> 听到你恢复了自由和研究事业我很高兴，你应该愿意来看看我在康沃尔采集的化石……我儿子将于下周日早上到我这里来。因此，如果你在9点前到达林肯客栈他的家，他会带你来，这样路上也可做个伴。

门德斯·达科斯塔继续坚持研究，并写了更多谄媚的信，希望能够卖标本或做演讲赚钱。他最大的困难和窘境出现于1774年，他要求到牛津大学做一系列演讲的申请不仅立即被拒绝，而且遭受到一种所谓的礼貌性蔑视，这种蔑视是权贵在像捏死一只虫子一样处决平民时才表现出来的。显然，门德斯·达科斯塔在提交正式的申请时犯了一个错误，他需要打通关节并获得副校长（学校的老板）的口头同意。（无论如何，我都会怀疑在当时的情况下是否犹太囚犯都会受到这样的对待。）门德斯·达科斯塔最终说服一位教授去拜访副校长，后者立即回绝了这一想法："让达科斯塔先生做演讲的提议是不现实的。我希望达科斯塔先生不会因此感到太过失望。"事实上，该拒绝的打击非常沉重，诚如门德斯·达科斯塔给教授的信中所写：

> 由于一些不友好和居心叵测的歪曲，以及因缺乏正确的建议导致我自己对事情的处理不善，所以我非常确信我的努力不会成功。倒霉的是，没有一个朋友出来纠正我的错误，或告诉我该怎么做……因此我陷入了绝望，放弃了努力，茫然不知所措。我成了遭遇船难者，我的希望也破灭了。

但门德斯·达科斯塔并没有放弃。他在 1776 年出版了有关贝类学的书，该书反应良好。他重建了自己的收藏，恢复了与外界的通信，并在应得的荣誉中去世。

贯穿其莫测的一生，有一个主题始终未变，那就是门德斯·达科斯塔的犹太教信仰，以及他亲犹太的圣公会朋友所激发出来的魅力。门德斯·达科斯塔一定成为了英国知识界有关犹太事物的半官方资料库，当时难得有英国犹太人进入这样的圈子。门德斯·达科斯塔恰到好处地把握好平衡度，让知识界接受有丰富犹太教经历的人，并将其视为真正的异域风情。1751 年，一位内科医生问他："现在哪里有关于犹太士兵的衣着和武器的版画、素描或说明？犹太士兵的衣着是否与罗马士兵的一样？"门德斯·达科斯塔回答说他不知道，因为犹太人的原始资料不允许表现人的形象：

任何的插画等，从不允许出现在我们的书籍、服装等中，这不符合宗教的要求……我根本没有在书籍等资料中发现插画，即使是关于希腊人和罗马人的。

1747 年，为了在家中庆祝大节期（High Holidays），门德斯·达科斯塔不得不拒绝一个公爵的邀请。但亲犹太人的公爵善解人意，赶紧安抚可怜的门德斯·达科斯塔，因为后者非常担心是否已经得罪了一个地位高的赞助人。公爵的秘书写道：

公爵非常遗憾你们的宗教节日阻碍了你这个时候前来，每一个好人都应该遵守传统……公爵是最仁慈、最好的人，你不用为吃的东西担心，这里有各种各样的鱼，每天都可以吃到种类最多的不违反摩西律法的食物，但没有奇切斯特龙虾，因为意志不强的人难以抵御其诱惑。

1766 年，门德斯·达科斯塔听说在坎特伯雷有一些希伯来的铭文，他在给一位熟人的信中写道：

在布拉特博士 1674 年 6 月 10 日的手稿中，我发现了这样的描述："破败的建筑物上的古代铭文，如坎特伯雷城堡的古墙上刻写的精美文字。"这样的希伯来铭文现在还存在吗？如果还存在，可以获得一件复制品吗？或者可以允许我雇用一些（坎特伯雷的）犹太人去复制、破译它们吗?

他的朋友将这一请求告诉了一位懂希伯来语的圣公会学者,因为犹太人是无法接近的。这位学者直接给门德斯·达科斯塔写信说:

> 你所打听的希伯来铭文,写在坎特伯雷旧城堡内一个石头楼梯的壁上,是 13 世纪被俘的犹太人留下的,他们曾被监禁在这里,内容包含《诗篇》(*Psalms*)的一些短句……我猜想,当地的任何绅士或一个适当的推荐人,都可以轻松接近这些铭文。但我认为他们一定会强烈反对让一个陌生人或犹太人去寻找它们。

在这些亲犹太人和反犹太主义的情绪中,我们也可以用纯粹善意的无知加以整合。1755 年,一个客户写信给门德斯·达科斯塔,想用商品作为鉴定博物学标本的报酬:"很多人都说,约克郡的火腿非常好,如果你也这样认为,那我就送给你一些。"编辑对此附加了一条生动的注脚:"诺尔顿(Knowlton)先生似乎没有意识到,他是在给一个犹太人写信。"

对科学史而言,最有价值的是,我们从书信中了解到了门德斯·达科斯塔是如何站在博物学两个连续世界连接处的风口浪尖上的,即从猎奇的巴洛克式的激情向经典的将自然物分类排序纳入一个综合系统的转变。对于新奇物种的追求也体现在 1749 年 12 月 9 日一个顾客提供的清单中:

我有一些自然的珍品呈现给您……我有海狮的长牙……一头年轻大象的部分牙齿，在其截面上有一颗铁子弹，那是在它更小的时候被射进去的，然后象牙带着子弹继续长大；一个在一头小牛的胃中发现的毛球；一两块化石；如果您认为它们有价值，能在您的橱柜里展示出来，它们就都归您了。

但门德斯·达科斯塔自己的请求记录了他对收集物完整且有条理的担忧。他请巴思（Bath）的一位犹太人朋友尽可能地收集各种化石，然后将其送到当地的咖啡馆——这是在专门的邮件投递设施出现之前，公共场所提供不同服务的极好的例子：

关于化石，看看你能否为我找到任何菊石，它们又被通俗地称为蛇石，另外看看能否找到一种煤炭石板上的植物印痕化石，它们在煤矿中非常常见。在林科姆（Lincomb）和沃科特（Walcot）的一些采石场，可以发现非常精美的贝壳等化石。你可以采集任何类似的东西，装满一盒子直接送到河岸咖啡屋（Bank Coffee-house），我将很愿意支付所有的费用。

朔姆贝格先生（Mr. Schomberg），名字听起来可能是一个德国犹太人，知道他想要什么回报："寄给我一小罐（大约三四磅）泡菜……要确保安全，不要打破了。"

门德斯·达科斯塔一再请求他的通信者，要仔细地包裹，正确地标注：

无论采集到了什么，都要将每一个标本仔细地包起来，并编上号码。做一份数目精确到每一块标本的目录，详细标明是什么标本，俗名是什么，在哪儿发现的，常见还是罕见，在什么深度，同时还有什么其他化石，以及其他所有可以从中获得阐明其博物学信息的有趣的细节。因此，我才冒昧地麻烦你，我非常感谢你成就这份伟大的友谊。

　　18 世纪 40 年代到 50 年代，是门德斯·达科斯塔最勤奋交流的时期，他忙于采集，并恳求朋友帮助搜集，为即将完成的论著《化石博物学》准备尽可能多的"化石"。按照当时的习惯，门德斯·达科斯塔在出版前已经为这本书的订购做了保障（为昂贵的作品进行融资的有利手段）。在该书前言之后附了一份长达两页的名单，其中包括六个主教、五个勋爵，这进一步印证了他在英国圣公会上层社会的受欢迎程度。（"伦敦塔的化验员"约瑟夫·哈里斯先生[①]也订购了一本。）

　　1757 年，门德斯·达科斯塔出版了这本内容充实的专著的第一卷，但后来没有继续。尽管如此，此书是他的杰作，是 18 世纪博物学领域积极地建立一个包罗万象的秩序的极好的例子。在门德斯·达科斯塔的时代，"化石"（来自拉丁语 *fodere* 的过去式，意为挖掘）指所有来自地下的自然物，而不仅是生物的遗骸。事实上，在 18 世纪的术语中，岩石和矿物作为地球的自然产物隶属于矿物家族，都是

---

① 约瑟夫·哈里斯（Joseph Harris, 1702~1764），英国铁匠、天文学家、航海家、经济学家、自然哲学家、政府顾问，以及皇家造币厂的国王化验员。——译注

典型的"化石"——远古的植物和动物遗骸必须从动物和植物界被归入岩石的范畴。因此，现在专属于化石的骨头、贝壳和叶片，在18世纪被称为"外来化石"，那时岩石和矿物则代表了真正的化石。因此，门德斯·达科斯塔在自己的专著中打算涵盖地质学所有的产物：岩石、矿物和远古生物的残骸。但他的第一卷也是唯一的一卷，仅讨论了岩石和土壤。（如果他能完成整个计划，并遵循当时常规的分类方案，他可能会完成关于矿物和晶体的第二卷，以及关于生物遗骸的第三卷。）

虽然，门德斯·达科斯塔可能十分讨厌林奈描述蛤时采用的与性有关的词汇，但那位伟大的瑞典博物学家依然是分类秩序的统治者。我们知道，时至今日，林奈的双名法依然还在以最初的形态指导着人们对生物进行命名。尽管确有不足之处，但该系统运转良好，以至于我们忘记了最初它应用范围过大的错误。我们认为科学史是一份不断成功的清单的倾向也助长了这种健忘症，错误被埋进了"历史的垃圾堆"[①]这个常规隐喻中。

但林奈双名法最初的应用深受18世纪荒谬的自大的影响，试图将所有的自然事物纳入到一个分类系统中。林奈不仅将自己的双名法应用于植物和动物上（在这两个领域非常适用，下面会讨论其原因），而且还基本不变地应用到了矿物上，甚至在1763年出版的《疾病属志》（*Genera morborum*）中用于疾病身上，根据临床症状将疾病分为不同的纲、目和属。

---

① 历史的垃圾堆是说随着历史前进，一些人、事件、事物和思想等会逐渐消失或边缘化，丧失了原有的价值。——译注

林奈的系统预示着分类的对象具有确定的几何结构，因此只有目标对象符合这一结构特征时，才能对其进行分类。考虑以下两个重要特征：第一，林奈的系统是分等级的。基本单元（种）组成属，属组成科，科组成目，如此类推。这一方案预示一种树形拓扑结构，其中最大的单元（举例说动物界）为单一的主干，中间的单元是连接在树干上的大树枝（如节肢动物门、脊索动物门）。再小一级的单元就是大树枝上发出的侧枝（如哺乳动物纲、鸟纲都发自脊索动物这一大树枝），最后的基本单元就是从侧枝上长出的小枝条［如智人（*Homo sapiens*）和大猩猩（*Gorilla gorilla*）就长在动物这一主干的哺乳动物大树枝的灵长动物侧枝上］。这一拓扑结构恰当地表现了由分支进化产生的系统：生物不断连续分支进化，单独形成的分支不会发生融合。既然生命的历史符合这种几何结构，因此林奈的系统在生物分类方面非常实用。

　　第二，基本单元必须是独立和可界定的，不存在平稳的中间状态和持续连接的情况。因为，生物物种是独立而稳定的单元（其分支在短暂的地质时间产生后），林奈的系统对于复杂的有性繁殖的生物也适用。

　　同样的原因让林奈的系统适用于化石生物的分类，但却对门德斯·达科斯塔时代同样称之为"化石"的矿物界两大类——矿物和岩石，基本上不适用。矿物和它们的晶体具有确定的化学结构，是根据简单的物理规律聚合而成。但它们的相对相似性并非成谱系的，因此它们之间的关系无法用树形几何结构表达。而且，矿物的"种"也不是由具有历史连续性的谱系上相近的个体组成的独立实体。五亿年前寒武纪的石英跟地质上的昨天——更新世——的石英没有差别。

　　岩石和土壤是由矿物颗粒和它们风化的产物组成的，基于更根本的原因，林奈的系统也无法适用于它们。岩石和土壤包含了广泛的连续过渡的实体。我们无法将花岗岩、大理岩或白垩岩定为独立的种。例如花岗岩，是由石英、两类长石和一种如黑云母或角闪石这样的黑色矿物组成的，所有这些成分像房屋涂料一样被随意混合在了一起。

　　尽管如此，门德斯·达科斯塔作为一个强烈追求秩序的古典信徒，遵从林奈大师建立的规则，努力让自然界的每一样物体都符合双名法系统，从而将所有的现象都纳入到一个宏大的秩序系统中。因此，在《化石博物学》一书中，门德斯·达科斯塔将土壤和岩石按照林奈的系统分成了种、属和其他类群——现在这样的分类仅用于有机体。今天，他的伟大著作具有神奇而悠久的历史光环，因为他似乎将矿物当作生物标本来处理了，他还把一类岩石能与甲虫列表相匹配作为地质学分支的最高目标。相比任何其他用英文写的著作，我特别喜欢他的《化石博物学》，此书记录了自然科学历史中一个重要的错误开端，没有什么比一个真实、生动的错误更有益和具启发性了。

　　看一下门德斯·达科斯塔对土壤和岩石的分类，他并未采用林奈的分类名词，而是遵循了其基本的程序。林奈的层级体系包括四个层次（后来我们又增加了一些）：纲、目、属和种。门德斯·达科斯塔则采用了六个：系（series）、章（chapter）、属（genus）、部（section）、员（member）和种（species）。在最高一个层级，他将地质对象分为了两个系：土壤系（earths）和岩石系（stones）。遵从林奈的原则（在西方思想史上可追溯到亚里士多德），基于基本标准

（fundamentum divisionis）的差异，他对这两个系进行了定义。土壤是"不易燃烧，可分割和扩散的化石，但不溶于水"；而岩石具有同样的特性，但不能分割和扩散。

他首先将土壤系分成 3 章 7 属。第 1 章的定义是"天然湿润，质地坚实，光滑如同有油"，包括 3 个属：红玄武土（*Bolus*）、黏土（*Argilla*）和马尔斯土（*Marga*）。第 2 章的定义是"天然干燥或粗糙，摸上去粗糙，质地松散"，包括两个属：白垩土（*Creta*）和赭土（*Ochra*）。最后第 3 章的定义是"天然和本质上是混合的，不存在纯土的状态"，也包括两个属：壤土（*Terra miscella*）和腐殖土（*Humus*）。

基于有趣的标准，岩石系的分类包括 4 章 9 属，现在我们会认为这些标准部分是肤浅的，部分是完全错误的。4 章包括：（1）沙砾构成的成层岩，主要是砂岩，门德斯·达科斯塔又根据具很多水平层面和具块状结构的精细分层将其分为两个属；（2）没有沙砾、均质的成层岩，同样根据块状和分层这一标准分为两个属，按现在的说法应该是石灰岩和板岩；（3）大理岩，主要是鉴于它们在人类艺术中的重要性和其他一些原因；（4）晶质岩，主要根据矿物颗粒的大小分为玄武岩和其他细粒晶质岩——花岗岩和斑岩。

对于为何要将在生物界效果良好的一个分类系统搬到无机的地质学上来，门德斯·达科斯塔提出了一个非常有趣的基本原理（这当然完全是错误的）。他写道："正是通过这样自然而简单的方法，植物学才如此引人注目地从其他姊妹科学中脱颖而出。"从而确认了林奈的巨大功绩。

门德斯·达科斯塔认识到了有机物和无机物在形成上的差别，但基于一种普遍的科学幻想，他认为一定存在一套放之四海而皆准的分类系统：他要做的只是虔诚地、精确地描述，而不是去构建虚无缥缈的理论。当我们仅关注客观表象的原始事实时，因果关系的差异就不再重要了："我一直很谨慎，避免陷入形成假说或系统的推测性幻想，而是仅根据感官能获取的外部信息进行简单的描述。"

接着，门德斯·达科斯塔宣布他成功了。他以一个折中的单一系统，努力在他同辈人的所有竞争性方案中取得了平衡。这样一个"中庸之道"必定是最佳方案。门德斯·达科斯塔认为他的系统实现了两大平衡。第一作为"主分派"和"主合派"的折中方案，找出了基本物种的"正确"数目。——前者喜欢进行细微的区分，后者则倾向于寻找本质，并根据基本特征对目标进行合并。（主分和主合是 20 世纪出现的术语，含蓄的区分无法完全表达这种对立的所有微妙之处，但主分者和主合者之间的斗争贯穿整个分类学的历史。）门德斯·达科斯塔写道："我已经在努力将这种在方法上存在缺陷的研究简化为常规的科学，要谨小慎微，在不必要的时候，既不要增加物种的数量，也不要减少它们的数量。"

在第二个平衡中，门德斯·达科斯塔试图统一当时两个完全不同的标准，然后将其运用到岩石和矿物的分类系统中。这两个完全不同的标准：一个是他的英国同胞约翰·伍德沃德（John Woodward）根据观察内部和外部的明显特征建立起来的，"是一种基于化石的生成、结构和质地进行排列的方法"；另一个是基于化学实验中发现的"本质"特征建立起的大陆系统 [例如，根据火烧后发生的各种变化建立的三分法：钙质岩（*calcarii*）指可煅烧的或变成石灰的矿石（例如石灰石和大理石）；耐火岩（*apyri*）指不受影响的那些矿石（石棉及其他的）；玻璃化岩（*vitrificentes*）指那些变成玻璃的矿石（石英和其他硅酸盐岩）]。门德斯·达科斯塔试图通过用可观察的特征（伍德沃德的系统）进行主要分类，将所有的系统整合在一起，然后用实验和化学结果对其进行细化：

> 我专心地研究了伍德沃德和沃勒（大陆）的系统，发现它们都有缺陷，并推测根据两方面的原理可以形成一个新的系统。我已经致力于根据它们的生成、质地和结构，以及火烧和酸泡等方法发现的性质，对化石进行分类。以这样的方式，我相信所有已知的化石都可以被精确区分开来；相反，如果根据现在采用的任何一个系统归类，一定会引发奇怪的混乱。

但门德斯·达科斯塔的努力失败了，主要是因为岩石的成因和性质不符合林奈系统的几何特征。根据前面讨论过的两个核心谬误，门德斯·达科斯塔既不能明确区分物种，也无法在一个完全连续过渡的世界中进行明确的分类。生物物种是自然种群，通过历史的连续性和当前的相互作用区分，物种间不能进行杂交。岩石"物种"是非离散的、连续过渡的。最终，门德斯·达科斯塔仅将那些看起来"足够像的"标本归在了一起，这是平息专家间无休止的争吵的最好办法，因为不这样的话，双方永远不会达成一致意见。例如，他对林奈和瓦莱里乌斯（Wallerius）两位大师的分类进行了修订，因为他们归入大理石（*Marmor*）属中的种太少了：

> 瓦莱里乌斯在他的《矿物学》（*Mineralogy*），林奈在他的《自然系统》中，对这些化石属的处理特别混乱，前者将所有的大理石仅分成了三个种，分别为均质的、杂色的和他称之为有形的大理石……后者甚至将它们都作为一个种的变种。对此我不得不进行这样的观察，可惜的是，饱学之士不应该让他们的研究使科学更复杂，而应该对其进行阐明，并指导人类。

（我不是弗洛伊德学说的信奉者，但我们可以一眼看出门德斯·达科斯塔对于林奈复杂的态度。他的毕生工作都是建立在自己的精神教父的分类系统上的，但后来却抓紧机会，在从有关蛤的术语到大理石种的数目等一系列问题上，嘲笑大师的道德败坏。）

但门德斯·达科斯塔无法最终确认他自己对大理石的分类。他命名了81个种，远多于岩石中的任何其他属，并清楚地认识到不同颜色和图案对人的效用，但不是根据大自然制造的独立的和可辨认的"基本类型"。

随着门德斯·达科斯塔努力地构建岩石和土壤的更高级分类，同样的困难和挫折接踵而至，他在自己的属间经常遇到完全连续过渡的情况，这与可以接受的明确区分的情况相当。例如，他坦率地指出他难以区分红玄武土和黏土，最终承认只能按照惯例进行区分：

> 有些作者不将红玄武土作为一个独立的属，而是将它们归入黏土

达·芬奇的贝壳山与沃尔姆斯会议

之中。的确缺少将其归为不同属的重要特征，红玄武土的颗粒极细，不像黏土那么具有韧性或黏性，就其程度而言，可以说它们只不过是非常细的黏土而已。但是，我还是将它们分为了不同的属，就像习惯上做的那样。

自大和脆弱交织的人的思想，喜欢构建宏大的、包罗万象的理论——这是在神学领域比在科学事业中更常遇到的一个缺点。但解决方法通常需要完成既普通，看上去不高大上，且与实际相反的工作，即把适当的分类等级划分到不同的意义和因果范畴中去。只有这样，我们才能构建一种基础更加牢固的普遍性，无需从根本上对黏土属进行修正。门德斯·达科斯塔沿着林奈的足迹，试图将所有的自然事物纳入一个宏大的分类系统中，但适用于生物世界的原理并不适合岩石和土壤的连续性。具有讽刺意味的是，这样一个因要包容太多东西而注定要失败的系统，体现了门德斯·达科斯塔这位 18 世纪英国唯一一位犹太博物学家最好的研究成果，因为熏陶他的文化是独立于绝大多数人的文化之外的，这些人认为英国圣公会神学是真理唯一的化身与代表。

更具讽刺意味的是，最终我们又回到了本文的开头，门德斯·达科斯塔确实理解了现在引领我们充满信心和合理地区分岩石与生物分类的一般原则。我忽略了他批评林奈用与性有关的术语描述双壳类这条线（如 73 页省略号所示），引用这些话是作为技术性的反对，而不是用于当时正在讨论的道德争论。现在回到这一点上，门德斯·达科斯塔拒绝林奈对双壳类的描述，"不仅是因为它们有碍观瞻，还因为它们没有正确地表现那些部分"。多么简单，又多么正确啊！蛤壳的顶部并非人的屁股，假设的视觉相似性只能带来误导。为了避免误导人们陷入有关意义或因果相似性的错误想象，应该使用不同的术语。同样地，需要采用不同的系统对岩石和生物进行分类，以体现它们产生模式的差异。岩石是源自与时间无关的化学原因，而生物则是源自单一谱系的传承，前者基于自然法则，而后者则基于历史的偶然性。

但地球上所有的人都属于一个脆弱的种，这个生物实体经常会因为我们共同本性中最糟糕的情感特征而被过多地割离开来。石头可以和蛇分开，但让生活在异乡的犹太人伊曼纽尔·门德斯·达科斯塔与他的疯王乔治（Mad King George）^①握手言欢，只有"在我圣山的遍处，这一切都不伤人，不害物"时才会出现。毫无疑问，只有这时才可以让格兰尼塔属（*Granita*，源自意大利语，意为谷物）指代所有不同矿物的碎片和颗粒，这些颗粒聚合在一起形成坚硬的岩石。

---

① 乔治三世（George III，1738~1820），1760 年 10 月登基为大不列颠国王及爱尔兰国王，至 1801 年 1 月因大不列颠及爱尔兰组成联合王国而成为联合王国国王。乔治三世当政期间，经过与大革命后的法国和拿破仑的战争，使英国跃居首屈一指的世界强国，成为世界工厂。——译注

5

达尔文的美国知音

长久以来，我一直将林肯视为达尔文的美国知音，他们都出生于
1809 年 2 月 12 日。但同年同月同日生这样的巧合并不能用来定义知
音这种亲密关系。如果说知音要通过他们主动的选择而联系得更加紧
密，那么达尔文在美国的知音只能是他的同行詹姆斯·德怀特·丹纳
（James Dwight Dana，1813~1895）。丹纳是耶鲁大学的资深教授，
地质学家、生物学家，19 世纪美国本土卓越的博物学家。[另外一个
明显的竞争者是路易斯·阿加西斯（Louis Agassiz），他出生于瑞士，
在 19 世纪 40 年代后期到哈佛大学之前，已经在欧洲完成了最重要的
科学工作。]

丹纳和达尔文从未谋面，但在数度的通信中彼此都表达了想与
对方见面的渴望。他们的职业生涯和兴趣都错综复杂，几乎是两条奇
异的平行线。两人都经过了长时间的环游世界，接受了海洋航行的科
学洗礼。达尔文 1831 年到 1836 年在"小猎犬号"上，而丹纳 1838
年到 1842 年在进行年轻美国伟大的国际科学考察——威尔克斯探险

（Wilkes expedition）①，主要调查南大洋海域的捕鲸前景。两人都同样受到了旅行的启发，在相同的两个领域建立了自己的科学事业。

达尔文的第一本科学著作出版于 1842 年，提出了珊瑚环礁形成的一个正确理论：围绕着一个下沉的中心岛屿，活的珊瑚在边缘持续生长。丹纳在考察太平洋的珊瑚礁时，也对珊瑚产生了浓厚的兴趣。1839 年，在悉尼靠岸时，丹纳偶然在当地的报纸上读到了有关达尔文思想的介绍。受此启发，丹纳发表了 19 世纪关于珊瑚礁研究的另一巨著——《珊瑚和珊瑚岛》（*Corals and Coral Islands*），充分支持了达尔文的"沉降理论"（subsidence theory），其观察的广度和深度远非达尔文所能比。在其关于珊瑚礁一书的第二版前言中，达尔文写道：

> 本书的第一版出版于 1842 年，之后在这个问题上仅有一本重要的著作出版过，也就是……丹纳教授著的……令我非常自豪的是，他接受了我对于环礁和堡礁的基本解释，即它们是随着岛屿的下沉而形成的。

第二条平行线是，达尔文和丹纳都对同一动物类群——甲壳纲节肢动物——的分类投入了大量的精力。在 1851 年至 1854 年间，达尔文出版了四卷关于奇特的节肢动物藤壶的研究。丹纳根据对威尔克斯探险中采集的标本进行长达 14 年的研究，在 1852 年出版了两卷关于甲壳动物分类的著作，这是他的扛鼎之作。

---

① 又称美国探险远征（United States Exploring Expedition，可简写为 U. S. Ex. Ex.），主要是考察太平洋和周围的岛屿。这一探险名称源于第二次指定的指挥官美国海军中尉查尔斯·威尔克斯（Charles Wilkes）。此次探险对于美国科学的发展具有重要意义，特别是对于当时年轻的海洋学来说。——译注

事实上，达尔文对于藤壶的研究促成了两人在 1849 年的第一次个人接触，达尔文写信问丹纳能否借一些他在探险中采集的标本。（于是，在没有任何直接的相互鼓励的情况下，他们职业生涯惊人的相似性就这样发展起来了。）达尔文非常正式地写道：

> 我希望您能原谅我如此冒昧地给您写信……如果可以的话，希望能得到您的帮助……我梦想尽自己最大的努力使我的著作尽善尽美。您能借我一些您在伟大的探险期间采集的标本吗？

丹纳热情但抱歉地回复说，他个人虽然十分愿意提供帮助，但他对标本既没有所有权也没有支配权。达尔文对此表示理解，并给丹纳写了一封长信赞美他的工作，并提及："当我知道您在一定程度上同意我关于珊瑚岛成因的观点时，您不知道我当时有多么高兴。"

一段温暖的鸿雁友谊随之开始了。三年后的 1852 年，达尔文写道：

> 您问我是否要到美国来。我敢向您保证，没有什么旅行能赶得上我对此一半的兴趣了。但是鉴于我的大家庭，我想我应该没有机会再离家远行了。能与您相识是我最大的幸事。

（达尔文清楚地知道，在经历了环球航行回到英格兰后，他不会再次离开家乡了；之后他甚至从未跨过英吉利海峡！）

第二年，达尔文对丹纳新出版的有关甲壳动物的著作赞许有加：

即使您之前什么也没做，仅本书就足够称得上终身巨著了。请原谅我如此冒昧地评价您的工作，当我想到本书是继《珊瑚》和《地质学》之后完成的，我真的对您能完成如此大量的脑力劳动感到惊讶。此外，除了辛苦的工作，在您的所有著作中竟有那么多的原创性！

尽管表达了如此温暖的相互支持，丹纳和达尔文不可避免地在演化这个定义了他们（和我们）的时代的问题上走向决裂。如我后面将要提到的，丹纳最终在19世纪70年代中期屈服了，但他后来对演化的支持总是有所保留、非常勉强，仅进行一些必要的妥协，以尽量维持自己的世界观不变。在达尔文1859年出版了《物种起源》之后的决定性的十年里，即在19世纪60年代的大辩论中，丹纳始终对演化抱着热切而又坚决反对的态度。

达尔文送给丹纳一本第一版的《物种起源》，但丹纳当时的健康状况很不好，直到1863年才读这本书。尽管如此，在1862年出版的他的最著名的著作《地质学手册》（*Manual of Geology*）第一版中，丹纳没有回避这个问题。在书中他表达了自己的反对意见，同时丹纳并没有忘记给他的书信朋友一个解释。于是，他在1863年2月2日写给达尔文的信中写道："我希望在这之前，您已拿到《地质学》一书了（无需任何费用，仅是我的一点小意思）。我依然要告诉您，由于我一直忙于学校事务，您的书我尚未拜读。"

然后，丹纳明确地表明了自己的反对意见，所列三点均出自古生物学。丹纳的观点显示，他是基于自己对演化的个人定义而进行反对的，他将演化视为必然的进步和渐变的过程。丹纳宣称，如果演化是有效的，那么在生命的历史中，每一个支系必然经历从简单到复杂的缓慢而稳定的转变。丹纳列出的三条反对意见分别是：

1. 绝大多数实例表明，缺乏符合这一理论的、差异很小的转变……

2. 有些实例表明，类型开始于物种的更高一个类群，而非低一级的……

3. 事实表明，随着地层的过渡，物种的灭绝经常切断了属、科和族的联系……然而，联系又从新的物种开始。

丹纳引述了一套非常传统的反对意见，如缺少过渡类型，在地质记录中最早出现的是一个支系的先进类型而非原始的成员，以及大灭绝等。达尔文以化石记录的不完整对这些一一进行了反驳（如后世的历史显示的那样，没有全部成功），认为正是化石记录的不完整导致了生命渐变的、进步的真实历史呈现出令人迷惑的表现。达尔文真切地感受到，他欠丹纳一个亲笔回复，于是在丹纳寄出写给自己的信两周后，在 1863 年 2 月 20 日的回信中陈述了自己的基本原理（所幸在内战期间海运未受到影响）：

关于物种的变化，我完全同意您的反对意见。我也考虑到这一点了……我认为那是地质记录的不完整性造成的。

我从两人的通信中察觉到了一丝怨恨，达尔文对丹纳在没有读自己书的情况下表达的这些反对意见感到不满。但他很快恢复了自己的温雅，而且让他的朋友觉得他之所以感到有些委屈，是因为丹纳的观点对他来说是很有分量的：

> 我的书最近受到了一些关注（可爱的英式谦逊），正如您说您还没有读这本书，因此您应该好好读一下再提出那些批评意见。您知识渊博、学富五车，且非常坚定您的看法，我并不敢奢望能说服您。我最大的希望是您在看了我的书后在某些方面会发生动摇而已。

达尔文和丹纳个人的、智力的"戏剧"是本文的主题，但我还会阐明学者的生活和科学本质中的一个更大的主题：世界观的整合能力（正面的），以及他们对于重大革新在概念上的固守（负面的）。我还要说，丹纳并不愚昧，也不愚蠢，更不是特别顽固。相反，他对上帝和生命持一种一致的、表述清楚的、逻辑连贯的理论——这种世界观丝毫没有为达尔文的自然演化理论留下任何逻辑空间。一个人不能（也不应该）因为一些明显不确定的信息，就放弃自己的终身信仰。倘若我们可以这样做的话，我们将会带着同样的情感放弃救赎和一致性的来源，这种情感只有我们在离开生养自己的家庭与第一个爱人时才会有，缓慢、哀伤和虔诚，总而言之，是带着浓浓情意与崇敬。

在崩溃的事实的累积的暗示下，什么时候坚持，以及何时弃之如敝屣的问题，决定了知识分子自传中最有趣和最重要的困境，这些决定定义了能力与天才或感性与偏执间的界线。从某种重要的意义上来说，历史上的天才是那些知道什么时候投入，如何创造可进行成功

　　　　达·芬奇的贝壳山与沃尔姆斯会议

攻击的工具和可替代的工具的人。但我们还须记住，可能有99%的个人会将其潜在的英雄主义置于错误的旋涡中，而被从历史中抹掉。仍然要说的是，这些失败不应该激起人们不计代价地尝试去坚持真理——不然地球还是一个小规模宇宙的中心，人类将仍旧是上帝创造出来的神圣的完美的化身。大部分人，包括每一代最杰出的知识分子，都不敢冒险。心理学和社会学的这些现象产生了这样的陈词滥调——只有在旧的保守势力消亡后新理论才能取得全面胜利。这种说法通常被认为出自19世纪的奥地利物理学家恩斯特·马赫①。

丹纳保守的世界观最终被取代，这个世界观基于两个核心信念之上，它们让达尔文的演化论成为不可能（与其说是事实上的错误，不如说在这种系统中演化论是不可想象的）。第一，就像19世纪的生物学家一样，丹纳是一个纯粹的柏拉图主义者。他的动物学思想深深地根植于"模式"（type）这一古老概念，即每一种动物都有一个理想的形式，一个物种中个体的变异都是偶然地偏离典范的形式，物种间的变异是根据"形式法则"（laws of form）建立的组织顺序，"形式法则"则表达了神的意图和计划。（作为与丹纳等量齐观的柏拉图主义者，阿加西斯宣称分类学是最高的科学，每一个物种都代表了一个神圣的想法，因此物种的安排就是神的思想结构的表达。通过理解物种的秩序系统，我们就能够最接近地认识上帝的思想特征。）

第二，丹纳将整个地球和生命的地质历史，视为一个漫长、连贯的具有寓意的英雄史诗——一个物理学和生物学历史中必然存在的进

---

① 恩斯特·马赫（Ernst Mach, 1838~1916），奥地利物理学家、哲学家、心理学家和生物学家。——译注

步的传奇，从而不可避免和有目的地得出上帝赋予一个物种的最终目标，就是让人们有意赞美上帝和他的作品。按照丹纳的说法，与定义生命历史的渐进过程相同，物理的地球是随着时间的推移而发展的。此中遵循三个主要趋势：1.从海中涌现出越来越多的陆地；2.大气日益净化；3.全球气温逐渐变冷，并且通过从极地到赤道形成温度带，不断增加气候的多样性。总的来说就是地球变得越来越适合更高等的生命形式依次出现，上帝在每一个新发展阶段创造了相应的生命。因此，陆地上的居民必定比海洋中的居民"更高级"，纯净的空气激发了可观的复杂性（对比一下在黑暗的沼泽中滑行的爬行动物和生活在明亮的平原上的强壮的哺乳动物即可），不断变冷的气候需要先进的温血新陈代谢。丹纳在他的《地质学手册》中写道：

> 因此，在海洋主导地球表面的时候，生活的都是低等生物。随着陆地的增加，大气的逐渐纯化，全球气温的降低，为更高等生物的出现做好了准备。

为了避免有人被误导以达尔文的渐进演化的方式解读这一连续进步的创生序列，丹纳总是煞费苦心地说，这样的历史只是记录了仁爱的上帝有目的的直接行为。丹纳在1856年写道：

> 很明显，整个创世计划都是以人作为动物王国发展的终点和主宰，并且以现今地球上凉爽的环境作为最佳状态。因此显而易见，地球从温暖到凉爽气候的发展，必然涉及了生物从低等到高等的进步……早期的

类型是低等的，并非因为创造之手（Creative Hand）的能力不足，而是因为当时地球上的温度和环境仅适应这类生物的生存，因此只能按照创生的发展进程进行相应的创造……创世计划的发展……是有章可循的……是通过连续的个体化，从简单到复杂，从单一到多样发展的。

丹纳用他自己构建的明确的生物理论支持自己的两个中心思想。在试图解释生命历史为什么和如何把进步的方向作为创造随时间变化的基本推动力的过程中，丹纳发明了一个有影响力的概念，他将其命名为"头向集中"或说增加头部的控制。甲壳类是身体分节的动物，它们的分类很大程度上依赖于头节上附肢的形状和数目。（在节肢动物的祖先中，每个体节想必长有一对腿。在后来的进化中，这些附肢经常会功能专一和特化。甲壳类和其他现代节肢动物有很多成对的器官，如触角、口器、游泳肢、作为外生殖器的抱握器，都是由改良的腿进化而来的。昆虫和甲壳类的口器，特别是在自然类电视片中被大大地放大后，看起来特别古怪，用现代的俗语说就是很恶心，因为我们正确地将其视为一束挥舞着的小腿——就"正常的"脊椎动物而言腿是不会从口中伸出来的！）丹纳在其进步主义世界观的影响下，选择按从原始到高级的顺序，对现代甲壳类的多样性进行排序，其标准就是头和附肢的复杂性和主导性。然后，他将"头向集中"原理扩展到了所有的动物身上。

在19世纪50年代中期，丹纳在获悉达尔文的理论之前，首次发表了他的"头向集中理论"（theory of cephalization）。在1863年到1866年间，他又就这一问题写了四篇重要的文章［全部发表于他所主编的《美国科学杂志》（*American Journal of Science*）上〕。

我发现头向集中理论十分迷人，且有点疯狂。如果我可以就此写一本书，而不是一篇文章，我将很高兴地讨论丹纳基于头部特征和头对身体的相对控制力，为"客观地"精确测量生物的"高级"和"低级"设立的十六大标准（很多下面又有细分）。我还将阐明这些标准的利己性（对他的世界观而言，而不是他的人格）和"不确定"性。这些标准在任何合理的意义上几乎都是不客观的，但很明显是为了验证丹纳的一个先验的想法而设立的，且几乎对每一个明显的例外都进行了肆意捏造或篡改。

例如，一个标准说可以通过测量头和大脑在体轴上的位置来衡量其进步程度，越往前的越高级。由于鲸鱼的大脑前有一张巨大的嘴和鼻子，因此丹纳认为其为"低等"哺乳动物。但由于一组他想作为原始类型的生物，大脑位于最前端，于是他只好对自己的标准进行修改。例如，他想将多足类和唇足类置于昆虫之下，但这些多腿的节肢动物的头和脑却位于最前端。因此，他宣称这些特殊的头尽管位于"正确的"地方，但却很原始，它对身体其余部分的控制力很弱，因为其后面长了大量"低等的"腿。丹纳写道："它们的头部严格局限于最前端，但其控制力非常弱，以至于后面的关节大量发展。"丹纳甚至在几个段落中承认，这些标准可能不一致，但他接着说，这样的复杂性需要更精妙的解释，甚至需要更有经验的解释，才能让系统正常运转！

丹纳的每篇文章都在试图对头向集中化是生命进步历史的主要动力做一概括性的定义。他关于这一问题的"最后一搏"是十年后于

1876 年发表的文章，他说道：

> 在低等（动物）中，通常后部的大小和力量都大，整个结构伸长，前部和后部的紧凑性程度低。在高等（动物）中，身体结构相对较短，且更加紧密，肌肉的力量或排列更往前部集中，头发育得更好。是逐渐进步的……就是从前者的条件出发线性向后者发展，即力量、完善性和前端或头端的主导性不断进步。总之，就是向头向发展。

尽管丹纳可能是根据他对甲壳类动物的研究提出头向集中这一概念的，尽管他宣称自己的这一理论是客观的，任何只要通读过他的文章的人都会发现，他的理论是拼凑起来的，为的就是让其宣称的理念符合自己的世界观：人是宇宙的中心和主宰。除了彰显我们人体最顶端长着一个大脑袋，前肢被从低等的运动功能解放出来为头提供服务之外（在我用手指打字时，我的脚趾只能无用地蜷曲在椅子下），为何会选择头向集中作为评判进步程度的标准呢？丹纳写道：

> 然而，其他所有的哺乳动物都具有作为运动器官的前肢和后肢，在人类中，前肢已从运动功能转向了头部系列。它们服务于头部的目的，而非运动。身体的头向集中，也就是说身体的器官和结构服从于头部的使用，在动物界中的例子精彩纷呈，在人类这里达到了极限。于是，人类超然卓立于哺乳动物之中。

为了加强自己关于创生类型的第二个主要观点，丹纳在一个流行的前达尔文流派中发展出一套特殊的分类学，在这个流派，演化很快会呈现不连贯性。这是一个数字系统，每一个大类群中都具有固定数量的亚类群。丹纳青睐用两个或四个亚类群作为分类调整的关键。

研究分类学的历史学家经常十分错误地说，演化理论的发展对分类法的结构影响不大，只不过是将曾经视为上帝安排的秩序转向了演化，而具体内容并无变化。这种论调是在说，理论应该被视为超然于自然之上的精神构建，或者换种说法，无论采用什么样的解读模式，大自然明显的实在性都是以相同的方式呈现的。在这两种表述中，因为不重视内部理论和外界自然的真正的复杂性和匹配需求，内部理论和外界自然的适当平衡被扭曲了，理论或世界观的用处被降低了。

必须抛弃这样的论调。演化理论让分类学进入了不同的境界。主要的类群可以维持自己的定义（节肢动物是节肢动物，脊椎动物是脊椎动物，不论是上帝创造的，还是演化而来的），但很多其他重要的细节必须修改，因为演化的几何结构已经与创生系统的结构完全不同。在达尔文的学说大获成功后不久，像丹纳那样的数字方案就永远地消失了，现代的分类学家大多数都不知道曾经有过这样的一个系统（因此也就无法欣赏演化理论在改变他们的专业实践上的威力），数字分类系统遭受到了彻底的失败。如果上帝创造了所有的物种，它们的秩序反映了他思想的本意，那么为何不寻找一个能体现上帝智慧的神秘数字系统呢？但如果生物都是通过生命演化树上的血统连接在一起的，那么成功或失败就变成了一个历史偶然性的问题，就不可能设计出一个类群内有固定数目的亚类群。

在丹纳用二分法进行分类时，他将每一个类群分成定义其本质的

"典型的"纲，以及有偏离的"半典型的"纲。例如，他认为陆生性对脊椎动物是典型的（不要问我为什么，要知鱼是最先出现的，但我怀疑他有一个先验的想法将包含人类的类群定义为典型的）。因此，对于脊椎动物的两分就是视四足动物（所有的陆生类型）为典型的，而视鱼纲（鱼类）为半典型的了。

在丹纳用四分法进行分类时，他按降序指定了三个典型性的程度，最典型（alphatypic）、次典型（betatypic）和非典型（gammatypic），然后是真正偏离的第四个类群——变质的（degenerative）。在这一个分类体系中，哺乳动物是最典型的（它们站得高），鸟类是次典型的（是可爱的动物，但不局限在陆地上生活），爬行动物是非典型的（只能在地面上爬行），鱼类则是变质的（是生活在了"错误的"地方的脊椎动物）。

在一篇发表于1857年（达尔文的巨著当时正在创作中）的、题为"物种的思考"（Thoughts on Species，其中既包括了矿物，也包括了生物）的文章中，丹纳为自己的数字分类系统进行了辩护，称自己的系统体现了不可改变的、柏拉图式的普遍真理：

> 固定的数字、确定的数值，和对所有破坏力的挑战，都是公认的从脚到头描述自然的特征……就所有基本力量的本质而言，宇宙不仅基于数学，而且基于有限的确定数字。

他甚至认为，人类的灵魂也需要固定的数字，这既能感知秩序而避免意志消沉，又可以更好地崇拜上帝。（这段话也表达了丹纳对类群间分级演化转变的所有观念的敌意。）

倘若这些单元能够与另外的进行无限的混合，那么它们就不再是单元，而物种将无法识别。生命系统将成为一个纷繁复杂的迷宫；无论对于可以理解其无限性的一种生物来说它有多么宏大，但对人类而言都是难以理解的混乱。可以诱惑灵魂的那种美丽在充满思想的大脑中可能产生前途渺茫的绝望，而不是为这个人提供永恒且不断扩展的真理。对于人类而言，大自然这座神庙融合了其整个表面和全部内部结构，没有留下一条人类大脑可以测量或者理解的线索。

达尔文对丹纳的头向集中理论和数字分类理论的坦率反应，清楚地表现了两人在世界观上存在不可逾越的冲突。1863 年 2 月 17 日，在丹纳关于演化论的关键信件与达尔文的深情回复的间隙，达尔文还写信给他的导师和知己查尔斯·莱伊尔（Charles Lyell），倾诉自己对丹纳用头向集中原理和数字规则对哺乳动物进行分类的不快。对那些没有坚定地将人类置于创造之冠的人来说，达尔文用其一贯的洞察力，揭露了丹纳所创理论体系的显而易见的荒谬性。达尔文正确地指出，丹纳的整个方案变成了一个人类中心主义的长篇阐述：

同一个邮件中附有丹纳关于同一主题的小册子。在我看来，这简直是疯了。如果不是预先想把人类区分出来，我绝对不相信丹纳或者什么人会采用这样小的差别来作为标准：成年人不使用前肢进行运动，而猴子出于与人类相同的目的在各方面都使用四肢。借用类似的原理……从甲壳纲类的分类推演到哺乳动物的分类，这在我看来简直是疯了。有谁会想将这样的变化，作为鸟类的根本区别呢? 因为有些鸟类中前肢是完全无用的，或有些如企鹅用其作为鳍，还有另外一些鸟类用前肢进行飞行。

（达尔文合理的抱怨提供了另外一个说明理论如何能控制大自然安排的例子。丹纳用前肢的功能状态作为关键特征，对鸟类的主要类群进行了划分，因为在其头向集中理论框架下，头控制前肢的使用，所以它们的状态自然就反映了头的主导程度。在给莱伊尔的信的最后一句，达尔文认为这一方案是荒谬的，因为在他的生命的演化版本中，前肢功能的不同肯定要用对各种不同生活模式的适应性来解释，而非鸟类谱系树的根本区别。）

作为科学神话中的主要部分，客观事实的积累可能控制着概念转变的历史。明智和谦逊的科学家在大自然的指令面前俯首称臣，并愿意改变自己的观点，以适应经验知识的增长。这一理想化的模式，会让人想起赫胥黎的名言："一个讨厌的、丑陋的小事实足以杀死一个美丽的理论。"但是，单一的事实几乎无法改变世界观，至少不会立即实现。（的确如此，大多数异常的观察结果最后证明都是错误的；关于地球公转的每一个事实，都可以与一百个声称的冷聚变、永动机或炼金的观察结果配对。）

当然，至少对第一种方法，将异常的事实纳入到现有的理论，往往带有一定的强制性，但通常也可以接受，毕竟大多数世界观都具有极大的弹性。（否则它们怎么能如此持久，或如此难以被推翻呢。）当有人发现了绝对原始和未曾预料的一些新情况时，这是对世界观的梳理和解释事实的能力的最好的考验——因此也会成为科学研究中理论和数据之间复杂相互作用的一个难得的例证。幸运的是，我从事的古生物学专业提供了特别适合用于检验的例子，没有什么比新发现的化石更有说服力了。因此，如果我们以现代的后见之明，认为一个发现明确指向一个新世界观的有效性，那么我们就实现了理想的检验案例：如果每个人都立即服从事实，接受大自然隐含的重建，那么赫胥黎的格言就会大获全胜。但如果大多数保守者设法将新事实稳妥地纳入他们的传统世界观中，那么科学中理论的重大转变需要包括社会环境和实际动力在内的更复杂的推动。

在 19 世纪 60 年代的早期，达尔文和丹纳在信中讨论演化时，一个意想不到的事实作为最可能的例子出现了，这就是始祖鸟（*Archaeopteryx*）的发现。它不仅是最古老的鸟，还明显地架起了爬行动物和鸟类间的桥梁，它依然具有牙齿，羽毛少，具有爬行动物基本的解剖特征。让演化理论得到了具有决定性胜利的一分。

当然，达尔文正是这样解读这一发现的。1863 年 1 月 7 日，他在给丹纳的信中写道：

> 这种化石鸟具有长长的尾巴，翅膀上长有爪指……是近些年最神奇的发现。对我而言这是一个极好的例子，因为没有哪个类群像鸟类这样与众不同了，它的发现显示了我们对远古时期生命的类型所知是如此之少。

别急。在数到九的时候，老拳击手站了起来。他绕回来，他佯攻，他在等待时机，钟声响起。他休息、恢复，接着出来进行下一轮的战斗。1863 年 11 月，丹纳在一篇题为"论脊椎动物纲的平行关系和爬行鸟类的一些特征"（On Parallel Relations of the Classes of Vertebrates, and on Some Characteristics of Reptilian Birds）的文章中，对始祖鸟问题进行了回复。他宣称，始祖鸟没有为演化提供任何证据，反而为他自己的基于头向集中的神创论者的数字分类提供了最好的证据。

I.
A. 典型的哺乳动物
B. 半典型的哺乳动物或半卵生哺乳动物

II.
A. 典型的鸟类
B. 半典型的鸟类或长尾鸟类

III.
A. 典型的或真正的爬行动物
B. 半典型的爬行动物或两栖动物

IV.
A. 半典型的鱼类或鲨鱼类

B. 半典型的鱼类或硬鳞鱼类

C. 典型的鱼类或真骨鱼类

这一图解是 1863 年丹纳对其"神创论者的数字分类系统"进行的概括。

因为我们是灵长类动物，灵长类动物又是视觉动物，因此我们经常以图像的形式概括我们的世界观。没有什么比图像能更好地概括和固化一种生命观了。在其文章中，丹纳用一张图展现了他对脊椎动物的分类，从而支持了始祖鸟在其完整的神圣数字分类几何结构中的关键角色。如图所示（见上图），丹纳希望将三个陆生动物纲——哺乳纲、鸟纲和爬行纲——纳入到其习惯的典型和半典型的两分系统中。在每一种情况中，半典型的类群应该处于较下等的级别中。当然，哺乳动物是最高级的。正常的有胎盘类构成了典型的哺乳动物，而有袋类和产卵的单孔类（鸭嘴兽和针鼹）组成了之下的半典型类群。他称这些半典型的哺乳动物为"半卵生的哺乳动物"（ooticoids）——它们的产卵行为将其清晰地指向了鸟类和爬行动物。

爬行动物也分两类，典型的如蛇类、龟类、蜥蜴类和其他近亲，半典型的包括蛙类和蝾螈等两栖动物。（现在我们将两栖类归为一个独立的纲，但丹纳时代的分类学家将所有的陆生冷血动物统统放在扩展的爬行纲中。）如同半典型的卵生哺乳动物指向下级纲爬行动物一样，半典型的两栖动物也以其最初的水生蝌蚪阶段指向下一级的鱼类。

但鸟类怎么办？现在丹纳遇到了一个问题，这对其美丽数字的分类系统是一个威胁。飞鸟很明显是典型的，但什么样的鸟可称为半典型的呢？半典型的必须指向下一级水平的纲，这里指向的是鱼类。有人可能会将不会飞的鸵鸟和鸸鹋作为半典型的，但这些生物又怎么能指向鱼类呢？相反，它们的陆生生活似乎指向高一水平的哺乳动物（或至少是侧方的爬行动物），因此这就对整个系统造成了威胁。那么试想一下丹纳在发现始祖鸟时的喜悦吧，他可以说该化石保留的牙齿将它们指向了半典型的鲨鱼类，就像《大海啸之鲨口逃生》的片尾曲"刀锋麦克"（Mack the Knife）那样尖锐地指出："漂亮的牙齿，亲爱的，那个恶棍长着尖牙利齿。"因此，丹纳几乎兴高采烈地将演化真相的最后使者——始祖鸟，描绘为自己的创生数字分类系统的救星！始祖鸟在丹纳的术语中是长尾鸟类（erpetoids），是遗失的半典型的鸟类，它们的发现让丹纳的系统变得完整了。他写道：

> 爬行鸟类的发现让普遍规律显现出来，在脊椎动物四个通常被接受的纲中，除了最低级的，每一个都有两部分组成，第一部分是非常典型的类型，它们涵盖了大多数的种类，第二部分是低等一些的半典型类型，它们连接起了典型的类型和下一水平上的纲。

实际上，丹纳用其新提出的脊椎动物分类模式，从两方面反对演化观。第一，如上文所提，始祖鸟补足了只能源自神圣意图的数字分类几何结构。鱼类的组织结构提供了反对达尔文演化论的第二条论据。典型的鱼类是硬骨鱼类，它们包括几乎所有的现代种类。但鱼类还包括两个半典型的亚类群，根据其关键的差异，半典型的鱼类中一类指向更高一级别的陆生脊椎动物，另一类则指向下一级。半典型的鲨鱼类（丹纳图表中的鲨鱼类）指向半典型的始祖鸟，然后再向上是典型的鸟类。半典型的肺鱼（丹纳图表中的硬鳞鱼类）指向半典型的两栖类，然后再向上是典型的爬行动物。

因此，整个系统就圆满地全部连接在了一起。上一个级别通过半典型的类群指向下一个级别，而下一个级别通过自己半典型的类群指向上一级。除了稳定的和创造出的顺序，还有什么能如此自足和不解自明呢？丹纳的结论明显在与达尔文唱反调：

> 从前面的情况来看很明显，对脊椎动物的进一步划分并没有涉及无

脊椎动物，其下限是很明显的，并且在其内部是完整的……在这一事实中，我们并未发现支持达尔文关于生命系统起源假说的证据。

如同达尔文可能会说的，这个方案可能是疯狂的，但肯定是神圣的疯狂。

像大多数体面的人一样，历史学家往往都是爱国的。丹纳代表了美国最好的人，谁愿意给他安一个老顽固和坚决反对演化事实的名头呢？因此，有些学术文章聚焦于丹纳向演化理论迟来的、最低限度的、不情愿的"转变"，在其1874年版的《地质学手册》中第一次有这样的苗头，两年后在最后的关于头向集中理论的文章中也多少存在一些。丹纳很保守地开始认为（在其1876年关于头向集中理论的文章中），演化可能已经成为了变化的最好模式，但头向集中的过程依然起作用。丹纳现在似乎是在说，"对于发生了什么我是正确的，但对于是如何发生的我可能错了。无论如何，发生了什么更加重要。模式揭示了神的意图，而机制只是手段而非目的。"用他自己的话说：

> 在发展的过程中无论是什么结构类型，都存在隶属于头向集中原理的一般性变体……无论演化的真正方式为何，这些观点可能都成立。通过神的力量和自然不断交流反复创生的方法，应该从属于分子法则和其他所有生长法则；因为分子法则是上帝意志的最深刻表达……但当前科学的状态支持物种是从其他物种演化出的进步观，神对其几乎不做干扰。那么，如果存在从其他物种演化出的物种，我们可以相信，动物之间导致"适者生存"的所有实际争斗和竞争，如在人类中一样，必定导

致头向集中。

我们不能像传统的解释那样，将这些不情愿的段落视为丹纳最后的喝彩和最终的救赎。为了尽力维护自己摇摇欲坠的系统，丹纳向演化理论迈出了最小的一步，而非作为一个最终看到曙光获得重生的、狂热的十字军战士。通过将演化视为一种机制，丹纳可以通过头向集中维护其进步的更深层信念。

这种"英雄的"方式的确有损于丹纳聪明过人的名声，而且他还用在后期转向当前真理的方式延续了对其愚蠢的学说的检证（几乎像一个变节的基督徒，尽管之前的行为十分令人不齿，但在临终前与耶稣达成了和解，在恩典中死去）。丹纳对演化理论最后的喝彩仅是一个小插曲，而非其科学生命的核心。我们应该对其终生坚持自己观点的力量、对自己观点长达几十年的巧妙和光荣的捍卫，表示尊敬和尊重，虽然现在看来其观点存在缺陷。当然，在科学中犯错是没有罪的。

如果我们解雇那些现在认为是错了的科学家，只有当他们最终看到曙光时才重视他们，我们将错过解决学术生命中一个最难捉摸和奇特的问题的大好机会。天才的特质是什么，为什么在众多才华横溢的人中，有些做出了革命性的贡献，而有些则死于他们所处时代已经开始消逝的概念的尘埃中？达尔文的超然伟大和丹纳只是普通伟大之间存在怎样的关键差别？（普通伟大并非一个自相矛盾的概念，而是历史中保守势力的领导能力的一个定义。）

我不知道这些问题的答案，但我们肯定可以找出其中的关键因素。可能是一些心智原因或思想上的怪癖，可能是社会生活的某些动力或某种性格上的驱使，达尔文被这些关键因素驱使着去挑战，无所畏惧地去挑落一个智力世界，在重建的世界中乐于尝试每一个令人兴奋的和可爱的事物。由于其他相同的特质，丹纳不能或不敢放弃延续了几个世纪的传统思想和解决方法：万古磐石为我开，容我藏身在主怀。

最后，看一下他们两人是怎样看待柏拉图这位最伟大的智慧之神的。丹纳只是机械地崇拜柏拉图和他所提出的完美理想的永恒王国。达尔文敢于挑战这位大师，他所提出的演化观是如此简洁、优雅，能够解释和解读人类曾面临的一些最大的奥秘。在达尔文结束"小猎犬号"环球航行回到伦敦后的一本早期笔记上，有一条达尔文的评注可以体现出他和丹纳的根本差别，前者是多么灵活，而后者是多么僵化。达尔文用一句话突破了两千年来对于人脑中的先天概念的传统解释。他几乎是兴奋地喊出，它们并不是从理想国的原型传递的柏拉图式绝对真理的显现，而是来自我们的过去的简单遗产：

柏拉图在《斐多篇》（*Phaedo*）中说过，我们"想象的理念"来自预先存在的灵魂，而非经验。然而预先存在的是猴子!

6

所有种族的海马

英格兰最伟大的解剖学家理查德·欧文（Richard Owen）满怀期望地等待着查尔斯·狄更斯（Charles Dickens）最后一部按月连载的小说《我们共同的朋友》（*Our Mutual Friend*）准时出版。欧文不需要任何理由与同胞一起阅读英国最受欢迎的作家的连载作品。但欧文期待这本新书的确也有些个人原因，狄更斯曾为他的科学朋友塑造了波茨纳普太太（Mrs. Podsnap）① 这个人物："欧文教授的好女人，一把瘦骨头，脖子和鼻孔像一匹木摇马，尖嘴猴腮，头发却梳得宏伟壮丽，上面挂满了波茨纳普奉献的黄金首饰。"

《我们共同的朋友》一书的完整本出版于 1865 年。在同一年，也许是出于感激，但也可能仅仅是出于朋友的关系，欧文在一本新出版的《大猩猩备忘录》（*Memoir on the Gorilla*）的题赠中写着"献给查尔斯·狄更斯，自他的朋友，即作者"。我十分荣幸能拥有这一珍贵的书。书上没有狄更斯的任何标注，但在封面上有一张藏书

---

① 这是一位自大的角色，很擅长对不讨喜的事情"视而不见"，代表英国人的孤陋，中产阶级对文化的麻木、金钱的崇拜等。——译注

票，这可能是狄更斯在 1870 年死后，为了卖书附加的"诱饵"，用以证明欧文的朋友保存了这本书："来自查尔斯·狄更斯图书馆，盖兹山庄，1870 年 6 月。"欧文和狄更斯的友谊是在俱乐部生活中发展起来的，在维多利亚时期，俱乐部生活是连接有修养的或成功男士（有时甚至两类兼具）的精神家园。他们经常在雅典娜神庙俱乐部（Athenaeum）见面，这是知识分子在伦敦活动的主要俱乐部，达尔文和赫胥黎都是其成员。雅典娜神庙俱乐部现在依然存在，有几个地方依然不对女性开放。传统和记忆，有好有坏，难以磨灭。曾经有人给我指出来过，在这里的主楼梯上，狄更斯和萨克莱（Thackeray）差点打了起来①的地方。

在我们当前的意识中，虽然对大猩猩依然好奇，但已经很熟悉了。但在欧文的时代，神秘和新奇为这些最大的猿类增添了吸引力。当时人们对黑猩猩的了解已经有一百多年了［1699 年伦敦内科医师爱德华·泰森（Edward Tyson）曾写过一本关于黑猩猩解剖的经典专论］，而荷兰船只也已经从殖民地印度尼西亚带回了红毛猩猩。但对于身具无数传奇的大猩猩，直到 1846 年美国传教士托马斯·萨维奇（Thomas Savage）在加蓬获得了一些大猩猩的头骨后，才被科学家所认知。欧文曾发表过很多论文，探讨其他猿类和猴子的解剖特征，但在确定和命名大猩猩的优先权的竞赛中，他以微弱的差距落败，法国解剖学家伊西多尔·若弗鲁瓦·圣希莱尔（Isidore Geoffroy Saint-Hilaire）和美国内科医生杰弗里斯·魏曼（Jeffries Wyman）的论文抢

---

① 这个故事可以参考: Ley, J. W. T. *The Dickens Circle a Narrative of the Novelist's Friendships.* 1919. Reprint. London : Forgotten Books, 2013. 94-5.

达·芬奇的贝壳山与沃尔姆斯会议

先一步面世。

　　但作为大英博物馆自然历史部的主任，欧文有接触新标本的最大优势。1851 年，他接收了到达英格兰的第一具完整骨架，接着在 1858 年又收到了一具保存在酒精中的近乎成年的雄性躯体。1861 年，博物馆买了一批毛皮用以装架和展出，其中包括大猩猩的雌性、雄性和幼年个体，它们是探险家保罗·杜·沙伊鲁（Paul B. du Chaillu）[①]猎获的。因此，欧文要技术有技术，要材料有材料，遂成为研究大猩猩的头号科学家，他在很多出版物中接受了挑战，最终在 1865 年的专论中达到顶峰。

　　欧文拥有皮毛、肌肉和骨骼等标本，但有关行为和生态的知识依然要依赖于非洲旅行者的未经证实的报告。杜·沙伊鲁本人是一个持怀疑主义态度的人。尽管有很多报道称大猩猩是骇人的肉食者，但他认为它们主要以植物为食（如我们现在所知，确实如此）。欧文在 1865 年写道：

　　　　然而，杜·沙伊鲁先生称他曾检查过自己和其他猎人杀死的大猩猩的胃，"除了浆果、菠萝叶和其他植物，从未发现其他东西"。大猩猩的食量很大，它们大腹便便，身体直立起来时尤为突出。

欧文转述了杜·沙伊鲁从当地人那里听到的骇人故事：

---

① 法国探险家、博物学家、动物学家、人类学家，著有《赤道非洲探险记》（*Explorations and Adventures in Equatorial Africa*）。——译注

杜·沙伊鲁先生还举证了当地人的说法，当他们悄悄走进热带森林的昏暗树荫下时，他们有时会意识到这些可怕的类人猿的靠近，因为他们的同伴会突然消失，然后发现他已经被吊在了树上，可能会发出几声令人窒息的叫喊。几分钟后，一具被勒死的尸体掉在地上。是大猩猩，它看准机会就垂下巨大的后肢，紧紧钳住正在经过的黑人，将其抓走，扔到高高的树枝上，当他停止挣扎后再将其扔到地上。

但欧文还记录了杜·沙伊鲁个人的疑问："毫无疑问大猩猩能这么干，但我却并不相信它们真的这样做了。"

杜·沙伊鲁在 1861 年出版的书，陷入了维多利亚时代科学争议界的最大的争论之一。很多博物学家指责杜·沙伊鲁捏造故事，有些则认为他从未到访过大猩猩的栖息地，只是从别人手中买了材料而已。（例如，杜·沙伊鲁描写过他射杀了一只直冲他去的、发怒的大型个体，但其皮毛运抵伦敦到达欧文手上后，在前面并未找到弹孔。）争论的烈焰还燃烧到杜·沙伊鲁的一个声明上，他声称自己曾看到过一个令人叹为观止的习惯，这一点从此固定了我们对雄性大猩猩的印象，那就是它们在示威或表示愤怒时会捶打胸部。欧文引述了这一说法：

当这样被不断追击，陷入绝境时，大猩猩会像熊那样用后腿站立起来，解放出强壮的手臂进行战斗。沙伊鲁先生断言，在这种情况下，大猩猩"会用其巨大的拳头捶打自己的胸膛，声如大鼓，以示应战"。

考虑到要同时尊重双方，并在面对质疑时维持所有选择，欧文随后评论道：

> 除了胸部的大小和厚度，大猩猩在身体结构上没有什么符合这种奇怪行为的特别之处。狗不像野兽那样罕见，对于一个从未见过活着的狗的人，他也不会根据狗的解剖特征想到狗偶尔会有用三条腿跑的习惯。这种由旅行者提供的陈述，既不能完全不信，也不能轻易相信。我们可以暂且存疑，等待那些对最初说法感兴趣的观察者的后续报告。

大多数耸人听闻的传奇往往最后证明是错误的，但杜·沙伊鲁的说法被证明是正确的，雄性大猩猩真的捶打胸部，就像金刚（King Kong）那样（但更多是在虚张声势，而非战争的前奏）。事实上，尽管杜·沙伊鲁不是一个精确性的典范，但他在大辩论中做得很好，他和他的导师欧文显然既赢得了胜利又沉重打击了对手。

作为一个好玩的注脚，杜·沙伊鲁的支持者中有一个十分敌视欧文的人，他就是英国最雄辩的博物学家托马斯·亨利·赫胥黎（Thomas Henry Huxley）。赫胥黎和欧文间既有不可调和的观点，还有相反的个性，以至于我十分怀疑他们以后是否还会再次共同面对一个问题。尽管赫胥黎发现杜·沙伊鲁的书中满是无心的错误，这是由于"笔记保存不完整"和"太多生动的想象"，他钦佩杜·沙伊鲁不畏艰险勇于探索难以到达之地的勇气，他发现这个探险家的记叙基本可信。（后来赫胥黎不再支持杜·沙伊鲁，因为他对敌人欧文的愤怒与日俱增，无法忍受继续扮演幕僚的角色了。）

同床异梦不仅存在于政治领域，科学界也存在大量的临时忠诚。赫胥黎和欧文都可以同杜·沙伊鲁在一起工作，因为他们在追求各自不同的立场时，都需要关于大猩猩的信息——很大程度上是试图用这些信息来打败对方。

　　欧文在 1865 年献给狄更斯的专著和 1859 年 5 月的瑞德讲座（Rede lecture）中，发表了他关于大猩猩的主要工作。具有讽刺意味的是，达尔文的《物种起源》也出版于 1859 年。达尔文的书对欧文的作品相当不利——"论哺乳动物的分类和地理分布，另增附录'论大猩猩'和'论物种的灭绝和嬗变'"（On the Classification and Geographical Distribution of the Mammalia, to Which Is Added an Appendix "On the Gorilla" and "On the Extinction and Transmutation of Species"）。赫胥黎在其最好的、最具影响力的书中对大猩猩进行了深入的探讨，该书是科学散文历史中的里程碑，名为《有关人在自然界中位置的证据》（*Evidence as to Man's Place in Nature*），最初的内容来自他在 1860 年和 1862 年为工人做的系列讲座。（据说是入场必需蓝领身份的证明，但据传卡尔·马克思设法潜入偷听了！）

　　赫胥黎和欧文的这些著作所讨论的广泛主题是达尔文主义关于演化上的宏大辩论的一部分，但正是二人对猿类和人类问题的讨论中带有的个人的目的针锋相对的对抗，让他们的著作有了言外之意——如果不了解有关"海马体大辩论"的一些背景，今天的人是无法理解这些作品的。（维多利亚时代的科学家除了喜欢有争议的论点以外，还乐于开展其他各种活动，虽然作为本文支柱的三个争论确实形成了一个整体——杜·沙伊鲁的大猩猩争论和赫胥黎 – 欧文的海马体大辩论只是达尔文关于物种起源这个最重要的问题的争辩的潜台词而已。）

我撰写本文是为了纪念赫胥黎（1825~1895）逝世一百周年。海马体大辩论早已经被描绘为赫胥黎最伟大和绝对性的胜利。我也是赫胥黎不折不扣的粉丝，这在一系列的文章中都有反映。作为演化理论的坚决捍卫者（以前的说法是"达尔文的斗犬"）和英国科学史中最伟大的散文作家［尽管有可能有人会说达西·汤普森（D'Arcy Thompson）的《生长和形态》（*Growth and Form*）足以与之平分秋色］，赫胥黎几乎已经成为了我个人的英雄。尽管如此，追随这些随笔的反神化倾向，我选择了海马体大辩论来纪念赫胥黎，这是因为我相信这个故事没有被公正地讲述过——因为在与当前问题非常相关的一个关键点上，欧文提出了一个十分有价值的观点，来反对赫胥黎的总体令人钦佩的立场中一个重大缺陷。

不论是军事的或是智力的，任何争端的胜利者都会获得很多好处——而记录的权利必定是最大的获益之一。总之，胜利者书写历史。如果我们的主要记录是赫克托耳（Hector）[①] 的吟游诗人所做，我们将会怎样解释特洛伊战争（Trojan War）呢？如果杜安·吉什（Duane Gish）[②] 和亨利·莫理斯（Henry Morris）[③]（积极奔走呼吁的现代神造论者）垄断了书面描写的市场，未来的人会怎样看待演化理论

[①] 　赫克托耳是特洛伊王子，也是特洛伊第一勇士，被称为"特洛伊的城墙"，不但勇冠三军，而且为人正直品格高尚，是古希腊传说和文学中非常高大的英雄形象。赫克托耳在决斗中被希腊第一勇士阿基里斯杀死。——译注

[②] 　美国加州大学伯克利分校生物化学博士，在美国大学和工业领域从事对生物化学的研究工作多年，坚定的神创论者，认为地质记录反驳了演化理论，并显示地球生物的出现，是完整并精心设计的。——译注

[③] 　水利工程师出身，拥有工程学博士学位，是神创论的代表性人物。——译注

的历史呢？

理查德·欧文（1804~1892）是他那个时代最伟大的解剖学家和古生物学家。他涉猎广泛、造诣精深（包括早期关于鹦鹉螺腔室的专论，关于最古老的化石鸟类始祖鸟的最初描述，关于新西兰已灭绝的大型地栖鸟类恐鸟的一系列重要文章，关于达尔文从"小猎犬号"环球航行中带回的南美化石哺乳动物的最初描述，根据各个时代大量化石爬行动物精确的研究创造了"恐龙"一词）。作为科学建立的支柱（也是维多利亚女王和其他几乎所有重要人物的密友），欧文在动物学方面也具有强大的影响力，特别是他经过长期努力和成功的活动，在大英博物馆范围内单独建起了一栋博物学的建筑（欧文担任第一任馆长，大厦位于南肯辛顿，它承担了很多职能，是维多利亚时代建筑的大纪念碑，也是世界上最重要的科学博物馆之一）。

但欧文与维多利亚时代博物学界（达尔文的圈子）的最大胜利者发生了冲突。至少可以说，他不是一个始终如一的好人。对于那些权势比自己大的人，他往往表现得奴颜婢膝、唯唯诺诺，对于晚辈和下属则表现得十分傲慢而目中无人，要知道他们可是最终会"长大"并谱写后来的历史的人！欧文其实并不反对演化的思想，尽管演化论的编年记录者后来构造了那样的传说，但他的确非常不喜欢达尔文所主张的生物变化的唯物观。

总是和蔼可亲的达尔文，在自传中写过一段非比寻常的评价，描述了欧文那令人不快的个性：

在伦敦的时候，我经常能见到欧文，非常仰慕他，但却对他的性格一无所知，也无法跟他成为亲密的朋友。《物种起源》出版之后，他成了我的死敌，并不是我们之间有过什么争吵，但据我判断可能是出于对《物种起源》所取得的成功的嫉妒。可怜的福克纳[1]（一位古生物学同事），本是一位很有魅力的人，对欧文的评价很差，深信他不仅野心勃勃、非常具嫉妒心又嚣张，而且虚伪浅薄。他的仇恨心肯定是无法超越的。以前我常常护着欧文，福克纳经常说，"你某天总会认清他"，这一天终于到来了。

作为一个渴望上进的年轻人，赫胥黎投入到欧文的势力之下，等待出头之日。赫胥黎比欧文小 20 岁，经常需要来自博物学领域的大腕写推荐信。欧文总是允诺极力赞扬赫胥黎的优点，但他总是让赫胥黎等着，即使不是蔑视，也是对他态度傲慢。赫胥黎回忆过一件事情，那是在两次需要紧急推荐的请求未被满足之后，他与欧文在街头偶遇：

> 当时我十分愤怒……我正想与他擦肩而过，但他叫住了我，以最和蔼和最亲切的态度说："我已经收到了你的要求，我会办好的。"这样的措辞和所表现出来的屈尊的确十分令人"感动"，以至于只要我再多待一会儿，我一定会将他推到水沟里去。于是，我点了下头，走开了。

赫胥黎和同伴最终赢得了讲述官方故事的权利，他们正式通告

---

[1] 休·福克纳（Hugh Falconer），是维多利亚时期最伟大的古生物学家之一，去世于 1865 年 1 月，时年 57 岁。——译注

欧文的观点是错误的，或（更糟糕的是）将他描述成一个自大的傻瓜，对他们的成功毫不起作用。但欧文却在现代的历史学家中找到了辩护者，他试图破除进步主义者对科学不断进步的论述，这种持续进步是由事实真相的神圣倡导者推动的，他们反对深陷社会偏见的无信仰者。尼古拉斯·A. 鲁克（Nicolaas A. Rupke）出版于1994年的传记《理查德·欧文——维多利亚时代的博物学家》（*Richard Owen: Victorian Naturalist*），以这种纠偏的模式对其进行了极高的评价。鲁克引用了一些明智和受人尊重的人（其中就包括狄更斯）对欧文真诚和热情的描述，至少让我们知道了欧文是一个十分复杂、才华横溢和迷人的人。如果在维多利亚时代英国的生物学历史上没有关于他的一大章，那是不可想象的。

在达尔文出版《物种起源》的两年前，爆发了"海马体大辩论"，辩论没有将自然选择作为中心议题。但维多利亚时代这个最著名的科学争论的确涉及了那个基本的、永远令人极其不快的主题，达尔文学说将其作为核心焦点：人类在其他动物中的独特性。我们仅是改良的猿类，还是与其他所有的生物完全不同的东西？赫胥黎主张人类与大猩猩之间存在连续性，欧文则认为这二者完全不同。按照欧文的选择和最初的提议，论战的焦点集中在大脑的三个结构上。欧文宣称只有人类具有这些结构，它们将我们与那些野蛮的生物完全分开。赫胥黎证明了猿类也有这三个结构类型，有时与人类中的一样明显。从而表明欧文设立的区分标志肯定了我们与其他灵长类的进化统一性。

第一，欧文宣称只有人类才具有覆盖小脑（或控制运动活动的常规区域）的大脑"后叶"，即负责"高等"心智功能的传统部位向后延伸的部分。[附图来自欧文1859年的演讲，清楚地展示了他的观点。请注意，黑猩猩的大脑（A）在下方的小脑（C）前就停止了，但在人类中却向后扩展覆盖了整个上表面。根据现代神经生物学的证据，传统的功能划分与欧文所宣称的形态差异都是错误的，但我引述的是一个较早的观点，将辩论定位于当时的时代。很明显，如果仅是在人类中，"高等的"大脑覆盖了"低等的"小脑，我们可能会据此衡量我们的心智优势。]

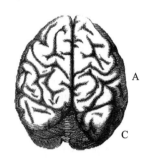

欧文所画的黑猩猩的大脑，显示大脑向后延伸得不够，无法覆盖小脑（C）

第二，欧文宣称只有人类在侧脑室中有一个后角突（posterior cornu）。[简单解释来说，脑室是大脑内的空间，与脊椎的中央空腔相连，是早胚胎发育过程中经过复杂的弯曲和折叠形成的。Cornu来自拉丁语，意为"角"（horn），因此后角突就是大脑腔中的一个角状后端。]

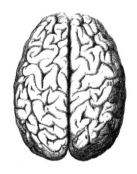

在人类中，更大的大脑完全覆盖了小脑

第三点，也是最后一点，欧文宣称只有人类才发育有"禽距"（hippocampus

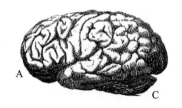

minor），这是在侧脑室同样的后角底上的一个脊，是大脑中被称为距状裂的相邻部分深度内突产生的。"禽距"与"海马体"（hippocampus）不是相同的结构，后者是大脑旧皮质的一个重要区域，近些年一系列优雅的实验证明它是短时记忆的初始记录场所，然后以某种方式转移到新皮层形成长时记忆。在现代的术语中，"hippocampus minor"这一说法已经被取消，取而代之的是一个更早的名字 calcar avis（或 cock's spur，中文亦译为禽距），来源于公鸡腿上的一个看上去很相似的结构，该结构是公鸡在打斗过程中的强力武器。而海马体一名最初是由阿朗希乌斯（Arantius）在 16 世纪创造的，此人是维萨里（Vesalius）的学生，因这一结构很像一只海马，拉丁语中写为 Hippocampus，后来林奈将其选为海马属的正式名称。

在此，我不想回顾海马体大辩论的细节，在维多利亚时代的博物学历史中，没有哪个故事比它被讲述的次数更多了，且基本事实并无争议。[我的朋友兼同事，普林斯顿大学的心理学教授查尔斯·G.格罗斯（Charles G. Gross）最近发表了一篇特别清楚和易读的文章，主要讲述的就是大脑的解剖细节——格罗斯是著名的神经生物学家，而非历史学家。文章题为"禽距和人类在自然界中的位置：神经解剖学社会构建的实例研究"（Hippocampus Minor and Man's Place in Nature：A Case Study in the Social Construction of Neuroanatomy），发表在《海马体》（Hippocampus）杂志上。是的，在我们专业化的世界里，大脑的每一个区域都有致力于专门研究的杂志！]

辩论开始于 19 世纪 50 年代后期，一直持续到 19 世纪 60 年代，随着 1865 年欧文发表了关于大猩猩的专论，辩论呈爆发之势。欧文和赫胥黎在书面上和公众场合都在一决高下，尤其是在1860年英国科学促进会（British Association for the Advancement of Science）的年会上，根据传说和没有证实的说法，在最初关于达尔文演化论的交锋中，赫胥黎击溃了绰号"滑头山姆"的大主教威尔伯福斯（Bishop "Soapy Sam" Wilberforce，他们的确进行了交流，但并无明确的胜利者）。辩论风风火火地蔓延到大众文化领域，公众和新闻界都乐见于英国这两个最伟大的科学家针对这样一个重要问题（人类在自然界中的位置）进行尖刻的辩论，辩论围绕着一个所有人都不清楚的大脑区域展开，该区域有这样一个奇妙有趣的名称"禽距"。查尔斯·金斯利（Charles Kingsley）在1863年的儿童经典作品《水宝宝》（*The Water Babies*）中以海马体辩论为特色，强调神秘的解剖术语与这样一个重要的概念和情感的主题相结合所隐含的幽默。金斯利创造了普斯茨教授（Ptthmllnsprts，来自Put-them-all-in-spirits的组合，意为让他们都兴致勃勃）这样一个人物，其原型就是赫胥黎：

> 对很多事物他都有一套奇怪的理论。他甚至曾参加过英国科学促进会，宣称猿类的大脑中具有像人类一样的禽距。这可非比寻常，因为如果真是这样的话，那又是什么成就了数百万人的信仰、希望和仁慈？你可能会想我们和猿类之间应该存在其他更重要的差别，例如说话、制造机器、知晓对错、饭前祷告，以及其他诸如此类的小事情。但亲爱的，这只是小孩子的天真想法。没有什么比伟大的禽距检测更可靠的了。

所有种族的海马

1861 年 5 月 18 日，漫画杂志《潘趣》（*Punch*）在一首打油诗中十分准确地描述了这一事件：

　　　那时，赫胥黎和欧文，

　　　竞争渐趋激烈，

　　　笔墨肆意挥洒：

　　　就是大脑对大脑，

　　　直到其中一人被杀在地；

　　　天哪！真是棋逢对手！

还真是的！私人信件忠实记录了仇恨。赫胥黎写道，他将"揭发这些骗人的鬼话……就像做一只谷仓门形风筝那样简单"。欧文在给朋友的信中也描述了他们之间的公开辩论："赫胥黎教授亵渎了这种争论，通过这个他在一件与我有不同看法的事情上造假从而篡改了科学观点上的分歧。直到他公开收回这些不实之词，就像他当时公开发表的那样，否则我愿意继续相信，他那样做只是因为其做人的基准与虚伪的本性。"

"官方"对于大辩论的说法，可以总结如下：赫胥黎像一位将军那样前来辩论，抢走了老对手的镜头。他组织了几个同事来解剖各种猿类和猴子的大脑，寻找欧文曾宣称的人类独有的结构。赫胥黎自己研究了南美蜘蛛猴的大脑，这是传统意义下的"低等"灵长动物。他们还搜索已发表的文献，寻找欧文的不实之词或选择性引用，以及支持非人类灵长动物也具有这三种结构先前已有的证据。总之，他们发现了大量的证据，表明在不同的灵长类动物中都具有这三种结构。相传，欧文最终只能是偃旗息鼓，暗自神伤了。

很明显，欧文的策略让自己"身陷囹圄"。（欧文和赫胥黎都来自中低阶层，但欧文凭借逢迎巴结进入上层社会，获得了巨大的实际利益，直接从维多利亚女王那里获得了免费住所，并从 19 世纪 40 年代早期开始，就进入了每年的公务人员养老名单，而赫胥黎此时则还在为生活奋斗，并对此心怀妒忌。要想理解维多利亚时代的生活，必须了解当时社会阶层的向心性。）作为一个上层阶级的新进者，欧文觉得他必须遵循专横的暴发户所能感知的规范。他为自己的立场而战，反对赫胥黎，但却并没有表现出与后者一样的活力，也没有赫胥黎那样的公开组织。欧文很大程度上失去了贵族朋友的支持，失去了宝贵的领地。

欧文的战术明显失败了，但他的辩论真有那么差吗？我不想否认传统的说法，认为赫胥黎和他的阵营在非人灵长类的大脑中找到了全部三种结构，因此驳斥了欧文的唯一性标准。但欧文真的那么愚蠢，那么一败涂地吗？我并不这么认为。我想提出两点以保持平衡，部分在欧文的防守上。第一点鲁克和其他人已经进行了很好的讨论，第二点（就我所知）在以前的文献中尚未见有讨论。

第一点，对于赫胥黎和同事在猿类和猴子中发现了那三种结构，欧文是怎样反应的？他仅仅是否认了他的发现，还是默默地承认了？事实上，欧文做出了潜在的极好的应对。多年前，他已经指出（尽管在海马体辩论的高峰期，在一些文章中他习惯性地忽略了这些声称），事实上人类的所有特征在黑猩猩和大猩猩等近亲身上都有类似的表现。（在19世纪40年代后期，欧文创造了同源这一词，用以确定不同生物中具有同一解剖起源的特征，不管其功能已经变得多么不同，例如蝙蝠的翅膀和马的前腿。现在我们将同源视为在演化的血统上来自共同的祖先。）但承认同源性并不一定就会将同一名称应用于两种生物的相关特征上，功能的分异允许合理地使用不同的术语。例如，称蝙蝠的前肢为翼，并不会强制我们说所有的哺乳动物都具有翅膀，因为它们都具有与蝙蝠前肢骨同源的结构。

欧文援引这一纯粹术语的诡辩的版是为了设法摆脱自己的失利，但我们必须至少相信他的声称在技术层面是有效的。在1865年的大猩猩专著中，他承认那三种结构在猿类中都存在，但发育得很差，与人类的差别很大，因此必须给予不同的名称，诚如马的前肢不能称为翼。因此，我们依然可以说猿类中不具有后叶、后角突和禽距，即使它们是与人类同源的结构。

欧文说同源性普遍存在："在大猩猩中……都存在人类解剖中每一个器官和几乎所有得到命名的部分的同源物。"他接着讨论了大猩猩的大脑如何从拓扑结构上转变为人类的大脑，几乎若无其事地最终承认大猩猩中已经存在那三种结构！

> ……大脑向各个方向扩展，特别是向后覆盖小脑，以便限定"后部"或"后小脑"叶。主脑腔或"侧脑室"向后……扩展……到"后角"……与禽距……有明显的关联。这些腔室和构造的初始同源结构，在最高级的猿类中也单独存在。

除了两点，我可以接受欧文机智而可敬的重新定义。第一，他在暗示，由于它们发育得如此之差，所以他不可能给予猿类的那三个特征相同的名称。但赫胥黎和同伴已经表明，一些猿类的那些特征已经与人类的相去不远。第二，如果欧文一直采取这一立场，那么我们就要责怪赫胥黎的不细致了。但事实上，欧文一开始并没有承认猿类中存在这三个特征的基本同源物，而仅仅宣称人类的发育良好，需要不同的名称。他真的否认在猿类中存在这些结构。欧文在1859年的讲稿中写道：

> （大脑）后部的发展是如此显著，人体解剖学家已经将这一具特性的部分命名为"第三叶"。它是人属所共有的独特特征，同样独特的是"侧脑室的后角"和"禽距"，它们是每个半球后叶的典型特征。独特的心智能力与大脑的这种最高形式相互关联……导致我认为人属不仅仅是哺乳动物中独特的目的代表，而且是一个独特的亚纲。

我认为，特别是在这样的焦点结论方面，"独特"的意思是"独一无二"。欧文通过言语的策略转变了自己的立场，这也说明了赫胥黎怀疑和愤怒的有效部分。

第二点，这是先前我们在大多数文献中忽略的，它证实了欧文论点的一个重要部分——这一点对我们当前的现实仍有影响。赫胥黎在证明其他猿类的这三种结构上显然是正确的，但他在最著名的《人在自然界中的位置》（*Man's Place in Nature*，1863）中关于猿类和人类间进化连续性的中心论点，却基于两个错误的论据上（其中一个像后

来欧文试图偷偷掩盖自己的错误一样处理了），欧文在 1865 年出版
的大猩猩专著中对这两点都进行了反驳。

《人在自然界中的位置》给出了猿类和人类间平滑演化转变的最
强有力的捍卫。赫胥黎承认在大脑的尺寸上存在无可否认的差距，人
类身材远比不上大猩猩，但人类的大脑却是大猩猩大脑的三倍，且正
确地指明这一不同仅为量上的差别，猿类和人类大脑的所有部分都是
同源的。接着，赫胥黎十分公允地说，大脑量上的差异并不能代表心
智水平上的真正鸿沟，因为这样的说法会混淆相关性和因果关系。赫
胥黎指出，人类意识上的优势可能在细胞或微结构功能等一些无法分
辨的差异上，而不仅仅在体积的差异上。

接着赫胥黎给出了两个相关的论点。第一，他粗暴地进行了硬
性灌输，一个特征一个特征地列出了演化连续性的主要证据：最低
等的猿类与黑猩猩或大猩猩的差别，远大于这些"最高级的"猿类
与人类间的相应差别，因此我们仅是猿类演化序列中向前迈进的一
小步：

> 不管动物身体的哪一部分，不管是肌肉，还是脏腑，都可以拿来比
> 较，最低等的猿类与大猩猩差异大于大猩猩与人类的差异……人类和最
> 高级的猿类在结构上的差异，小于最高级和次一级猿类之间的差异。

但赫胥黎的论述似乎不合规则，甚至有点自说自话之嫌，他和欧
文都陷入了相同的语境：相信一组具有亲缘关系的生物必定可以按从
低到高的等级排序。（当然，我们现在对这一方案的否定，与我们对

赫胥黎和欧文的论述的逻辑结构分析无关。）欧文恰当地反驳了赫胥黎，指出赫胥黎不能将完全不同的东西拿来比较——苹果和橘子怎么能相提并论？大猩猩和人类的差距仅有一步，但"低级"灵长类与黑猩猩和大猩猩的间隔中，包含着很多被省略的中间类型。如果我想将一个系列中的第 50 步和第 51 步的距离最小化，就说第 1 步和第 50 步间的距离更大，你一定会对我嗤之以鼻，说："不要为了自己的利益不择手段、偷换概念，拿可比较的东西来比。请告诉我 49 和 50 与 50 和 51 之间值的差别有多大。一步就要跟一步相比较，不能跟整个系列相比较！"如果大猩猩和人类之间的差别，超过任何两种相邻的灵长动物之间的差别，那么我就会真的承认人类的确有些特别。欧文写道：

> 经过……将大猩猩的大脑与其他灵长类动物（猿类）的进行比较，我们发现最高等的猿与最低等的人之间巨大差异的重要性和意义，并不见于灵长类动物任何两个属间这方面的差异……从（大猩猩）到狐猴（欧文方案中"最低级的"灵长动物），此下降系列的任何一步中大脑发育的差异，与大猩猩的大脑和最低等的人类种族的大脑在发育上巨大和突然的升高相比，都是微不足道的。

我认为，赫胥黎觉察到了自己论述的弱点，于是拿出了第二件假定的武器：大猩猩和人类平均值之间的差距可能很大，但如果我们将所有人类的变化按照种族的等级排个顺序，从"最低等的"黑人到"最高等的"白人，那么差异就消失了，从大猩猩到最低等的人类的距离，小于最低等和最高等的现代人之间的距离。（请理解，我用的是赫胥黎自己的词汇，引述了在一个严格限制的科学家群体内，他那个时代的传统学识——那是白人男性的特权。）赫胥黎写道：

> 最高级的人和最低级的人的大脑重量差别很大，无论是相对的还是绝对的，远大于最低级的人和最高级的猿之间的差别……因此，即使是在脑容量这个重要问题上，人类之间的差别都大于人类与猿类之间的差别。

按照他那个时代的标准，赫胥黎是一个种族自由主义者（racial liberal），但我不认为他这样说并不是想对全体人类进行怀疑。相反，他是在试图为自己的演化的连续性这一中心论点补位，找出一些途径填补大猩猩和人类平均脑容量间令人尴尬的巨大鸿沟。

我们这个复杂的世界，烦恼的人世间，讽刺中充斥着谎言。正如好人不得好报，为了支持好的论点，正派的人也会提出逻辑上荒谬和道德上可疑的主张。赫胥黎站在了天使的一侧：他试图通过记录人类与亲缘关系最近的动物亲属的连续性，获取人类演化的原因。最后，他用华丽的文笔描绘了灵长类动物内大范围的设计，从最低等的狐猴到我们高贵的自己：

> 也许没有哪个哺乳动物的排序像这个一样，给我们呈现了如此非凡的等级序列。这让我们不知不觉地从动物界的顶点降为了生物，感觉我们距离最低级、最小、最不聪明的有胎盘哺乳动物仅有一步之遥。就好

像大自然自己已经预见到了人类的傲慢，而且以罗马人的严厉提出，通过她的胜利所彰显的智慧，应当被用来说明奴隶的重要性，警告征服者他只不过是世间凡尘而已。

尽管如此，不论赫胥黎更宽泛的好意是什么，他的确支持一个严酷的、坚定的、不可否认的种族主义观点，即将所有的人安排在了一条前进的线上，并明确指出非洲黑人最多位于大猩猩和欧洲白人的中间。赫胥黎的错误源自其演化推理的深层错误，进步主义者将演化视为了线性的进步——他们认为演化必定是沿一系列上升的台阶发展的。他觉得除非能够在现代人中阐明这一线性上升序列，否则将无法捍卫人类的演化。在这个假设中，犯下了一个更深层的错误，这个错误基于一个经典的错误推理前提：相信起因的连续性，而没有认识到不同尺度上表面的相似现象，可能具有不同的原因。

当然，人类与猿类不同；当然，人类自身存在很大的差异。但这些事实并不意味着，现代人中的差异是人类和其他物种间更大的差异的缩影，尽管赫胥黎在把研究人类种族差异性时按照灵长类物种间差异的尺度假定存在这种连续性。人类的种族不能代表祖先猿类和现代人之前的中间步骤，人类种族代表了一个物种内完全不同尺度上的当代变异。我们没有理由在一个物种内沿任何一条价值线对差异进行排序，也没有理由将当代的多样性与我们的演化推导模式建立特别的联系。当然，演化可以预测祖先猿类和现代人之间的缺口一定是可以弥补的，但过渡形式是化石记录中的灭绝物种，而非现代种族。此外，既然现代种族是如此的年轻（如我们现在所知），从演化的角度看，我们间的差异在演化的框架内是无关紧要的。没有哪个人类种族比另外一个完全更像猿类。我们都是智人这株大树干上最近产生的物种。

理查德·欧文落得很可怜，不断被中伤，且政治上保守、知识陈旧。但他看了一眼赫胥黎的种族主义观点，完全出于正确的原因，抓住了这一点，如同谷仓门形的风筝。我知道，欧文没有驳斥赫胥黎的种族主义偏见。我知道欧文与赫胥黎一样，在种族排序和人类存在高等和低等形式方面存在相同的偏见。欧文的行文当中充满了一个种族主义者常常使用的言语。在 1859 年，他写道，黑猩猩"与所有其他已知的哺乳动物相比，更接近人类，特别是低等的黑人"。在同一作品的后面，他继续写道："那些低等的、未受教育的、不文明的种族的大脑，远小于高等的、更文明的和受教育的种族的。"在 1865 年的大猩猩专著中，他将所有常见的偏见汇聚成一行，开头就说男性的头骨定可作为标准，女性和低等种族（照惯例所有埃塞俄比亚黑人或非洲黑人和巴布亚黑人或美拉尼西亚黑人）是劣等的："如果博物学家……放弃了自己适当的指导原则，即男性大脑的平均状况，而采取最低等的巴布亚人女性的大脑……"

我也知道，为了捍卫人类的独特性，反对演化连续性的主张，欧文反驳了赫胥黎的种族主义观点，这并非出于我们今天所尊敬的任何社会或政治动机。但是，意图和结果必须要分开。在我们的生活中，有很多迷人的复杂性和道德的模糊性，源自我们的目标与实现这些目标所采取的行动产生的不可避免的相反的结果之间经常遇到的巨大反差。例如，根据原则反对狩猎，其结果却是鹿太多了可能吃掉你的花园。因此，无论他的本意如何，我都要向欧文的主张产生的后果喝彩。

此外，在这种特殊的情况下，欧文对种族主义观点的反驳，并非意外地源自其他原因的主张。因为他清楚地知道自己究竟在做什么，因此我更加尊敬欧文了。他直接引用了当时的几则平等主义主张，明确提出了他的种族改良主张（尽管是不平等的——遗憾的是，这一选项在欧文的智识框架中并不存在）。

欧文认为人类种族的差异程度不大，完全处于一个不可分割的物种范围内，换句话说就是，与物种间的差距是不一样的。欧文反驳了赫胥黎的第二个关键点，即最高等的猿类与最低等的人类间的差距，没有超过最低等的与最高等的人之间的差距。在关键的段落中，他写道：

> 大脑比例的差异程度……在人类的不同种族间并不大，通过如此细微的渐进步骤，以引人注目的方式将人类大家庭连接在了一起。

但最重要的话出现在两页之前：

> 尽管在大多数情况下，黑人的大脑小于欧洲人的，但我还是看到过一个黑人长着与白人大脑的平均值一样大的大脑。我同意海德堡的伟大生理学家，他也记录了相似的观察，结合大脑发育这样的事实，智力活动没有区域差异，纯种黑人的个体间没有差别。

所有种族的海马

接着，欧文附了一个有意思的脚注：

1864年6月，牛津大学适宜地授予了克劳瑟主教神学博士学位，他是一个纯正的西非黑人，他作为奴隶被从故土带走，中途被解救。我很高兴地记录下了有与这样一个睿智、学识渊博的绅士交谈的机会。

［塞缪尔·阿贾伊·克劳瑟主教（Samuel Adjai Crowther，1812~1891）在1822年被一艘英国军舰从一艘贩奴船上抓获，后来作为自由人回到了塞拉利昂。他在1825年接受洗礼，并在非洲加入教会学校，后来又前往英国。1842年，他在英国被任命为牧师，1864年正式宣告为主教。之后他成为尼日尔地区的主教，在此将《圣经》译成约鲁巴语（Yoruba）[①]。］

用现在不相关的标准看，欧文的记叙无疑是充满家长作风的，但我们应该对他的正派表示敬意，要知道当时很多同事根本不会屈尊与一个黑人交往。然而，欧文最具启发性的话是"海德堡的伟大生理学家"，在此我们就可以领略他的非常规的忠诚。海德堡的解剖学教授弗里德里希·蒂德曼（Friedrich Tiedemann）是19世纪早期欧洲科学家精英中唯一的真正的平等主义者。他测量了所有种族的头骨，写了一些文章讨论所有的人在智力上是平等的。1836年，他向《皇家学会哲学汇刊学会报》（*Philosophical Transactions of the Royal*

---

① 约鲁巴人是西非的主要民族之一，大部分分布在尼日利亚西南部的萨赫勒草原与热带雨林地带。约鲁巴人与东南部的伊博族和北部的豪萨人一起，构成了尼日利亚的三大主要民族。约鲁巴人的语言为约鲁巴语。——译注

达·芬奇的贝壳山与沃尔姆斯会议

Society）提交了一篇重要的英文文章，欧文引用过该文。如果欧文明确地引用了蒂德曼的文章，我们可以确信，他选择通过捍卫所有的人类都具有高的智力成就和能力，至少是部分地反驳了赫胥黎有关种族的说法。

从 1859 年直到 1870 年去世，查尔斯·狄更斯出版发行了一本名为《一年到头》（*All the Year Round*）的周刊，主要刊登文学杂录和时事动态。他并不是自己撰写所有的稿子，但却进行了大量的编辑加工，以至于《大英百科全书》这样评述道："他对发表的所有观点都进行了把关（对于作者是匿名的），相应地进行选择和修改。因此，无论是不是他写的，对于时事事件的评论可能表达了他自己的观点。"在 1860 年 7 月 7 日出版的《一年到头》中，狄更斯发表了对于达尔文的重要评论。最后一段写道：

> 唯唯诺诺的人总是会养成一定程度的思维定势，且喜欢坚持自己先入为主的想法，害怕用未被认可的且与众不同的视角去看待如此宏大的主题，这种先入为主的想法也许可以打消他们的顾虑，即理论上讲，有组织的生物中也会存在自然选择与生命斗争。世界见证了各式各样理论的兴起、勃发和湮灭。

欧文的理论失败了，消亡了。无论是凭借基本事实，还是拥有讲述历史的权利，赫胥黎的观点大行其道。但在一个复杂的世界上，综合方案往往是最好的解决方案，我希望我们将欧文关于种族的正确的和有原则的观点，与赫胥黎的进化视角适当地集成在一起。这样的结合，如果被纳入政治和社会政策，可能会让人类历史避免在过去的一个世纪中发生过的绝大多数悲惨事件。我们必须要为完成这一整合继续努力，两个世界，一个故事。只要这样做，我们定可以将"最坏的时代"变成"最好的时代"，将"愚蠢的时代"变成"智慧的时代"，将"黑暗的季节"变成"光明的季节"。①

---

① 最后一句化用了狄更斯《双城记》开篇时的句子："这是最好的时代，也是最坏的时代；这是智慧的时代，也是愚蠢的时代；这是笃信的时代，也是疑虑的时代……"——译注

7

索菲亚先生的小马

与失去一个好名声相比，一个被偷的钱包就显得毫不足道了。那么我们怎么评判将一位已婚女士的名字冠以丈夫的姓氏这一即将消失的幸福呢？我可能从襁褓中开始就是一个女权主义者，我还记得很早的时候就奇怪我母亲埃莉诺经常收到信封上写着伦纳德·古尔德夫人（Mrs. Leonard Gould）收的信。

对此有若干种纠正的方法，其中比较有吸引力的是在有利的情况下玩翻台游戏。盲人教育家塞缪尔·格里德利·豪威（Samuel Gridley Howe，1801~1876）做了很好的工作，但我曾经非常兴奋地将他误认成了他那更加有名的妻子——茱莉亚·沃尔德·豪威（Julia Ward Howe），即《共和国战歌》（The Battle Hymn of the Republic）①的作者。

鉴于在我们这一代人之前女性通常是被排斥在科研外的，因此在已婚的科学家中，我们并不会经常遇到这样的机会。居里夫人是

---

① 《共和国战歌》是一首美国的爱国歌曲，由朱莉亚·沃尔德·豪威作词，为南北战争期间十分流行的歌曲。原版词曲是由南卡罗来纳州的威廉·史蒂夫创作。

有史以来最伟大的科学家之一，但其丈夫皮埃尔（Pierre）也不是很差，因此要保留他的名字，而非称之为玛丽先生。但我知道有一对科学家夫妇因妻子非常出名、丈夫却籍籍无名，而受到这种倒置姓的策略的影响。我其实感到十分尴尬，因为索菲亚·柯瓦列夫斯卡娅先生（Mr. Sophia Kovalevsky）是一位古生物学家，他本身就是一位非常好的（即使被遗忘了）科学家。

《科学家传记词典》（*Dictionary of Scientific Biography*）在索菲亚·柯瓦列夫斯卡娅（1850~1891）那条的一开始，称她是"20世纪前最伟大的女数学家"。由于在俄罗斯女性无法在大学获得学位，因此她留学国外。因为女性不能参加大学的讲座，在柏林，她接受了教授们四年的私人辅导。1874年，德国哥廷根大学为其授予博士学位，但她无法亲临。虽然都承认她的学术才华，但只是因为是女人，柯瓦列夫斯卡娅在欧洲任何地方都无法获得学术职位。因此，她返回了俄罗斯，靠做一些零工生活，商业投资失败，只能挤几个小时进行数学研究。1883年，随着索菲亚先生去世——后面我们还要谈到他，她再次尝试获取学术职位，这次成功了。作为斯德哥尔摩大学的教授，她享受了几年卓有成效的工作，但却在41岁时死于流感和继发的肺炎，那时她正处于事业和名声的巅峰。

在她短促的一生中，索菲亚·柯瓦列夫斯卡娅仅发表了十篇数学论文［她还在文学方面进行过一些不成功的尝试，写了几篇小说、一部剧本和对乔治·艾略特（George Eliot）的一篇评论，她曾在前往英格兰的旅途中遇到过艾略特］。这些涉及数学领域多个问题的实质性工作，为她带来了盛誉。她研究过光线在透明介质中的传播，土星环以

　达·芬奇的贝壳山与沃尔姆斯会议

及刚性物体绕固定点的旋转。她写了几篇文章讨论积分学中的技术问题（对此我就不能不懂装懂了）。1888 年，她凭借对刚性物体旋转的研究（是法国前辈泊松和拉格朗日工作基础上的推广）获得了法国科学院授予的布丹奖（Boudin Prize）。评判者对她的研究工作非常推崇，为了表达他们的敬意，他们将奖金从 3000 法郎提高到了 5000 法郎。

弗拉基米尔·柯瓦列夫斯卡娅（Vladimir Onufrievich Kovalevsky，1842~1883），即索菲亚先生，是以一种最不浪漫却又非常实用的方式进入妻子生活的，让索菲亚的职业生涯传奇变得更完整了。在 19 世纪中叶的俄罗斯《第二十二条军规》①摧残着单身知识女性。她们不能在俄罗斯的大学就读，也不能作为一个独立的人出国旅行。为了逃脱这一束缚，思想自由的女性经常找具有同样思想的男性假结婚。名义上的已婚夫妇就可以出国留学了。为了自由和获得出国旅行的权利，索菲亚嫁给了弗拉基米尔。这对新婚夫妇去了德国，他们生活在不同的公寓里，在不同的城市学习。

在大革命之前，索菲亚和弗拉基米尔属于思想自由的俄罗斯人，他们的名字代表了一个俄语词根的英语单词——知识分子。这对知识分子男女在政治上是激进派，但在生活方式上充满波希米亚精神（与后来布尔什维克主义的禁欲主张完全相反）；与美国和西欧的情况存在明显差异，他们对科学非常迷恋，并对科学的力量充满了信心，相信一定能让世界变得更好。这些男女以科学家为自己的偶像，而非那

---

① 《第二十二条军规》（Catch-22）是美国作家约瑟夫·海勒（Joseph Heller）创作于 1961 年的一部长篇小说，由于其影响深远，以至于这部小说的英文名字已经进入英语词典之中，成为常用的英语词汇，意思是互相抵触之规律或条件所造成的无法脱身的困窘，象征人们处在一种荒谬的两难之中。——译注

些在其他国家准备相似运动的文学家或哲学家。达尔文成了他们的偶像，也许正因如此（很少有人承认和注意这一历史怪象），大多数俄罗斯知识分子是严格的达尔文主义者。尽管达尔文在《物种起源》中充分论证了演化的事实，但令他自己失望的是，欧洲的科学家并不接受达尔文所珍视的自然选择机制。

作为这一运动的文学原型，我们一定要提一下屠格涅夫在《父与子》（*Fathers and Sons*）一书中塑造的英雄巴扎罗夫（Bazarov），该书出版于达尔文的《物种起源》出版三年后的 1862 年。这位革命的虚无主义者抛弃了自然科学外的所有法则。在不参与政治活动时，他解剖青蛙构建自己的知识体系和生活中心。弗拉基米尔和索菲亚两人的生活没有这么丰富多彩，在感情和行为上也没有这么极端。但他们的生活真的充满了好莱坞传记般的冒险精神。特别触动我的是，1871年巴黎公社（Paris Commune）失败后，弗拉基米尔用计谋帮助索菲亚姐姐政治上激进的情人从囚禁中逃离法国的故事。

索菲亚和弗拉基米尔从假结婚开始婚姻生活，但随着地球的转动，鸟儿飞翔、蜜蜂嗡鸣，人鼠之间精心制订的计划也经常偏离最初的意图[①]。由于索菲亚在欧洲没能找到工作，而弗拉基米尔也想回家（他可以成为一名古生物学家），他们一起回到了俄罗斯。他们早已发现彼此相互喜欢，在索菲亚挚爱的父亲去世后，弗拉基米尔向索菲亚流露出了特别的柔情，他们真正地完成了他们的婚姻，并最终育有一女。他们的女儿后来学习医学，成为一个翻译家，在苏维埃体制里成为一个了不起的女英雄。

---

① 这里引用了美国小说家约翰·斯坦贝克《人鼠之间》（*Of Mice and Men*）中的故事。——译注

弗拉基米尔和索菲亚在俄罗斯的生活稍有些紧张，但这主要是他们自己造成的。弗拉基米尔有些家产，而索菲亚在父亲死后继承大笔财产。由于在科学领域没有发现有利可图的工作（他们选择的生活方式远远超出了他们的经济能力），他们在很多欠考虑的商业项目上投入了大量资金，大部分是房产和公共浴室，但很快就破产了。弗拉基米尔当时有过一次好运，但最终被自己毁了。他在一家从石油提炼粗汽油的公司获得了一个发言人的职位——报酬也很丰厚。公司老板拉戈辛（Ragozin）兄弟需要弗拉基米尔的学位装门面，以及他的语言能力（在某种程度上，来自他过去参与政治活动时进行街头演讲的经历），吸引客户和投资者。弗拉基米尔花费了大量的时间在欧洲的城市之间穿梭。索菲亚虽然高兴能有钱让自己闲暇之余进行数学研究，但对丈夫总是忙于自己的事不在身边感到不满，因此他们之间产生了巨大的裂缝。最终在1881年的早些时候，索菲亚终于爆发了，她前往柏林追求自己的科学梦想。她在信中对弗拉基米尔解释说：

> 你竟然说女人无法创造任何重要的东西，但也正是因为如此，这对我来说是很重要的，在我依然有精力和可容忍的物质环境时，我必须调整自己的定位，这样我才可以证明我是否能取得成功，或者我是否没有脑子。

[我被弗拉基米尔和索菲亚迷住了，为写这篇文章，读了手边能得到的所有资料，包括索菲亚姐姐所写的隐晦的传记，苏联档案中偶像化的资料，以及一本极好的现代传记，唐·肯尼迪（Don H. Kennedy）

的《小麻雀：索菲亚·柯瓦列夫斯卡娅画像》(*Little Sparrow: A Portrait of Sophia Kovalevsky*)，也是本文引文的来源。]

经过一段心碎的书信来往和几次试图和解的会面后，索菲亚决定留在国外，他们将女儿托付给了弗拉基米尔更有名（和能力）的哥哥亚历山大[①]（著名胚胎学家，发现了脊椎动物和明显"低等"的海生被囊类之间的亲缘关系）。

可以想象得到的悲剧最终发生了。弗拉基米尔曾患有多年的精神疾病，他周期性的抑郁不断延长和加重。粗汽油公司倒闭了，拉戈辛兄弟被指控参与了很多黑幕交易，面临司法审判。弗拉基米尔担心自己的名誉和被起诉（尽管他明显是清白的，官方也未对其进行怀疑），于1883年4月15日在头上套了一个袋子吸入大量氯仿自杀身亡。他早前写给（但没有寄出）哥哥的一封信可视为他的绝命书：

> 我恐怕要让你感到非常非常伤心了，所有的乌云都笼罩在我身边，这是我唯一能做的事情了。这打破我以前准备的所有事情，生活变得异常困难……写信告诉索菲亚，我对她的爱忠贞不渝，我对她做错了很多事，我破坏了她的生活，如果不是我，她必定会更快乐、更幸福。

消息传来后，索菲亚被悲伤和愧疚打倒在地。她躲在自己的房中，既不见任何人也不吃东西。在第五天，她昏迷了过去。她的医师强行给她喂食，并安置在床上。几天后，她起身要来了笔和纸，开始

---

① Alexander Onufrievich Kovalevsky(1840~1901)，波兰裔俄罗斯胚胎学家，在海德堡大学学习医学，圣彼得堡大学的教授。他证明所有动物都经历了原肠胚形成的阶段。——译注

数学问题的工作。

弗拉基米尔的古生物学生涯非常短暂，涉及的材料无论是数量还是范围都有限。他从 1869 年（结婚的那年）到 1874 年在国外进行研究和学习，在德国的几所大学听过课，在德国、法国、荷兰和英国的博物馆研究脊椎动物化石，在法国和意大利采集化石。他以三种语言写过六篇文章，但都不是母语（后来有些被译为俄文）。这六篇文章发表于 1873 到 1877 年间，讨论了两大类大型、有蹄的食草哺乳动物的解剖和演化，包括奇蹄类（现今常见的物种仅有马、犀牛和貘等）和偶蹄类（是大型哺乳动物中非常成功的类群，包括各种各样的牛、鹿、羚羊、绵羊和山羊，以及猪、长颈鹿、骆驼和河马等）。

20 世纪 70 年代后期，我编写了一套命运不佳的、三十卷本的古生物学历史资料汇编。[这套书非常出色，但在书出版后不久出版社（我相信是）出于其他原因垮台了。我猜想大部分书都进了碎纸机。]我将柯瓦列夫斯卡娅的所有文章都收录到一卷中，他以德语写的文章发表在《古生物图志》（*Palaeontographica*）上，英文专论由赫胥黎（T. H. Huxley）推荐发表在《皇家学会哲学汇刊》上，关于马演化的著名法语论著是回国后出版于《圣彼得堡帝国科学院纪要》（*Mémoires de l'Academie Impériale des Sciences de St. Pétersbourg*，因为不是用俄语写的，所以受众面很大。出于这一原因，今天也有很多国家的，特别是日本，主要科学杂志也是以英文为主）。这六篇文章虽然不是很厚，但也构成了内容充实的一卷。

在古生物学领域，像这么有限的产出很难有所作为，要获得专业领域的认可（虽然不公平）需要致力于细节的详细描述。尽管除了作为著名数学家的丈夫、胚胎学家的弟弟，弗拉基米尔·柯瓦列夫斯卡娅在学术界名气不大，但在古生物学这个小圈子里还是十分被看重的，他是一个重要的创新者、一个特别细心的"工匠"。他发表的这几篇文章给他带来了超越文字重量的声誉。15 年来，我总会爱惜地盯着我将其全部文章编辑在一起的书卷。

弗拉基米尔已经得到了狂热追随者的热烈赞美。达尔文非常推崇他的工作，在一封信中对他的关于马的专论有过专门的称赞，这是很多学者梦寐以求的。（达尔文的笔迹是全世界最令人头痛的，给所有的科学史学者造成了巨大的困扰。因此，他手稿中有些最重要的段落，在西方思想史中，曾被人们根据自己的理解解读。但他写给柯瓦列夫斯卡娅的信却非常工整，毫无疑问是更费力气的，这是出于对一个通常用斯拉夫字母工作的人的敬意，觉得自己的英语笔迹应该很难认。——为什么达尔文没有意识到英国人也会由于他的书写潦草造成不便呢？）

达尔文有很好的理由赞赏柯瓦列夫斯卡娅的喜好。在与索菲亚结婚前，弗拉基米尔是科学书籍的译者和出版者。他至少将达尔文三本最重要的著作翻译为俄语：《家养动植物的变异》（*The Variation of Animals and Plants Under Domestication*，1868）、《人类的由来》（*The Descent of Man*，1871）和《人类和动物的情绪表达》（*The Expression of the Emotions in Man and Animals*，1872）。弗拉基米尔在翻译出版 1868 年的《家养动植物的变异》（达尔文最长的作品）时非常兴奋，实际上本书的俄语版比原作英语版面世的时间更早，从而标志着这一重要著作的首次面世。在他们坎坷的生涯中还有一件传奇故事，在 1870 年的普法战争期间，弗拉基米尔和索菲亚安全地携带

《人类的由来》一书的校样穿越普鲁士边境进入被包围的巴黎。

柯瓦列夫斯卡娅的声誉一直仅限于古脊椎动物学的小圈子里。在20世纪的第一个年头，美国古脊椎动物学的领军人物亨利·费尔菲尔德·奥斯本（Henry Fairfield Osborn），评价柯瓦列夫斯卡娅的工作为"基于进化理论对一大类哺乳动物进行系统分类的首次尝试"。他接着写道：

> 如果有学生问我如何学习古生物，我最好的回答是让他读《化石有蹄类哺乳动物自然分类的尝试》（*Versuch einer Natürlichen Classification der Fossilen Hufthiere*，这是柯瓦列夫斯卡娅最重要的德文著作）……本文是详细研究形态和功能与理论结合的范例。

比利时古生物学家路易斯·道罗（Louis Dollo）是该领域欧洲的顶尖学者，称赞柯瓦列夫斯卡娅为"第一个从演化的角度系统地研究古生物大问题的人……此前没有任何古生物学家曾将如此详细的描述与演化这个宏大的概念联系起来"。在他的代表作《行为古生物学》（*La Paléontologie Éthologique*，1909）中，道罗将古生物学的发展史看作是从愚昧到启示的英雄缩影，可以分为三个连续前进的阶段，每个阶段都有自己的代表："神话时期或经验时期"以18世纪早期瑞士人佘赫泽充满幻想的作品为代表[①]，"形态时期或理性时期"的标志是19世纪早期伟大的乔治·居维叶（Georges Cuvier），最后的顶峰

---

① 约翰·雅各布·佘赫泽认为现代地形、岩层和岩层中的化石都是洪水造成的遗迹，自从洪水退下以后，就一直没有发生过变化。——译注

"演化时期或最终期"以柯瓦列夫斯卡娅的杰出作品为标志。

我们可以将柯瓦列夫斯卡娅的声望和他在自然科学发展史中的持久地位总结为以下两点：

1.柯瓦列夫斯卡娅首次将演化理论，特别是达尔文基于自然选择的版本，实质性地应用于化石生物的谱系研究中。（其他人的文章都是基于变化机制的模糊和含混的视角对演化进行解读，但柯瓦列夫斯卡娅严格应用达尔文的自然选择理论，主要是寻找随外部环境变化而产生的解剖结构上的改变，然后给出演化性改变的功能或适应性解释。）此外，在绝大多数科学家拒绝将自然选择作为变化的重要机制时（虽然相信达尔文的观点，接受演化是真实的），柯瓦列夫斯卡娅一直是坚定的达尔文主义者。（平心而论，柯瓦列夫斯卡娅的对演化理论的投入不需要任何超凡的洞见或基于化石的观察，如本文前面讨论的那样，而主要是来自达尔文在俄罗斯知识分子界中的至尊地位。）

在 1874 年发表的英文专著中，柯瓦列夫斯卡娅写道：

> 有思想的博物学家对达尔文理论的广泛接受，为古生物学研究注入了新的活力。对于化石的研究已经发生了改变，从纯粹出于好奇，认为化石是造物主随意所做，到了与现在地球上的人们直接相关的、形式上自然关联的深入的科学研究。

他将对环境变化的适应作为进化的动力，一个极好的例子是柯瓦列夫斯卡娅在同一文章的后面讲到的，为了在坚硬、干旱的平原（是随着禾草类在中新世出现后产生的新环境）上生活，马演化出了强壮的单趾，而那些生活在柔软的沼泽环境中的有蹄类哺乳动物则需要宽阔的足，因此保留了几个趾：

> 猪科动物依然保留着侧趾，这主要是因为它们一般生活在沼泽地带和泥泞的河边，在这里宽的脚掌十分重要，可以防止它们深陷泥潭。但是，如果随着地质环境的变迁，它们生活的地方可能会变成干旱的草原，毫无疑问它们将逐渐失去侧趾，变得像古兽类［柯瓦列夫斯卡娅视其为马的祖先］一样失去它们……最后进化成单趾的马。

2. 柯瓦列夫斯卡娅记录了一个最著名的进化故事——从体形小、低冠齿、多趾的祖先进化为体形大、高冠齿、单趾的现代马。此外，我们现在仍然认为，柯瓦列夫斯卡娅正确地搞清楚了这一转变的主要适应基础，是从在树林和沼泽环境吃树叶演变到在开阔的平原上啃草和奔跑。柯瓦列夫斯卡娅将这一转变与中新世禾草类植物的演化和随后大面积平原和稀树草原的扩张联系在了一起，它们为马的演化提供了新生境。他将趾的退化视为在硬地面上奔跑的适应，高冠齿的演化则是啃食粗粝的禾草类新食物的必然后果，禾草类含有大量磨损牙齿的植硅体。

赫胥黎也曾研究过这个问题，并提出了相似的演化序列，但柯瓦列夫斯卡娅提供了更充分的证据，从而保证了这个有创意的故事（带着赫胥黎的祝福）落在了这个俄罗斯科学家身上。柯瓦列夫斯卡娅和赫胥黎基于欧洲的化石，重建了马的演化序列，这是一个分为四个连续阶段的线性序列（见附图中的进化树，翻印自柯瓦列夫斯

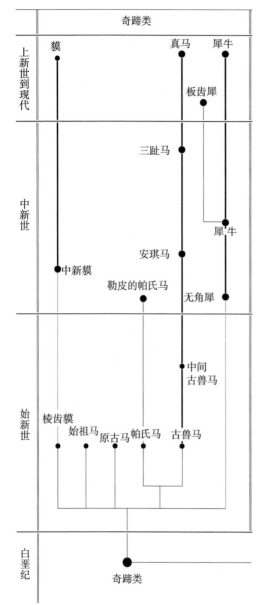

奇蹄类

上新世到现代

貘　　真马　犀牛

板齿犀

中新世

三趾马

犀牛

安琪马

中新貘

勒皮的帕氏马　　无角犀

始新世

中间
古兽马

棱齿貘

始祖马

原古马　帕氏马　古兽马

白垩纪

奇蹄类

柯瓦列夫斯卡娅在 1876 年的
作品中，基于欧洲的化石将马
的演化分为四个连续的阶段，
从古兽马到现代的真马。俄罗
斯古生物学家虽然错了，但他
正确地抓住了达尔文理论的解
释威力。

卡娅1876年的德语论文）：从始新世的古兽马（*Paleotherium*），到早中新世的三趾的安琪马（*Anchitherium*），再到晚中新世的三趾马（*Hipparion*），最后到现代的真马（*Equus*）。

柯瓦列夫斯卡娅对这个序列的真实性信心满满。在1874年的英文专著中，他表达了对第一个阶段的看法："在我看来，马毫无疑问是从古兽马演化而来的。"在1873年的法文论文中，他对第二个阶段表达了同样的信心："从骨骼上看，安琪马这个属处于中间的过渡阶段，如果说演变的理论在之前不够确凿，这个属则提供了最重要的核心证据。"（作者自己的翻译）他在1876年的德语专著中，对分为四步的整个演化序列更是信心爆棚："在始新世晚期有一种化石，可以肯定被视为马的祖先，现在我们有充分的证据说明古兽马（*Paleotherium medium*）历经中新世的安琪马和三趾马进化为了现代的马。"1873年的法文专著以更简洁、更有力的方式表达了同样的观点："毫无疑问，中间古兽马、安琪马、三趾马和真马这四种类型构成了一个直接的进化谱系。"

我还想补充第三点，从更技术、更专业的角度，而不是从柯瓦列夫斯卡娅的公众声誉上，解释他在古生物学家中的崇高地位。柯瓦列夫斯卡娅凭借对细节的一丝不苟的描述赢得了荣誉。我从他的著作中引用过一些一般性评论；他文章的主体提供了有关每一块骨头上的每一个凸起，每一颗牙齿上的每一个残片等详尽的信息。此外，柯瓦列夫斯卡娅没有因为能激励很多实际工作者这种无目的和盲目的原因沉迷于这样辛苦的工作，而是明确地将这个水平上的细节视为充分说明演化、自然选择和适应这样的伟大思想的先决条件。直接遵循他在英文作品（前面引用过）中对达尔文的称颂，并作为对这样华丽的概述的借口，他写道："上述观察仅是对我在描述中有必要加入一些骨学细节所表示的歉意。"

柯瓦列夫斯卡娅在其1873年的法语专著中，首先明确地将详尽的经验主义作为一种科学方法进行辩护。他说只是因为他做了那么多的化石研究，所以才能够成功记录安琪马的过渡地位：

> 与所有的前辈相比，我获得的材料更为完整。现在，关于安琪马的专论为所有的进化博物学家提供了无法抗拒的魅力，完美地体现了达尔文的理论。

但柯瓦列夫斯卡娅忠实于最理想的客观性，否认任何对演化的先验偏好，因为那都可能影响他的解释。如萨金特·弗赖迪（Sergeant Friday）[①]最好的传统做法："只要事实，女士。"柯瓦列夫斯卡娅认为通过释放内心的成见，根据化石实事求是，已经得出了必然的结论：

> 虽然如此，必定有人认为我在开始工作前就已经有一个预设的目标。恰恰相反，我完全客观地研究这些材料，按照化石向我展示的信息进行处理。

带着这一勇敢的声明，我们要说到一个经典的讽刺性案例，这就引出了弗拉基米尔·柯瓦列夫斯卡娅的故事，一个从引人注目的古物

---

① 电视剧《法网》（Dragnet）中的警官的角色。

研究到现代科学实践密切相关的深刻教训。柯瓦列夫斯卡娅开展了一项卓有成效的研究，展现了化石记录所表明的一个成功的演化故事。（难道其他古生物博物馆中没有关于马的演化"谱系"吗？）他对自己得出的欧洲那四个属的演化顺序充满了百分之百的信心。他因细致而详细的描述赢得了声誉。他恪守进行客观观察的经典教义，他声称化石自身就可得出无懈可击的结论。

然而，柯瓦列夫斯卡娅错了，但出于有趣而明确的原因，这并未对他的工作带来任何损失。他和赫胥黎认为，四种欧洲化石的序列构成了直接演化的完整谱系，也就是说这是一个祖先和后代依次出现的序列。他们没有意识到马在美洲也演化过，并迁移到欧洲几次。当然，这也不能怪他们，毕竟当时缺乏发表的证据。柯瓦列夫斯卡娅系列中的三个"祖先"——古兽马、安琪马和欧洲三趾马都是迁移到欧洲的演化树上的旁枝，并在这个新家园和周围地区都灭绝了。（具有历史性讽刺意味的是，马让阿兹特克人付出了高昂的代价，也大大助长了征服者的血腥计划。后来美洲的马都灭绝了，留在旧大陆的后裔经过迁移产生了所有的现代马。）柯瓦列夫斯卡娅的四个属代表了一种趋势的四个短暂的阶段，但并不像他自己信心满满地宣称的，是父子相继的直接序列。可以这样说，他错误地将我爷爷的兄弟、我母亲的兄弟和我当成了我爷爷、我父亲和我。

故事的结局非常具有戏剧性。1876 年，在美国建国百年庆典的前后，赫胥黎到美国进行了唯一的一次访问，为约翰·霍普金斯大学的建成做了一场开幕演讲，也参加了其他一些活动，其中就包括在纽约做的关于马的演化的演讲。他走访了耶鲁大学的美国古生物学家马什（O. C. Marsh）。强烈的兴奋中混杂着几分沮丧，赫胥黎在看过了大量精美的过渡类型的化石后，他认识到欧洲只不过是马演化的边缘之地，而美洲才是它们的主要家园。后来，马什写下了他精彩的展示和讲述：

> 他（赫胥黎）于是告诉我说，这对他来说是全新的，我展示的马的演化的事实超越了问题本身，这是第一次看到一种现生动物演化的直接脉络。这才是真正伟大的胸怀，在新的事实面前，他放弃了自己的观点，接受了我的结论。

赫胥黎放弃了纽约的演讲稿，匆忙地准备了一个新版本。

　　如果科学真如一种刻板的印象所宣称的那样，是以客观材料为基础的自主过程，那么我们应该批评柯瓦列夫斯卡娅，因为他坚定地标榜自己的结论是以事实为基础的，并因此得到了真正的证明。此外，如另一种刻板印象所说，理论取决于关键的实例，那么难道我们要把柯瓦列夫斯卡娅的马剔除出生命演化序列而去质疑演化论吗？那么由于他的错误可能会贻反对者以口实，柯瓦列夫斯卡娅会成为罪人而非英雄吗？会成为神创论者的一个无心的陪衬，而非演化古生物学的杰出学者吗？

　　事实上，我们必须抛弃这种简单化的陈旧观念，接受马什关于"真正伟大"的明智声明。科学表述唯一普遍的属性在于它们潜在的易错性。如果一种观点不能被证伪，那么它就不能算是真正的科学。基于不完整数据（化石记录）的新领域（像柯瓦列夫斯卡娅时代的进化古生物学）尤其会犯错误，勇敢的科学家应该尽最大的努力，敢于冒险，纠正错误（无论个人会遭遇什么样的尴尬）会带来和发现一样清晰的知识。

此外，真正伟大的和具有生命力的理论不可能基于单一的观察，其中最著名的要数演化论了。演化理论是从无数的独立资料推论而来的，是能够整合所有这些多元信息的唯一概念结构。一个特殊观点的失败通常记录了局部的错误，而不是中心理论的崩溃。柯瓦列夫斯卡娅错误地将一系列旁系亲属当成了直系的谱系序列，但谱系概念的本身并没有错。如果我将你父亲的兄弟错认成了你亲爹，你并不会因此就成了凭空而来的无根之苗。你依然有父亲，我们只是没有正确地找到他而已。

就着柯瓦列夫斯卡娅富有成果的错误的故事，让我们看一下科学中事实和理论间的关系所存在的有趣而密不可分的问题，以及推理错误但结果却正确的现象。理论和事实同样强大，并完全相互依存，缺一不可。我们需要理论来组织和解释事实，甚至指导我们能做什么，可以或可能观察到什么。我们也需要事实来验证理论，充实其内容。柯瓦列夫斯卡娅得到了一个非常有用而十分美好的错误。他掌握了一个足以改写整个生物学的正确的新理论具有的解释威力，并急切地将这一概念应用于困难而关键的数据上。他得出了一个不成熟的结论，结果一半是错的，错误地将旁系近亲看作了直系的祖先。但他提供了一个可行方法的第一个有力的实例（从古生物序列中解剖变化推测适应性），在好数据的支持下，用这种方法可以证明和支持受化石记录决定的最重要的理论。

避免有人怀疑错误推理的正确威力，让我们看一下发生在柯瓦列夫斯卡娅的英雄达尔文的智慧生涯中的重要事件吧。多亏达尔文有保存记录的习惯，让我们能够重现他灵光乍现的来源，在 1837 年初他就认识到演化一定是真实的。达尔文首先认识到，将在加拉帕戈斯群岛上发现的小鸟归入截然不同的科是错误的。事实上它们都是雀类。在比邻的岛屿上怎么会生活着亲缘关系很近的不同种类的鸟呢？这时他认识到他在巴塔哥尼亚南部采集的独特的美洲鸵（不能飞的大型鸟）应该是一个新种［对其进行研究的鸟类学家约翰·古尔德（John Gould）将其命名为达尔文美洲鸵（*Rhea darwinii*）[①]，以示敬意］。达尔文想知道，为何亲缘关系这么近的两种鸟却生活在不同的地区，正常的美洲鸵在北，而达尔文发现的新种在南？

达尔文对亲缘关系近的现代鸟类中地理替代的这两个例子进行了深入思考。于是他提出了一个精彩的类比：如果达尔文雀和美洲鸵在空间上相互取代，那么时间上的演替——也就是说，通过演化而非连续的创生——也应该持续发生吗？达尔文在南美采集了大量哺乳动物化石。他认为是现代原驼的近亲——后来被命名为后弓兽属（*Macrauchenia*）。如果两种美洲鸵亲缘关系密切，且地理分布上是连续的，那么这两种类似骆驼的动物，已经灭绝的后弓兽和现代的原驼，由于在时间上是连续的，也必定存在血缘关系。换言之，时间上的连续必定记录了演化上的转变。有了！达尔文在一本笔记中写下了自己的发现："普通鸵鸟（美洲鸵）和巴缇仕鸵（Petisse，后来定为一新种，即现在的美洲小鸵），已经灭绝的原驼和现生的原驼具有相

---

① 美洲小鸵（*R. Pennata*）的异名。

　　　　　　　　　　　　　　　　达·芬奇的贝壳山与沃尔姆斯会议

同的关系，只不过前者是地理位置上的，而后者是时间先后上的。"

这是一个多么重要的时刻，一个人类思想史上的十字路口！但达尔文的绝妙类比和惊人的正确结论是基于一个特别的失误上的，他可能没有认识到这个错误，但并不影响他那伟大洞见的有效性。在几千万年前，早在巴拿马地峡于几百万年前形成前，南美是一个孤立的大陆（见第 20 篇）。哺乳动物的几个目在此独立起源，它们大部分都因气候变化和巴拿马地峡形成后北美物种的入侵灭绝了。（著名的幸存者有树懒、南美犰狳和独特的贫齿目[①]的食蚁兽，它们都是南美的特有种类。）

滑距骨目是一个已经灭绝的、独立的目，其中包括那些与其他大陆上无亲缘关系的哺乳动物具有惊人趋同演化的种类。（趋同是一种演化现象，是由于为了独立适应相同的环境，亲缘关系很远的类群演化出了相同的形态。如鱼龙是爬行动物，而海豚是哺乳动物，但它们长得很像，都像鱼一样游泳。）一类滑距骨兽演化得非常像马，都出现了脚趾退化，其中的滑距马（*Thoatherium*）达到了顶峰，这是一种单趾滑距骨兽！以后弓兽为代表的另外一个类群，演化得非常像新大陆的骆驼。真正的骆驼后来越过巴拿马地峡进入到了南美演化成了今天的美洲驼、原驼和羊驼，我们无法责备达尔文将现代的原驼和无亲缘关系的化石后弓兽联系到了一起，因为它们太相似了。英格兰最伟大的解剖学家理查德·欧文是达尔文的朋友，在早年（见第 6 篇）

---

① 贫齿目又称异关节目（xenarthra），是哺乳动物中原始真兽类之一，是现存最古老的真兽类，保存真兽类独特的原始特征，如脊柱后部的胸椎和腰椎上有附加关节。由于从真兽诞生的初期就已经分化了出去，其成员之间差异较大，成员包括行动最慢的树懒，少数有鳞甲的犰狳，舌头最长的食蚁兽。——译注

也肯定了后弓兽和原驼的联系。

因此，在生物学历史的巅峰时刻，基于一个事实上完全错误的精彩类比，达尔文抓住了演化的真相。理论很少是通过积累事实而有耐心地推导出来的。理论是通过复杂的外部刺激（在理想化的情况下，包括来自经验事实的推动）而促成的精神构建。外部的刺激包括梦想、怪癖和错误，就像我们能从没有客观和持久价值的药物或食品中获得关键爆发的能量一样。小错误也可产生大真理。演化是惊心动魄，是解放，是纠错。后弓兽是一种滑距骨兽。对大尺度上的演化，化石记录为我们提供了最直接的证据。欧洲的化石马是现代马的旁系近亲，而非祖先。

诚如一开始提到的那对夫妇中名垂青史的成员朱莉亚·沃德·豪威夫人所写，我们可以从不同的领域获得灵感，无论是"美丽的百合花"，还是"储存愤怒的葡萄的地方"（去探索整个植物世界）。在大自然复杂性的黑暗中，任何具有启发性的光都能指明一条道路。"我在昏暗、燃烧的灯光下读过他充满正义的句子。他的真理在前行。"

III

人类的史前史

8

面壁

首先，我们是爱争论的动物，在很多事情上无法达成一致意见。亚历山大·蒲柏 ① 在一个两行诗中捕捉到了我们爱争执的本质（可是现代技术已经让这个明喻失去了原有的力量）：

> 见解人人不同，恰如钟表；
>
> 各人都相信自己，不差分毫。②

因此，全体中大部分一致的宣告其实传递着一丝可疑的味道，这要么是源自强制性的约束（如独裁），要么是源自与现实相反的喜剧表达［如同当吉尔伯特和萨利文的歌剧《日本天皇》（*Mikado*）中的高阁（Ko-Ko）读到一份总检察长、首席大法官、主簿官员、常任法官和大法官签署的文件后，宣称"在我的一生中从未见过法律上这样

---

① 亚历山大·蒲柏（Alexander Pope，1688~1744），通常被认为是 18 世纪英国最伟大的诗人，最出名的是他的讽刺诗和他英译的荷马史诗《伊利亚特》和《奥德赛》。——译注

② 原句出自蒲柏 1711 年完成的《批评短论》（*An Essay on Criticism*）第一部分第 9、10 行，这里的译文采用了葛兆光的翻译。——译注

的全体一致"。但这份得到批准的文件仅有一个签字人，因为这位要人身兼数职，拥有上述所有的头衔！]。

在好争论的人群中，古生物学家可能仅处于平均水平（而人类史前史的学者可是最爱争论的人，在他们所在的领域内，从业者多于所研究的对象，因此滋生了高水平的占有欲和地盘之争）。在研究远古生命的学者中有一个主题，也仅有这一个主题，取得了绝对一致的意见，尽管其原因是本能多于理智。站在南欧和中欧大约 3 万年前到 1 万年前那些由我们祖先绘制的巨大洞穴绘画面前，我们这些源自同一祖先的子女都会流露出虔诚的敬畏和惊叹。

如果这一惊奇仅是我们唯一的共识（顺便说一下，不仅限于科学领域的专业人士，而且包括所有对我们的过去哪怕只有一点好奇心的智人成员），请不要将我当成杀菁鬼或扫兴之人。我认为，我们产生这类敬畏的原因通常有两种，一种完全正当的，而另一种则毫无必要。我透露这些消息并非想让我们的惊叹有任何缩减，而是为了清除一些概念上的负担，一旦抛开这些负担，我们就能更完全地体会这个最具价值的令人惊叹的开端。

正当的原因是，只要看一下这些艺术最好、最有力的例子，就能理解我们是在注视可以媲美伟大艺术家米开朗基罗的作品。这种比较似乎显而易见且恰如其分，以至于任何人看到了这种神奇洞穴壁画的第一反应都是千篇一律地说好。例如，一位著名的专家在表达对新发现的肖维（Chauvet）洞穴——该洞穴也是本文最终结果的源泉——的情感反应时写道："仔细看着这四匹马优美的头颅，突然间我被震撼到了。我深深地、清晰地认识到，这是一位大师的杰作，是梭鲁特文化（Solutrean）①中的达·芬奇第一次向我们展现真容。这既让人感到卑微，又感到兴奋。"

而毫无必要的原因是，我们的惊叹也是源自一个观念上的原因，以及我们简单的（并完全适当的）本能的敬畏。简而言之，面对这些这么古老而又如此精致的作品，我们被惊到了，甚至有些不知所措。古老可能意味着原始——要么代表了从更大的演化回溯到似猿祖先的原始，要么代表了我们在向现代化的道路上迈出第一步时的幼稚。（这些粗糙的或不成熟的比喻，可能在我们的偏见的形成过程中扮演着相同的角色。）在我们沿着演化树逆向回溯时，我们应该会遇到我们愈来愈古老、心智愈来愈低的祖先。因此，已知最早的表象艺术的表达，应该是粗糙的和原始的。然而，我们看到的却是基本上等于毕加索那样的作品，因此我们也就惊讶得说不出话来了。

在这篇文章中，我将致力于追寻两个研究旧石器时代洞穴艺术的、最伟大学者的毕生事业中这种观点的普遍存在的情况。接着我要说，这个更基本的古老等式，都违反了演化理论正确分析的预期，而且现在也被肖维和其他地方的发现所证伪。然后，我还要说，越适当地预期这些最早的艺术的最大复杂性，越只会增加我们对此的赞赏。因为我们把不断扩张获得的胜利这种错误观点转变成了一种人的极大满足感，从生物学上来说，在时间上和文化上，这种人完全是距离我们当前的生活最远的环境中的自己。

［没有哪种权威意见比被称为"马后炮"或"指手画脚"的艺术形式更值得揶揄了，局外人总是说"我告诉过你"。本文冒着危险转

① 梭鲁特文化：欧洲旧石器时代晚期的文化。

向了这样一种不值得的活动。毕竟，我是一个古生物学家和陆生蜗牛方面的专家，而非一个艺术历史学家或研究人类文化的学者。我有什么权利批评亨利·步日耶①和安德烈·勒鲁瓦－古兰②的不朽和终身的成就呢？他们可是最博学和最多产的、真正的致力于这一领域的学者。作为辩解，我要说，第一，在科学中这种光荣的错误不是失败，而是典型的修正活动中进步的种子。没有大量的错误，也就不会发展出重大的新研究，我们只需引用达尔文的名言就够了："错误的事实对科学的进步伤害很大，因为它们经常持续很久；但错误的观点，如果有某些证据的支持，则不会带来什么伤害，因为每个人都会在证明它们的错误中获得有益的快乐。"与马克·安东尼（Marc Antony）相反，我要赞美步日耶和勒鲁瓦－古兰，而不是去掩盖他们。第二，来自类似领域的观点，经常能够对相邻领域产生有益的启迪。因此，如同在我之前很多人做的那样，基于同样的原因，我将从与演化理论相近的领域说起，指出传统的期望在我们当前对演化的理解上毫无助益，因此代表了那些我们可能想重新评估，然后选择放弃的，挥之不去的偏见。]

"冰期"或"旧石器时代"艺术的总称下，包含种类繁多和地理分布很广的作品，主要可分两类："轻便的"（portable），即小的可移动的物体，例如，所谓的维纳斯小雕像（Venus figurines），雕刻在骨头或象牙盘、饰板和投矛器上的鹿、马和其他动物；"洞壁的"

---

① 亨利·步日耶（Abbé Henri Breuil，1877~1961），法国考古学家、人类学家、民族学家和地质学家。他曾任法国史前学会会长，是史前考古和欧洲、非洲洞穴绘画研究的权威。
② 安德烈·勒鲁瓦－古兰（André Leroi-Gourhan，1911~1986），法国考古学家、古生物学家和人类学家，对技术和美学感兴趣并喜欢哲学上的反思。

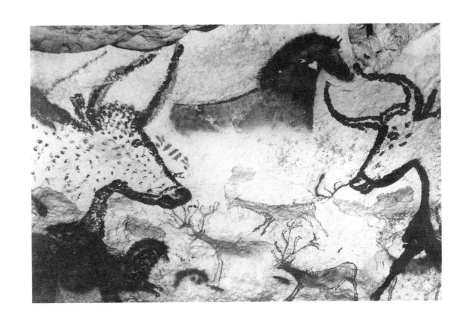

（parietal），即洞穴墙壁的雕刻和绘画，现在从几处对外开放的遗址中也可以看到。*Paries* 一词是墙的拉丁语。如果你与我是同龄人，应该会记得大学宿舍的学院时光（parietal hours）。虽然现在回想起来当异性成员不得不返回他（她）们自己房间的墙内，而不是在你的房间逗留时，会觉得很有趣，但当时确实是极大的打击。欧洲的轻便艺术（portable art）从西班牙延伸到西伯利亚，而洞壁艺术（parietal art）大多发现于法国和西班牙北部以及意大利的几个地方，甚至更远的其他地方。（在从非洲到澳大利亚的世界很多其他地区，都发现过年代相当甚或更古老的其他风格的装饰洞穴艺术。）

当前对洞壁艺术绘画的碳同位素测年（来自木炭）结果显示，从肖维的距今 32410 年前到勒波泰勒（Le Portel）的距今 11600 年前不等。这段时间与我们这个物种——现代人［*Homo sapiens*，经常被称为"克罗马农人"（Cro-Magnon），其名来自第一次发现化石的法国产地］——占据欧洲的时间相符合。需要提醒的是，无论是在身体解剖结构上还是在洞壁艺术上，克罗马农人就是我们自己，而非弯腰曲背、呼噜噜低吼的远祖。就我们所知，在欧洲比之稍早一点的居民，如著名的尼安德特人，就没有产生任何具象的（representational）艺术。尼安德特人与克罗马农人在欧洲共存过，他们可能延续到了克罗马农人的早期洞壁艺术时代。文化上的这种显著差异，也强化了将尼安德特人和克罗马农人视为两个独立物种的观点，尽管他们的亲缘关系很近，而且两者并非平滑的演化连续体的两个端点。根据这一观点，尼安德特人灭绝了，而克罗马农人延续到今天成了我们（参见本书第 10 篇）。

有关洞壁艺术的理论探讨，长期以来主要关注两个问题：功能和年代。步日耶和安德烈·勒鲁瓦－古兰是该领域两个最伟大的学者，他们关于功能的看法截然不同，但（比较有意思的是）在有关年代的看法方面却大体一致。

在几个成为杰出古生物学者的法国神父（在同一片土地上，天主教传统和世俗知识分子共同保证了科学和宗教不同领域间的和谐——见本书第 14 篇）中，德日进①无疑赢得了最高的声望，而步日耶可能工作做得最好。步日耶是一个天才的艺术家，花了近六十年的时间从

① 德日进（Pierre Teilhard de Chardin, 1881~1955），法国哲学家、神学家、古生物学家、地质学家。从 1923 至 1946 年先后八次来中国，在中国生活了二十余载，对中国地层、古生物、区域地质研究做出过重要贡献。曾与中国政府合作绘制中国地图，参与了对史前文明的研究，参与了周口店著名的"北京人"的发掘工作。——译注

洞穴的墙壁上复制图画（当时的照相技术在黑暗的条件下还无法拍出好照片），然后在他的绘画汇编中对结果进行了比较。只要有可能，他就直接从洞壁上拓印，所拓印的壁画尽可能地涵盖所有时代的（绘画并不比照相更主观）。但有时他不得不艰难地通过间接方法去实现目标。例如，他无法将纸覆在阿尔塔米拉（Altamira）①洞顶的著名绘画上，因为任何直接的接触都会揭掉旧石器时代艺术家所用的浆状的颜料。因此，就像米开朗基罗在西斯廷教堂（Sistine Chapel）的穹顶之下那样，他躺在柔软的蕨类布袋上，将纸尽可能地靠近洞顶，尽最大努力进行描绘。

随着他一个动物一个动物地描绘，步日耶倾向于以同样零敲碎打的方式解读它们的含义，也就是将它们看作单独的个体，而非一个完整作品的局部。他认为这些图画的功能是一种"狩猎巫术"（hunting magic），以求狩猎成功、满载而归（如果你画了它，它就会来），或保证猎杀成功（画中猎物通常已经负伤，有矛刺的洞）。1952年，步日耶在一部总结性的著作中写道：

> 在此，人类第一次向往伟大的艺术，通过其作品的神秘暗示，保证他们的同伴在狩猎中获得成功，在与巨大的厚皮类动物和食草动物的斗争中获得胜利。

在下一代人中，巴黎"人类博物馆"的主任安德烈·勒鲁瓦-古兰，作为20世纪一次主要思想运动的"正式"会员，以最大的不同

---

① 位于西班牙北部的山洞，在桑坦德附近，内有旧石器时代晚期的彩色的岩画。——译注

视角，探讨了同样意义的主题，即体现在人类学家克洛德·列维-斯特劳斯（Claude Lévi-Strauss）作品中的法国结构主义。这种形式的结构主义寻求基于二分法的永恒和综合的主题，而二分法可以记录很多自然现实，但主要反映了大脑的基本运作模式。因此，我们将自然和文化（用列维-斯特劳斯的词就是生的和熟的）、光明和黑暗分开，最重要的是，将雄性和雌性分开。

因此，勒鲁瓦-古兰将每个洞穴都视为一部完整的作品，在基于雄性和雌性的二元设定的方案中，是其中动物的数量和位置都具有统一含义的神圣场所。每种动物都是一个象征符号，马代表雄性，而野牛代表雌性。他还将抽象的符号和人工制品贴上性别的标签，（例如）将矛视为雄性，而将伤口视为雌性。他将洞穴本身视为雌性，因此需要雄性符号的确切定位和分类。基于这一理论，勒鲁瓦-古兰将洞穴视为一个个体，编制了大量关于其数量和位置的统计表，与步日耶关注洞穴中的每一个动物形成了鲜明的对比。勒鲁瓦-古兰写道：

很明显，系统的核心在于男性价值观和女性价值观的交替、互补或对抗，有人可能会想到"生殖崇拜"。……无论原始的还是进化了的，几乎所有宗教，都会在某个方面存在价值观的对抗，无论是朱庇特和朱诺这样神圣的夫妇，还是阴和阳这样的法则。毫无疑问，旧石器时代的人习惯将动物和人类世界分成相对的两半，或者他们猜想是这两半的结合掌控着生命的运转……旧石器时代的人在洞穴中描绘了两大类生物，赋予相应的雄性和雌性符号，以及猎人猎食的死亡符号。在洞穴的中央区域，系统表达为几组雄性符号围绕着主要的雌性形象。然而，在这个神

172

圣场所的其他部分，我们仅发现了雄性符号，它们似乎是在补充地下洞穴本身。

然而，尽管他们对洞穴绘画的功能和意义，存在最大的意识形态的差异，步日耶和勒鲁瓦－古兰在第二个大主题——年代问题——上意见一致。这两个伟大的学者诚然在很多细节上有分歧（我们将要看到的），但他们共有一个坚定不移的、明确的信念，一种占核心地位的、不可动摇的信念：洞穴艺术的纪年必定记录了一个从粗糙简单的开始，走向更精细和复杂的表达的进步过程。这样一来，这些学者就可以将具象艺术已知最早的历史，纳入西方文化的经典神话和传说。英雄诞生，迈出步履蹒跚的第一步，长大成熟，凯旋称王，最终以悲剧收场。（步日耶和勒鲁瓦－古兰都将冰川退却和猎物消失后的最后退化阶段囊括在纪年里。）

步日耶和勒鲁瓦－古兰衷心地将一个进步编年序列作为最终完美结果的愿望，对此，他们具有复杂的动机。毫无疑问，他们很大程度上简单地陷入了传统的思维模式，在我们的文化中这样的观点在意识中潜伏得很深，很难察觉，因此很少在可能会被质疑的有意识的表面浮现。但一个重要的技术原因也驱动这两位学者有这样的希望。可以通过如今常用的不同技术测定沉积层的年代。但一个洞穴就是地面上的一个洞，怎样才能确定一个洞穴的年龄呢？（你可以确定形成洞壁的岩石的年龄，但这些年龄与洞穴作为一个洞的年龄毫无关系。）那么，你怎么能知道一个洞穴的墙壁上一幅史前画作或雕刻的时间呢？（今天我们可以用碳－14 和其他方法测定颜料，特别是画黑线条用的碳的时代，但步日耶根本没有这样的技术，而勒鲁瓦－古兰时代的碳－14技术需要很多材料才能测年，就是将全部画作上的颜料都取下来还不够用，因此不会有人支持这样的方法。）

因此，确定年代的唯一希望就在画作本身了——寻找一个能将这些最早的艺术纳入一个编年序列的内在标准。步日耶非常努力地通过叠覆——也就是描摹作品将其置于更早的作品之上进行对比研究——建立这样一个序列。他获得了一定程度的成功，但最后证明技术问题太复杂了，无法推而广之。你不可能总在基本平整的面上通过叠覆确认年代序列；此外，即使你可以做到，也无法确定覆盖在上面的绘画比下面的晚一天，或是晚一千年。测定地层中可移动的物体的年代相对较易，而测定洞壁上的绘画的年代则较难，勒鲁瓦－古兰对此进行了对比："在一个产生数百块燧石的沉积层中，刻在一块小板片上的驯鹿的年代较容易测定，但对于画在距地面高3英尺左右的洞壁上的一头猛犸象，其年代线索则完全中断了。"

因此，这两个学者转向了后世的艺术史学家所珍视的技术——风格分析。但现在又遇到了循环论证的问题，因为我们需要独立于绘画本身的证据。你可以将米开朗基罗的风格定位于16世纪，毕加索的定位于他所处的时代，这是因为我们有来自历史记录的、能确定其时代的独立证据。但没有任何抽象逻辑或绘图上的必然性，能够决定某种形式的风格一定有四百年的历史，而另一种立体主义的风格只能是很后来才出现的。如果我们完全没有其他证据，没有文字、没有背景、没有目击者，仅凭米开朗基罗的《最后的审判》（*Last Judgment*）和毕加索的《格尔尼卡》（*Guernica*），我们不可能确定它们创作的时间。

在这样信息极度有限的背景下——步日耶和勒鲁瓦－古兰面对的情况，我们必须努力构建一个风格变化的理论，可以通过内在的证据建立一个年代序列。（例如，如果我们能够说现实主义先于抽象主义，那么我们就可以仅凭内在的标准将米开朗基罗置于毕加索之前。）我不苛求这些学者寻找这样一种风格转变的理论，鉴于种种限制，他们还能如何取得进展？但我很好奇，他们那么简单、那么不加批判地，几乎是自然而然地，就回到了进步主义神话的最传统的形式上：一个从简单到复杂或从粗糙到精致的年代顺序。

我能够很好地理解社会奇迹般的进步对步日耶的吸引力。毕竟，他是成长于 19 世纪后期的孩子，那是正处于对人类进步抱有最大信念的时代，特别是在帝国和工业扩张正处于顶峰的西方国家（很明显，对步日耶而言，第一次世界大战并没有在很大程度上终结了这种幻觉）。但勒鲁瓦－古兰的赞成更令人难解，他信奉结构主义哲学，这使他将每个洞穴的符号组合视为永恒的人类心灵的表达，各种符号代表了雄性和雌性、危险和安全等的二元对比。

事实上，在几个有趣的段落中，勒鲁瓦－古兰直接谈及了这个问题。他承认结构主义提出了一个形式和功能不变的假说，在整个旧石器时代洞壁艺术的历史中，洞穴都是圣殿。但考虑到这种结构的恒久性，于是他认为，除了寄希望（和期待）常见符号的描绘风格将随着时间而发生系统的改变外，我们还有什么办法能破解年代序列的难题呢？野牛可能总是代表雌性，可能总是出现在洞穴的同一位置上，但随着时间的推移，艺术家可能把野牛画得更好了。勒鲁瓦－古兰写道：

同样的内容贯穿始终。成对的动物物种作为符号出现在奥瑞纳文化（洞穴艺术的第一个阶段）中，并在马格德林文化（最后一个阶段）的末期消失了。因此，洞穴艺术的思想一致性排除了那些可能会为我们提供基本主题已经出现了变化的标志的可能。在风格研究的过程中，这一统一主题的标的物的变化是可辨识的。

洞壁艺术包括图像和符号的复杂排列。图像主要描述的是欧洲冰期的大型哺乳动物（各种鹿、马、野牛、猛犸象、犀牛、狮子等），但我们偶尔还会发现人的图案（更加频繁出现的是精彩的手印，通常是将手抵在洞壁上，用某种旧石器时代的喷罐绕着手吹颜料）。在另一个很少被注意的类群中，可以肯定它们的数量远超动物的形象（可能是在说明其重要性），洞壁上画着各种各样的标志和符号，一些可辨认出是武器或部分身体（经常与性有关）的图形，另外一些是几何形状，还有一些则十分神秘。

在步日耶和勒鲁瓦－古兰进步主义的编年序列中，图形和符号从表面上显示出了相反的方向性。图形从最初粗糙、简单的轮廓，发展到更灵活和复杂的现实主义，其中包括了维度和透视。符号则相反，变得更加简单、更具象征性，从可识别的图形（例如女阴）发展到变化更小、更具象征性，经常高度简化为几何图形。勒鲁瓦－古兰写道："动物图形……在发展过程中形态变得越来越准确。与动物图形的特征形成对比的是，几何化的符号是研究图案意义的一个很有趣的方面。"

但图形和符号这两个明显向相对变化的形式，如步日耶和勒鲁瓦－古兰不断重复强调的那样，实际上代表了作为年代学基础的同一个进步主题的不同方面。在绘制图形时，艺术家是在试图更好地呈现动物本身——假定的风格顺序记录了它们连续的改进。但在画符号时，同样的艺术家是在故意地发展一套符号系统——通过变得越来越抽象和简化为几何的本质，符号具有了普遍性和含义。毕竟，大多数字母都是来自于物体图像的简化（同样的观点甚至更适用于像汉字那样的字符系统的进化）。

对图形向更大的现实性和复杂性发展的单一序列，步日耶最初提出了一个五阶段的系统（他在 20 世纪早期的文章具有很强的可读性）。后来他又发展出了著名的两连续循环理论，每一个循环具有一个完整的走向高峰然后衰落的发展历史。（尽管出现了越来越多的反面证据，步日耶继续坚持认为，可以通过"扭曲的视角"的动物绘画识别第一个循环，也就是说，出现了多个平面，例如在一个野牛侧面的身体中，却有一张朝前的脸。）

步日耶两个理论的差别并不像表面上那样大，因为他的包含五个有顺序步骤的概念，在中间步骤中包括一个衰退阶段。让我特别吃惊的是他在这些步骤的推测性客观描述时所使用的形容词。在 1906 年的一篇早期文章中，他将第三阶段的动物（后来在第一个循环的末尾衰落）标记为"令人遗憾的设计，比例严重失调"。于是，他赞美第四阶段的恢复，人们可以将其描述为一个文艺复兴的艺术家试图再现古希腊遗失的辉煌："艺术家旨在重新发现上一个阶段遗失的模式。

他们通过彩饰法（图像超过一种颜色）获得这样的结果。最初这些画作很拘谨……"步日耶在文中的结论部分是这样开头的："旧石器时代的艺术，经过一个几乎幼稚的开始，很快发展到生动地描绘动物象形，但直到高级阶段绘画的技法才日趋完善。"

相对而言，勒鲁瓦－古兰发展了一个在单一序列上的四连续阶段理论；但他的发展序列与步日耶的几乎没有什么不同——尽管步日耶这位年长的学者想让故事发生两次。两个方案的起点都是用生硬的曲线绘制静态动物的粗糙轮廓线，内部没有着色，随着时间的推移图像越来越精确，已经有比较好的动感，出现了较好的透视，且着色更加丰富。（勒鲁瓦－古兰相信，后来的艺术家到达了完美的阶段，他们的艺术在末尾已经有点停滞了，变得相当学院气，只是在进行卓越的复制。）

马里奥·鲁斯波利（Mario Ruspoli）是勒鲁瓦－古兰的学生，他在 1986 年出版的《拉斯科洞穴》（*The Cave of Lascaux*）一书很好地概括了这一理论。"从最早的图像开始，人们就有置身于一个由时间界定的系统中的印象……旧石器时代洞穴艺术的发展可以概括为 15000 年的学徒期加 8000 年的学院风。"

勒鲁瓦－古兰认识到，他的观点与步日耶更早的理论十分相似。经过一番对步日耶的详细评判（尽管十分恭敬），对他们的具体差异进行了深入的概括，勒鲁瓦－古兰承认他们在绘画发展的一般概念上具有基本的相似性，该概念是旧石器时代绘画年代学的关键：

> 该理论……是符合逻辑的、合理的：绘画明显始于简单的轮廓，然

后发展出更复杂的形式从而树立模型，然后在最终陷入衰落之前发展出多色的或两色的绘画。

这种进步主义的理论主导了学界数十年，认为旧石器时代绘画的发展过程是一个复杂性和灵活性不断增强的现实过程。在描述勒鲁瓦－古兰的四阶段理论时，布丽奇特（Brigitte）和吉勒斯·德吕克（Gilles Delluc）（见鲁斯波利的书，前面已引用）简单地说道："这一分类很快被所有人接受。"然而，我想现在所有的人都已经认识到了，旧石器时代艺术的进步主义假说是不成立的。这种向更大、更复杂发展的现实主义，在理论上是毫无意义的，现在已经被肖维和其他地方的实际情况证伪了。

理论的可疑性

我不想在本文中更多地重复我特别喜欢的主题，达尔文的演化论不能视为一个进步的理论，它仅是一种在不断变化的局部环境中构建更适应物种的机制。将演化与进步画上等号，是我们正确认识人类思想史上最大的生物学革命的最严重的文化障碍。尽管如此，我禁不住要指出，这种偏见已经成为了这样一种明显不可能的概念——从三万年前到一万年前洞壁艺术的历史是直线进步发展的——被提出和接纳的基础。

我为何会将步日耶和勒鲁瓦－古兰的进步主义者的假说，贴上"明显不可能"的标签呢？毕竟，人类是从像脑比较小的、猴子一样的祖先演化而来的，心智、艺术性以及其他方面的能力，可能十分有限。那么我们为何无法在时间中看到进步呢？

这一疑问的答案需要在合适的尺度内考量。我们所知的洞壁艺术纵跨两万年，但并没有追溯到我们像猴子样的祖先（在此，一般心智发展的概念可以得到支持）。最早的洞壁艺术也完全处于我们现在所属物种——智人——的范畴。[根据最恰当的估算，智人是在大约20万年前于非洲起源的，可能在大约9万年前已经迁移到了黎凡特（Levant）地区（即使没有完全进入欧洲）。]因此，已知最早的洞壁艺术家，与最初的智人相比，在时间上非常接近我们今天生活的人们。

但一个进步主义的批评家可能依然会反驳说："好吧，我现在明白了，我们正在讨论人类历史的一个小片段，而不是从我们与黑猩猩的共同祖先分道扬镳后的整个故事。但在单个物种的较短历史中，整个趋势也应该是明显的，因为演化应该是慢慢地、稳步地向着心智更高水平发展。"这里所存在的关键性偏见，已成为我们不加批判地接受艺术史的进步主义范式的基础。我们就是应该"正确地"认为，最早的艺术应该是粗糙的。在心智的发展上，越古老意味着越不成熟。

在此，我想我们犯了一个低级（但深刻而普遍的）错误。很明显，不同尺度下的相似现象常常（我愿意说经常）差异很大，不能机械地进行比较。与单个物种内的变异（空间上或时间上的）相比，物种在演化序列上的变化是一个完全不同的现象。人类的大脑比祖先猴子的大，这些猴子的大脑比更远的祖先鱼类的大。脑容量的这种增加记录了心智复杂性的巨大增长。物种间脑容量和聪明程度的相互关系并不能说明，现代人中脑容量的差异也与智力具有相关性。事实上，正常成年人的脑容量相差可达1000立方厘米，但在脑容量和智力之间

　　　　　　　　　　　达·芬奇的贝壳山与沃尔姆斯会议

却从未发现任何相关性（人类的平均脑容量为大约 1300 立方厘米）。

同样，演化很明显是在一个物种和其一系列后代物种间产生变化，大多数单个的物种在它们所存在的地质生命期中变化不大。个体多、分布广的成功物种倾向于特别稳定。人类就属此类，历史记录也支持这样的预测。人类的身体形态在过去的 10 万年间没有发生明显的改变。诚如我前面所说，克罗马农人的洞穴画家就是我们，因此他们心智方面的能力为何会与我们不同呢？即使他们生活在很久之前，我们也不认为柏拉图或图坦卡蒙国王（King Tut）愚钝不堪。请记住，柏拉图距离洞壁画家的时间远小于这些画家距离最早的现代人（*Homo sapiens*）的时间。

但洞壁绘画的进步主义捍卫者，仍可能退守到一个潜在的、有希望的论点：文化变化与生物演化具有天壤之别。我们可以承认生物的稳定性，并仍然认为艺术或发明的历史是积累的和渐次发展的。从杰里科（Jericho）①和一些浅耕农业到纽约市和互联网是一条漫长的上升之路。

原则上很公平，但已知的时限再一次排除了这种观点的实际可能性。我承认，如果我们碰巧发现了非常靠近发端的艺术，我们就不会期望此时它们已经完全成熟了。但已知最古老的洞壁艺术距今约有 3 万年，当时正处于现代人在欧洲的历史中，距离今天的时间远小于距离第一批来自非洲的入侵者的时间。我不知道为何没有发现

---

① 巴勒斯坦著名的旅游地，位于约旦河西面 7 公里处的约旦河谷，西距耶路撒冷 38 公里，南距死海 6 公里，低于海平面 300 多米，与耶路撒冷的高度落差 1000 多米，因而被认为是世界上“最低的城市”。杰里科历史悠久，很早就有人类在此定居，是农业的发源地之一。——译注

更早的艺术（可能仅仅是我们还没有发现，也可能是在很晚的时期人们才进入了有洞穴的地区）。我怀疑，第一位克罗马农人演说家吴（Ugh）说话时声音悦耳。但我们的确不会因为伯里克利（Pericles）[①]生活在两千多年前，就认为他的演说要比马丁·路德·金（Martin Luther King, Jr.）差。菲迪亚斯（Phidias）[②]并不比毕加索逊色，现代的作曲家没人能仅凭生活在 20 世纪就比得上巴赫。请记住，3 万年前，第一位已知的克罗马农人艺术家，离演说家吴和第一位画家乌尔（Ur）的时间，比离伯里克利和菲迪亚斯的时间要远。因此，为何洞壁艺术就应该比曾经供奉于帕台农神殿（Parthenon）的伟大的雅典娜（Athena）雕塑更原始呢？

最后一点，为何在西班牙南部、法国东北部和意大利东南部间隔这么遥远的地区，在两万多年的时间内，构成了一系列步伐一致的进步阶段呢？即使是在今天飞机和电视司空见惯的世界中，局部的和个体的变异，也可以湮没一般的趋势。为何我们没有想过，演化应该隐含着均衡前进的基本信号呢？

在 1988 年出版的《冰河时代的图景》（*Images of the Ice Age*）一书中，保罗·巴恩（Paul G. Bahn）和让·韦尔蒂（Jean Vertut）很好地梳理了这一批评的脉络。（对于他们发现我们古生物学的点断平衡理论在他们的批评中很有用这点，我感到非常高兴。）

---

① 伯里克利（约公元前 495~前 429），古雅典民主派政治家，出身贵族；公元前 444 年前后历任首席将军，成为雅典国家的实际统治者。——译注

② 菲迪亚斯，公元前 5 世纪的希腊雕刻家。——译注

旧石器时代艺术的发展可能与演化类似：不是直线式的或阶梯式的，而是一条非常曲折迂回的道路，像一个复杂的灌丛那样发展，有很多平行的枝条和大量侧枝；不是缓慢地逐渐地变化，而是"点断平衡式"地偶然发出耀眼的光芒……旧石器时代晚期的每个时期，几乎都见证了大量风格和技术的共存和重大波动……以及各式各样的天资和才能……因此，并非每个表面上"原始的"或"早期的"图形必定是古老的（勒鲁瓦－古兰完全承认这一点），有些最早的绘画可能看上去十分精致而复杂。

经验主义的反证

理论上的论证可能令人眼花缭乱，但请给我任意一个时期的古老的绝佳例子。随着新资料的积累和古老理论的确定性的消失，步日耶和勒鲁瓦－古兰的线性方案已经衰落了很多年了。但是一项技术的进步真的开启了水闸。感谢碳同位素测年（称为 AMS，是 Accelerator Mass Spectrometry 的缩写）的新方法，只要一丁点碳就可以了，因此不需要采集大量材料就可以对画作进行分析。

1994 年的下半年，三个法国探险家发现了一个奇妙的新地方，现在称之为肖维洞穴。肖维洞壁中的动物，特别是雄伟的马和狮子十分老到而精准，堪比任何旧石器时代的艺术。但通过多次重复的碳同位素测年，结果表明其年代超过 3 万年，这让肖维成为了已知所有具有壁画艺术的洞穴中最古老的一个。如果最古老的洞穴中有最好的画，那么我们先前的直线演进的理论就不成立了。旧石器时代艺术的顶尖专家让·克劳茨（Jean Clottes）在 1996 年出版了关于这个新地点的巨著，他在后记中写道：

> 勒鲁瓦－古兰所提出的，以连续的风格对旧石器时期艺术的阶段划分，必须要进行修订。按照年代，肖维岩洞应该被归于他的第一个阶段，但这个阶段定义的绘画为原始的和非常粗糙的，没有任何确切的壁绘作支持。很明显，这个定义现在已经不再适合了。今天我们已经知道，复杂的墙绘技术在很早之前……就被发明了。通过各种方式的透视表现、阴影的普遍使用、动物的轮廓描绘、运动和浮雕效果的再现，都可追溯到 3 万年前……这意味着曾与最后的尼安德特人（在未被取代之前）共存过的奥瑞纳文化，就已经具有了与他们的后继者相同的艺术能力。艺术并不是像步日耶那样相信的，是从笨拙和粗糙的开端沿着直线演进的。

我们大可不必为放弃那种观念而感到沮丧，那种观念让我们在回望蒙昧无知的原始状态时感到自己处在了心智不断增加而最后达到的顶峰期。相反，想一想在掌握了我们与已知最早的旧石器时代艺术家的关系所带来的巨大满足吧。我们经过了三万多年的时光。这些绘画对今天的我们意义非凡，因为我们知道是谁创造了他们：他们就是我们。

在一个著名的悖论中，弗朗西斯·培根（Francis Bacon）写道：antiquitas saeculi, Juventus mundi.（大体意为"古时世界正年轻"。）换句话说就是，不要将旧石器时代视为古老的、原始的时代，而是我们这个物种充满活力的年轻时代（今天我们已经垂垂老矣）。旧石器时代的艺术记录了我们的早年岁月，我们对肖维洞穴绘画具有天生的亲近感，这是因为如华兹华斯（Wordsworth）所写，"孩子乃成人之父"。但我们也应该注意这首诗中，引用频率不高的一节：

> 我一见彩虹高悬天空；
> 心儿就怦怦直跳。
> 自儿时就是如此，
> 如今长大了一如从前。

三万多年来，我们都喜欢彩虹，从未间断。亘古以来，我们都在努力描绘大自然的力与美。肖维、拉斯科、阿尔塔米拉和其他几百处地方的艺术，让我们的心狂跳不已，我们在这些洞壁上看到了我们的早年岁月，知道了即使是在那时，我们亦已很伟大。

9

早期绘画大师的启迪

有关驼峰最著名的文学故事，唤起了各种各样与演化有关的主题故事。"在世界刚诞生时，"鲁德亚德·吉卜林^①在他的《原来如此·吉卜林故事集》（*Just-So Stories*）中告诉我们，"一切都是崭新的，动物们刚开始为人类工作，有一只骆驼不想干活，因而生活在啸鸣沙漠（Howling Desert）的中央。"相反，当马、狗和牛敦促它干活时，执拗的骆驼只是用鼻子"哼"了一声。于是，最强壮的沙漠神灵（Djinns），采取了实质性的行动，在骆驼的背上放了一个驼峰，来弥补它最初落下的三天的工作。神灵说，"这样做的目的是惩罚你漏掉的那三天。现在你要连干三天，且不许吃东西，只能靠背上的驼峰维持生活。"

吉卜林抛开骆驼，开始向孩子们灌输劳动光荣、懒惰危险的传统美德。在随后的诗中，他放弃了故事自身的美丽，取而代之的是充满道德说教的长篇打油诗：

---

① 鲁德亚德·吉卜林（Rudyard Kipling，1865~1936），英国小说家、诗人，一生共创作了八部诗集、四部长篇小说、二十一部短篇小说集和历史故事集，以及大量散文、随笔、游记等。他于 1907 年获得诺贝尔文学奖，成为英国第一位获此奖的作家。——译注

驼峰臃肿真难看，

　　动物园里常可见；

　　假如我们不勤劳，

　　难免也把驼峰背。

　　我认为，我们欠大自然一个人情，以补偿我们对自然长期演化产物以这种方式进行的开发利用，要知道那些产物是在没有任何人类的影响下，在距人类起源很久之前出现的。因此，我也有一个关于驼峰的故事要讲——但涉及的是不同的动物和出于相反的目的。在吉卜林的版本中，骆驼的驼峰是为了勤奋地服务于人类。在本文的故事中，我们发现一个驼峰的存在，仅是远古人类画出的特征，实际上并没有常规的化石记录表明如此。我希望大自然会接受这样的交易：我们砍掉了著名的驼峰，构建了一个价值可疑的道德寓言（吉卜林的骆驼），但我们的祖先通过提供唯一可能的证据，恢复了另外一种驼峰，否则它们将消失在历史的洪流中（本文的大角鹿）。

　　我们知道有些哺乳动物，从骆驼到加西莫多（Quasimodo）[①]都驼背。然而，鹿并不长驼峰——虽然有些长着大角的大型鹿（特别是驼鹿），经常在背上的肩部，前腿与脊椎相连的区域有一块宽宽的凸起。但是有史以来角最大的鹿，即已经灭绝（和被错误命名）的大角

[①] 雨果名著《巴黎圣母院》中一个十分重要的人物，他是一个被父母遗弃在巴黎圣母院门前的畸形儿，有几何形的脸，四方形的鼻子，马蹄形的嘴，参差不齐的牙齿，独眼，耳聋，驼背，难听的声音……仿佛上帝把一切丑陋都给了他。但他有着善良的心，是真善美的代表。——译注

鹿，也长有显著的峰突，这个神奇的事实我们只是从人类艺术家在洞穴墙壁上画的画中获知的。驼峰作为脂肪组织无法形成化石。

大角鹿（*Megaloceros giganteus*），也就是所谓的爱尔兰麋鹿，无疑是灭绝的鹿中最引人注目的。伏尔泰有一则著名的讽语，神圣罗马帝国所有的属性都已经名不副实——因为这个位于欧洲中部的大日耳曼土地既不神圣，也不罗马，更不帝国。同样，爱尔兰麋鹿既不是完全存在于爱尔兰，也不是麋鹿。这个物种生活在纵贯欧洲和西亚的温带地区（在西伯利亚和中国有近亲），从距今大约 40 万年持续到距今 1.06 万年，其中在爱尔兰发现的是最晚的记录。冠以爱尔兰的这个称呼是因为在爱尔兰发现的标本很精美，而且被发现的频率也很高，它们被埋藏（和封存）在岛上很多沼泽的泥炭沉积层下。[阿德里安·李斯特（Adrian M. Lister）在 1994 年的一篇文章中，对大角鹿的几乎所有科学知识进行了总结。我也对该种进行过广泛研究，并发表了学术论文（见参考文献中所列的我 1974 年的文章）和供公众阅读的文章（包括我在本系列中曾写过的第一篇文章，这个系列距现在已经有 8 卷，超过 250 篇了）。]

"麋鹿"（elk）一词的误用源自一段复杂的历史。早期的科学家认为，爱尔兰的化石可能与当时了解不多的美洲驼鹿是同一个种。在欧洲，驼鹿被称为 elk，因此混乱由此产生。在任何情况下，由于大角鹿属（*Megaloceros*）不是驼鹿，因此俗名爱尔兰麋鹿也就没有意义了。在本文中，我将遵循当前所有专家对这些化石采取的做法，称大角鹿属为"大角鹿"（giant deer）。

大角鹿身体庞大，与现代的驼鹿差不多，虽然有一或两种化石鹿比它们略大。但大角鹿的角，即本属名称的由来，在尺寸和重量上都是纪录保持者。从头部向外生长，基本与体轴成直角，这些大型掌状角（片状而非棒状）从一端到另一端可达 13 英尺（约 3.96 米），重达 100 磅（约 45 千克）。当我们认识到雄性大角鹿每年都要褪掉和重新长出这一结构（雌性不长角）时，我们对其能量消耗的惊叹只能又要增加了。

鉴于本文关注的是最早的人类与大角鹿的互动，我注意到有关大角鹿的科学讨论史，总是集中在人类可能与这种奇异而有趣的生物发生过接触的问题上。早期的文献主要关注两个问题。

1. 就此而言，大角鹿或任何其他类似的物种真的灭绝了吗？18世纪，正值林奈创立分类法，正值初生的地质学开始揭露地球年龄之时，在欧洲博物学家中出现了一场大辩论：整个物种都会灭绝吗？很多顶尖的博物学家基于传统的神创论立场（如有灭绝将会在万能的上帝所创造的永久而完整的系统中留下空缺），或因早期演化思想的观点（例如在拉马克的系统中，物种具有极高的适应能力，不会灭绝，但可以转变为更高的状态），拒绝接受这种可能性。

但是如果物种不会灭绝，那过去的那些动物，如爱尔兰泥炭沼泽中埋藏的那些长有壮观的角的动物去哪里了呢？一些科学家相信，大角鹿依然生活在加拿大某些未知的森林中，有可能退化为了个头稍小的美洲驼鹿。（如上文所述，这一猜想导致了给大角鹿冠以"爱尔兰麋鹿"这一错误的名称。）

这场辩论被分成了一系列有趣的小问题。在政治方面，全职政治家和业余古生物学家托马斯·杰斐逊（Thomas Jefferson）抨击了伟大的法国博物学家乔治·布丰（Georges Buffon）的观点，后者认为美洲所有的物种都是欧洲物种的缩小和退化版（包括美洲驼鹿就是降级的大角鹿）。杰斐逊写了一篇讨论一巨狮爪子化石的文章，一针见血地指出这一巨狮明显大于任何旧大陆的狮子。不幸的是，该爪子化石实则为一大型的地懒，这再一次说明不应该将爱国心和道德观押在大自然不确定的事实上。

在艺术方面，英国最优秀的动物画家乔治·斯塔布斯①为里士满公爵（Duke of Richmond）的一岁公驼鹿画了一幅画像，这是第一只到达英国的驼鹿。这一作品完成于 1770 年，画面上一只年轻的驼鹿立在山边的一个平台上，远处风暴云正在聚集，一对成年的鹿角置于最前面。该画一直非常有名，但其构成的背景直到最近才为人所知。这一作品是受伟大的苏格兰医学解剖学家威廉·亨特（William Hunter）所托作为一个项目（从未公布）的一部分完成的，该项目的目的是要解决美洲驼鹿是否与爱尔兰大角鹿为同一种，因此斯塔布斯才在前景处画了一成年鹿角！〔见伊恩·罗尔夫（W. D. Ian Rolfe）1983 年的文章，参考目录中有引。〕

随着进一步的探索，灭绝的支持者慢慢占了上风，包括刘易斯和克拉克的远征②都没有发现活着的大角鹿，而由于驯鹿与大角鹿的区别变得越来越明显，它们便不再是被考虑的对象了。欧洲首屈一指的解剖学家、现代古脊椎动物学的创始人乔治·居维叶在 1812 年做

① 乔治·斯塔布斯（George Stubbs，1724~1806）是英国杰出的动物画家和解剖学家，以精心描绘马而驰名于世。——译注
② 刘易斯和克拉克的远征（Lewis and Clark expedition，1804~1806）是美国国内首次横穿大陆西抵太平洋沿岸的往返考察活动。该活动由杰斐逊总统发起，领队为刘易斯和克拉克。

斯塔布斯绘的驼鹿，用于大角鹿是否依然生活在美洲的争论。

了最终的定论，在他的四卷本《化石骨骼研究》（*Recherches sur les Ossemens Fossiles*）中，不仅证明了存在灭绝的普遍事实，而且特别描述了大角鹿的灭绝。居维叶用惯用的方式谈及大角鹿：

这是所有化石反刍动物中最著名的，博物学家几乎全部同意它们已经从地球上消失了……可以肯定的是，爱尔兰的鹿角既不属于驼鹿，也不属于驯鹿……这一［化石］物种不可能与其他任何大陆上的任何大型（现代）鹿混淆。

2. 人类接触过大角鹿吗？一旦灭绝的事实被确立，科学家们便将注意力集中在了它们的灭绝时间和方式上。支持人类与大角鹿接触过的人在爱尔兰的关键地区遭遇到了一个巨大的挫折，因为直到大角鹿灭绝后人类才到达了这个"绿宝石岛"（Emerald Isle）。（或者至少没有留下任何指示他们存在的骨骼或文物。）那么，大角鹿在欧洲大陆的分布情况如何呢？我们的近亲尼安德特人和后来的克罗马农祖先存在的时间，曾经与大角鹿的生存时间有过重合，但人类曾经接触过大角鹿吗？或我们与其仅是共同生活在一地，但却谁也不知道谁，就像朗费罗的船在夜间经过一样吗[①]？

在欧洲大陆的化石记录中，大角鹿并不常见。从这些和其他的证据，古生物学家推测认为，大角鹿的种群密度一直不高，人类可能是会将其视为当地动物群中的次要因素。一些大角鹿的骨骼被发现与人工制品有明显的关系，但证据依然不够充分，因为最不可否认的标准——这一物种要出现在旧石器时代的绘画中——长期以来并未产生任何积极的结果。在 1949 年发表的一篇关键文章中，米切尔（G. F. Mitchell）和帕克斯（H. M. Parkes）写道："也许应该再次指出，在旧石器时代的洞穴绘画中并没有出现大角鹿的身影。"

[①] 亨利·沃兹沃斯·朗费罗（Henry Wadsworth Longfellow, 1807~1882），19 世纪美国最伟大的浪漫主义诗人之一。这里化用了诗人《路畔旅舍的故事》（Tales of a Wayside Inn）的句意：船在夜色中驶过，顺便互语几句 / 在黑暗中仅有一个信号，和一声遥远的声响 / 在人生的海洋中，我们擦肩而过，彼此言谈 / 仅有一观和一声，然后黑暗笼罩寂静无声。——译注

科学往往是困难的、微妙的、模糊的，并被各式各样社会和精神上的偏见所左右——尽管大体上肯定会指向一条通路，借此可以更好地理解"外面"的真实世界。但每过一段时间，我们就会得到一个简单、全新的和不可否认的事实作为奖赏，然后我们就可以高兴一番。1952年，在一个新发现的洞穴墙壁上第一次清晰出现了大角鹿的形象，这是祖先赐予我们的礼物，确切地解决了人类是否遭遇过大角鹿这一问题。在法国中南部库尼亚克（Cougnac）的洞穴中，有三只大角鹿的形象，两雄一雌。在洞穴绘画中，鹿很难辨认，很多画作部分是抽象的，并没有完全表现其象形，有些物种与鹿存在很微妙的差异。但大角鹿的角是如此与众不同，库尼亚克洞穴中的第二只雄性画得很清楚，几乎没有任何疑问。没有什么鹿长有掌状或板状的角。黇鹿（*Dama dama*）是唯一可能与大角鹿混淆的种类，但其叉尖自掌状角的后缘突出，而大角鹿的叉尖是从前缘突出的。库尼亚克的壁画中清楚地描绘出了一个大掌状角，叉尖从前缘突出。

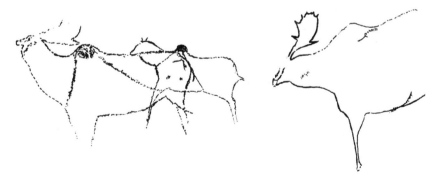

法国中南部库尼亚克洞穴壁上所绘的大角鹿。

有一个发现确实很不错，但如果想成为普遍性的发现，则至少需要两个。在库尼亚克洞穴开张 45 年后，大角鹿在洞穴艺术中依然罕见——这支持了我早期的推断，大角鹿在冰期的欧洲并不常见。仅有四个地点识别出了大角鹿，只有一个地点令人满意地确证了在库尼亚克的发现。为人所知早于库尼亚克的派许摩尔（Peche Merle）洞穴，有大角鹿的轮廓图——简直就是在黏土上用手指草草的涂鸦。其角比较像大角鹿的，但我对这一图像并无信心，而且在库尼亚克洞穴确认大角鹿存在于洞穴绘画之前，没人能确认。新近发现的考斯科（Cosquer）洞穴也包含有两幅可能的大角鹿绘画，但它们的识别需要与库尼亚克的进行比较，仅考斯科的图像无法确认大角鹿存在于旧石器时代的绘画中。

因此，唯有另外一处的发现真的可以作为独立确证库尼亚克的发现的证据，以及证明我们的祖先真的与大角鹿有过接触。新近发现的肖维洞穴（见之前的文章）有两幅极好的大角鹿绘画。两幅图中的大角鹿都没有与众不同的角，但来自骨骼化石和库尼亚克绘画中的其他典型特征，被忠实地表现了出来，因此可以确信无疑。[两只鹿都被认为是雌性，这可能是正确的，但我不知道其中一只或两只是否可能是角掉落了的雄性——因为耳朵旁边的一个小突起是只有雄性才有的角基。在任何情况下，博物学中仅描绘一种性别是有道理的，当然，这样的决定也可能仅反映了艺术家的象征性目的。古生物学家安东尼·巴诺斯基（Anthony Barnosky）在 20 世纪 80 年代的两篇极好的文章中，根据爱尔兰的化石产地，证明了雄性和雌性在一年中的有些时段不在一起生活，今天很多鹿类也是如此。]

　达·芬奇的贝壳山与沃尔姆斯会议

对于古生物学家，洞穴绘画所提供的珍贵证据，远远超过了单纯证明大角鹿与远古人类有过接触。考虑一下传统化石记录的主要不足吧：我们必须依靠骨骼和其他可保存的坚硬部分所提供的证据，而柔软部分如形状、颜色、声音和行为等都无法形成化石，但这些对于认识一种生物却是至关重要的。我们的科学在很大程度上依赖从不起眼的保存记录中获得丰富的整个大自然这样的推理模式（经常是没有把握的或甚至是想象的）。有时我们可以得出合理的结论：当我们发现了一枚鲨鱼牙齿嵌入了一个菊石壳中，我们就可以知道那些远古的鱼吃些什么。但很多时候我们却做不到：例如，我甚至无法想象，我们怎样才能了解人类语言出现时的关键细节，从最初的发明到任何可能保存于地质记录的书写系统的成形，中间相隔了好几千年。（在这种情况下，我承认对博物馆中展示的那些又动又叫的机器恐龙感到无奈和可笑。公众喜欢这些集中了颜色、声音和满是装饰与褶边的模型，但它们其实完全来自推测。）

因此，古生物学家非常珍视偶尔可以保存柔软部分的稀有地质环境。我们关于生命历史的很多最关键的知识，需要靠这些珍贵"窗口"展现远古生物的完整解剖构造。如果没有布尔吉斯页岩像贝壳一样保存柔软的部分，我们将永远无法了解寒武纪大爆发的整个幅度，要知道这些最早的动物中很多都完全没有坚硬的部分。如果索罗霍芬的印版灰岩没有将羽毛同骨骼一并保存下来，我们将永远不会把始祖鸟识别为最早的鸟类。

所有这些"窗口"都是作为罕见的地质条件而存在的，通常涉及快速埋藏在微细颗粒的沉积物中，且这里要缺少氧和微生物群落来分解任何柔软和有机的东西。（包裹在琥珀中有同样的效果。）仅有一种新的模式被加到生命自身的复杂性中——不幸的是，它们出现的时间很晚，分布范围有限。人类的艺术家保留下来了欧洲冰期动物群的柔软的部分（有时甚至还保留了颜色），我们作为他们的后代，将永远因他们为我们提供了认识过去的独特窗口而对他们心存感激。

即使没有洞穴绘画的帮助，我们对冰期哺乳动物的了解也多于更久远的过去的其他大部分生物。完整和保存完好的骨架经常被发现，且这些动物与现生物种的亲缘关系更近，从而也更为我们所熟悉。但当我们仅有骨骼提供证据时，很多重要的特征还是不清楚。例如，我们可以从鼻骨的独特形状，推断大象或貘存在大长鼻子，但我们却无法知道其大小、颜色或功能。同样，通过骆驼化石几乎总是不会画上驼峰，这不是因为我们有理由断言它们不存在，而是因为仅从骨骼无法推断它们是否存在。

考虑到仅凭骨骼无法解决大角鹿的形态这个最为紧迫的问题，鉴于其古怪的大小，我们对于这个物种的兴趣总是集中在十分好理解的角上。一个长着重为 5 磅头颅的动物，如何年复一年地长出重达 100 磅的角呢？任何这样大小和夸张的结构，必定在身体其他部分产生大量的代偿性适应，很多对于大角鹿的科学讨论也都集中在，为了支持巨大的角身体其他部位所发生的重新设计上。例如，阿德里安·李斯特（Adrian Lister）认为，异常厚的下颌骨可能担负着储藏的作用，所含的钙能够被转移到角中，在现代鹿的一些种类中也多少具有这样的功能。瓦列里乌斯·盖斯特（Valerius Geist）表明，这种巨大的角会严格限制鹿的食物来源，仅有几种植物能够提供按时所需的足够矿物质。盖斯特推测仅有柳树堪当此任，接着他发现大角鹿牙齿化石间残留有柳树碎片！

从生物力学角度看，大多数的代偿性适应都是在执行支持角的基本功能。例如，颅骨顶部特别厚，颈椎的前几根椎骨异常强大且特别宽（需要着生更大的肌肉和韧带以支持头部）。最引人注目的是，如英国伟大的解剖学家理查德·欧文所绘的图（见 199 页）显示的那样，前几节背椎（在肩部区域）的棘突自脊柱突起得很高。在出版于 1846 年的《不列颠化石哺乳动物和鸟类史》（*History of British Fossil Mammals and Birds*）中，欧文第一个注意到了这些突起的存在和重要性，它是巨大鹿角的代偿性适应：

> 背椎有 13 块，前面几块的棘突非常长，可附着支持头部的弹性韧带：第三、第四和第五背椎上的棘突长达一英尺。

现代的研究已经确认了欧文关于背椎棘突的重要作用的洞见。颈韧带（*ligamentum nuchae*）是一个名副其实的关键结构，在现代的鹿（和其他哺乳动物）中起到支持颈部的作用，它的一端连接头骨的枕骨（背部），另一端连接头部区域的前几节颈椎（颈部），然后向后延伸至肩部背椎的棘突上。较强壮的颈椎，较长的背椎棘突，较为强大的韧带，都有利于支撑其巨大的头。毫不令人吃惊，所有的这些结构，在大角鹿身上长的特别大！ [1]

---

[1] 引自: On the form and function of the *ligamentum nuchae* by N. J. Dimery, R. McN. Alexander, and K. A. Deyst, 1985.

大角鹿的长背椎棘突暗示了身体形状的某些特征——到底是什么形态，对于该动物的功能和行为又有什么意义？其他大型的鹿和有亲缘关系的动物也具有伸长的背椎棘突，结果是在肩部区域产生了一个宽宽的突起，如现代驼鹿或野牛。

但大角鹿更长的背椎棘突，如何影响其身体外部形态呢？大角鹿的经典复原中，完全忽略了这一点，给它画了一条直背（这明显是错误的），或是在背上画出了一个长而低的突起，如现代驼鹿那样。例如，史前生命最优秀、最有影响力的画家查尔斯·奈特（Charles R. Knight），在其"标准"画作中以驼鹿为模型，给大角鹿绘上了宽大但不明显的隆起。

在这一点上，我们完全无能为力，因为仅靠骨骼无法提供更多的信息。如果没有来自祖先艺术家的关键馈赠，我们将永远被卡在这里。库尼亚克和肖维的洞壁上的大角鹿——库尼亚克的两雄一雌，肖维的可能两雌——给了我们很多从标准古生物学证据上难以获得的信息。面部纤细，画得如同大多数的鹿，而非驼鹿那样宽而敦实的。雄性具有粗壮的脖子。像大多数鹿一样，大角鹿头的位置较低，与后面的脊柱保持在一条线上，并没有像大多数复原（包括欧文1846年画的）的那样抬高到背部以上（颈部与身体几乎成直角）。

但在所有这些画作中都有一个令人惊讶和不曾预料的突出特征——所有与此相关文献的评论者都强调了这一发现。旧石器时代的艺术家所画的大角鹿，无论雄雌，都有一个大大的、独立的、窄而显著的隆起，而非背椎棘突最低程度上暗示的宽而不明显的突起区域。（这个鲜明的隆起，最早被库尼亚克的壁画所揭示，此后成了识别洞穴绘画中大角鹿的标准。肖维洞穴中保存较差的图像，仅能凭借隆起才能识别。肖维洞穴的两幅极好的画作也可以以其他特征进行识别，但雌性的身上缺少角，隆起就成了鉴定的决定性标志。）

此外，隆起部位与众不同的颜色和标志明确了动物的外表（仅凭传统的化石证据永远也不可能知道这些）。在所有描绘了内部斑纹的画作中，隆起总是深色的——在库尼亚克的两只动物中，用醒目的黑色斑点，离散地勾勒出了整个隆起部分的轮廓和范围；在肖维的第一只雌性身上，则是用更宽大但范围相同的黑斑，而在第二只的身上

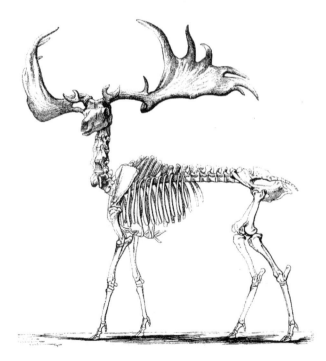

理查德·欧文复原的大角鹿骨架，1846 年。

199

黑斑更厚，边界更突出。（旧石器时代的艺术家在库尼亚克的洞壁上仅画出了那只大雄性的轮廓，这可能代表了一种风格，而不是写实。）我当然承认，这些画作的共同特征可能代表了艺术惯例，或至少有所强调或夸张，而非完全写实。但如果"驼峰"不存在的话，为何要画上这样一个独立的隆起呢？特别是旧石器时代的艺术家精确地在野牛、驼鹿和驯鹿身上描绘出了通常位于大型食草动物的背椎棘突之上的宽大而不明显的隆起区域。

隆起也可以作为其他意义尚不明确的标志的焦点——这可能是颜色线条、皮肤褶皱，或者是不同颜色区域、不同长度或不同毛发构造之间的分隔。这四幅具有本质特征的图，都显示了一条明显的线，从隆起部位沿对角，穿过整个侧面延伸到后腿。在四只大角鹿中的三只中，另外一条线从隆起的后缘沿相反方向的对角，延伸到前腿上缘的胸部。最后，肖维的一只，穿过其整个脖子有一条大的对角线黑带，而库尼亚克的一只雄性身上在同样的位置也有一条有颜色的线。

隆起并不位于背椎棘突之上的区域。锚定韧带以支持长有沉重大角的头部，是长棘突"预先存在的条件"，为一个独立隆起的演化提供了物质基础。但同样可以肯定，大角鹿的隆起已经不是下面的骨骼的被动表达了，如果仅是被动地附和骨骼特征，仅需宽宽的不清晰的隆起区域就够了，就像其他具有延伸的背椎突起的动物所表现的那样。具有独立和夸张形态的隆起，加上大胆的颜色强调（和两个方向的对角所突出的线条），必定代表了一个独特的演化产物。但为什么呢？

我们无法满怀信心地回答这个问题，但与现生近亲物种的比较表明，它们可能具有信号和炫耀的主要功能，这也符合生殖竞争这一演化理论的核心思想。在以前的作品中，我提出大角鹿可能并不用其角进行实际的争斗，而是用来宣示地位，进行象征性的姿态竞争，而非公然进行危险的争斗。简言之，更大的角可以帮助主人吓住对手，赢得更多的交配权。

现在，我相信这种观点是错的。蒂姆·克拉顿－布罗克（Tim Clutton-Brock）和安德鲁·基奇纳（Andrew Kitchener）最近的工作让我相信，几乎可以肯定大角鹿用角进行实际争斗。但雄鹿（以及其他大型哺乳动物）间为了生殖成功进行的争斗，还包含着大量仪式、摆姿态和炫耀，毫无疑问鹿角在这一常规行动中具有重要作用。在实际交战之前，鹿们会摆出姿势、发出吼声，并炫耀一番。它们经常进行"并排行走"，去观察对手的整个长度和身体结构，任何能增加力量、凶猛性或体积的印象的特征，都有助于建立起优势地位。我赞同基奇纳和李斯特的观点，大而颜色鲜明的隆起是一个特别好的恐吓设备，也是潜在力量的标志。基奇纳写道："大角鹿可能在并排行走时评估对手，重点在于能显示体形和潜在战斗力的巨大肩部隆起。"李斯特补充说："突出的、深色的背部隆起会构成形态（gestalt）①炫耀的一部分。"

我怀疑，对于争斗的炫耀是否能说明大角鹿"驼峰"的全部功能，因为雌性似乎也长有程度相当的显著"驼峰"，但她们想必不会争斗。顺便说一下，雌性的"驼峰"也表明这一特征具有超出下方背椎棘突所表达的功能。相较雄性，不长角的雌性的背椎棘突要短得

---

① gestalt（形态，又音译为格式塔）为德语词，有两种含义：一指形状或形式；另一种指一个具体的实体和它具有特殊形状或形式的特征。——译注

多，但雌性的"驼峰"似乎不比雄性的小！两性中具有相似的形状和力量，可能喻示着具有其他功能，即所谓识别同物种中其他成员的信号，或是用于其他尚未知晓和尚未预料的目的。

总之，大角鹿"驼峰"的独特形状和功能，为演化理论的一个基本原理提供了极好的例证。我们必须假设，"驼峰"最初的产生并非"为了"炫耀和识别这一最终功能。最初，原始结构可能是随着背椎棘突的伸长被动发展的，然后自身朝向非常不同的、显然是至关重要的方向演化，用以支撑长有最重的角的头颅。所有具有背椎棘突的大型哺乳动物必定在背部棘突的上方，发展出一个可能不明显的宽宽的隆起。但大多数哺乳动物永远不会以任何实质性的方式，改变这一不明显的结构，背部的隆起仅是下方棘突发展的被动结果，可能本身不具有任何功能。然而，源自一些未知的原因，大角鹿积极发展了这一已经存在的被动结果，将其变成了具有自身复杂适应功能的独立、显著的"驼峰"。

因此，一个最初作为主要适应（背部隆起区域是下方背椎棘突发展的必然结果）产生的非适应性副产品的结构，后来演变"整合"为对动物的演化成功至关重要的角色。演化的大部分神奇性、怪异性和不可预测性，均来自于结构的这一共同选择演化，其最初产生是为了其他目的，或完全没有目的。羽毛在小型奔跑类恐龙中最初产生时是为了保暖，但后来异化为让鸟类得以飞行。大脑在我们的南方古猿祖先中的演化是为了满足在非洲大草原上生活所需，后来在克罗马农人中产生了艺术表达和创造的需求。因此（唯有这一原因）我们又了解了另外一个共同选择演化的结构：大角鹿背上的"驼峰"！

大角鹿的"驼峰"激起了我们说明这一重要基本原理的兴趣。不过，我不希望进一步发挥这一观点，视之为我们关注这一背部隆起的主要原因——无论共同选择演化对我来说有多珍贵（作为我自己学术文章的一个明确主题），或者说从很多不起眼的情况变成一般共识要经过多少变化才能成为这些文章的标识。毕竟，共同选择演化原则在很多年前就已经建立了，并得到了很好的说明。诚然，多一个很好的例子并不是坏事，特别是对于出现在这样一个迷人的物种身上的这样一个神奇的结构。但是，这个例子并没有突破理论基础。

相反我倒认为，我们应该从不同的角度来看待大角鹿身体上隆起的价值：作为自然历史的产物，难以言语只是因为其曾经出现过，而且如果我们的祖先没有被打动而留下如此美丽的视觉记录，无论其真实存在还是其魅力我们都永远无法得知。

对于受自然法则支配的简单事物，我们经常可以在没有实际观察到的情况下推断其是否存在（和其结构）。即使在所有人类的纪年中很多并没有记录，我们还是能知道过去几千年的日食情况。但对于自然历史的复杂产物，其独特性和细致特征是不可重复的，并且在很大程度上依赖之前历史状态的偶然和不可预测的结果，除非琐碎的和严重不完善的历史记录留下了直接的证据，否则我们无法知道它们的存在。自然历史中出现的每一种事物都既有让人高兴的一面，又有发人深思的一面。但绝大多数已经永远地消失在了历史无法记录的无底洞中了。任何时候的失去都是永远的丧失。

你可能会说，"那又怎样，我们要面对的东西有那么多，不可能什么都知道。"但我毫不知足，且无限好奇。每一次的物种丧失都会成为终极悲剧的一个实例，一些曾经存在过的，但将永远不为我们所知了。大角鹿的"驼峰"，作为无法形成化石的软体组织，本应落入被抹除的历史深渊中。但我们的祖先做出了一次精彩的救援，我们应该感到万分庆幸。每一个新事物都可以指导我们，每一个意想不到的对象都具有其自身缘故的美丽，每一次从历史的大粉碎机中的救援——我都不知道怎么说才好——都是为了一点整体性的神圣救赎。

我们将永远不会知道那些旧石器时代的画家，他们挽救了大角鹿长有"驼峰"这个珍贵的事实，并将其赐予了我们——他们的心怀感激的后代。我只能对这些不知名的人说："你们是一群比我更好的人……"我只能报道和解释，但你们却抢救出了尘世间真正、真实的美妙事物。

10

我们不同寻常的统一

一个真正愚蠢的错误往往会开启一条通向启蒙之路。幸运的是，我最近一次经历这一常见的现象（并得到纠正）是完全不为人所知的。因为无人知晓，从而让我避免了难堪！《先驱报》（*The Herald*）是津巴布韦首屈一指的大报，1997 年 1 月 14 日该报刊登了一则政府公告：养狗及自行车的许可（*Licensing of Dogs and Cycles*）。报道称，两轮自行车年费为 20 津巴布韦元（大约 2 美元），三轮车 30 津巴布韦元。我暗自觉得好笑，这一荒谬的公告对孩子玩具的收费竟然比成人的必需品更高——（我不得不承认）残存的和无意识的种族主义的意味浮现了出来，它在我们的文化中是如此普遍，即使是有修养的白人也无法完全避免：这些原始的非洲人真是落后。但这个笑话完全是对我自己的，很快我就想起来，与西方世界的完全不同，当地的三轮车是有着等同于短途出租车功能的人力交通工具，或者是用来运送大件货物的。这些坚实的成人三轮车比较大，比两轮自行车获得的收益也更大，因此税金也就更高。

这个蕴含了人类推理中最常见的谬误的例子没有造成伤害，仅持续了几分钟。这种推理将一个个体或一个文化所持的局部的、有限的、可能是错误的信念上升为了普遍真理。但另外很多强有力和普遍的例子，经常会对增进科学和学术的认识带来很大的障碍。我这个关于自行车和三轮车的小错误背后的一个更大的主题，关于人类的历史应该是一系列线性进步过程（非洲位于欧洲之后）的假设，可能是最有害的，它错误地将广泛存在于文化意义上的谬误上升为普遍真理。

最近，在两篇月度随笔间的一些沉重旅行中，我遇到一个非常突出的例子。在奇琴伊察（Chichen Itza）和乌斯马尔（Uxmal），我第一次看到了伟大的玛雅城市的宏伟遗址。在这一古老而又复杂的中美洲文明中有很多异常现象，其中最突出的就是玛雅象形文字的破译。玛雅文化在我们第一个千年的后半段达到了顶峰，随后在公元 9 世纪到 10 世纪神秘地崩溃了。（之后虽然出现了几次复兴，部分地与其他中美洲族群发生了融合——说玛雅语的玛雅人仍然生活在尤卡坦半岛的危地马拉及周边地区。但有关传统书写系统的知识，很多精细的天文学和计算方面的知识，都没能撑过欧洲人的入侵。）

西班牙侵略者摧毁了玛雅人的大部分书籍，这些书写在树皮做的、如同手风琴一样折叠的纸上，仅有四部法律留存了下来。但在原本立在主要建筑物前作为仪式公告的数百个大石柱上，以及墙壁、雕像和盆罐等器皿上保留了玛雅人的文字。尽管是独立发明的，但这些文字混合了音节符号和完整的字词，因此有些像埃及的象形文字；而近来对于这些文字的破解是 20 世纪最伟大的学术成就之一。

我们为这一胜利和基于此对玛雅历史的重新解读，感到欢欣鼓舞，但我们也应该好奇为何需要花费如此长的时间？——在最近出版的非常受欢迎的著作《破解玛雅密码》（*Breaking the Maya Code*）一书中，迈克尔·科（Michael D. Coe）指出，自19世纪中期玛雅学发轫起，成功解决问题的工具和用于研究的数据都已经存在。

其原因有很多，比较复杂，其中就包括早期西班牙侵略者对玛雅文献系统的恶意破坏，但迈克尔·科指出传统上认为人类历史是直线进步的错误观点就在其中扮演着重要的角色。由于玛雅人在很久之前就达到了顶峰（而欧洲当时还是一潭死水），很多欧洲学者视之为下等族群，因此有些玛雅文化领域的大专家径直否认这些铭文是完整的书面语言。他们认为，尽管在建筑和天文学领域取得了令人惊叹的巨大成就，但玛雅人的书写仅是少数人的粗劣涂鸦，他们从未掌握复杂的符号语言。

例如，科引述一位玛雅学者，他在1935年对上一代一位伟大的语言学家本杰明·李·沃尔夫（Benjamin Lee Whorf）做的良好开头进行了抨击。沃尔夫已经正确地认识到了玛雅文字中语音的价值，但他的批评者却说玛雅符号仅是文字的"胚胎"，粗糙的图像所含的信息有限，没有完整的句子和语法。沃尔夫的批评者援引进步主义线性发展（和种族主义）的假说：

> 很久之前 E. B. 泰勒（E. B. Tylor）就曾说过，书写是文明和野蛮之间的本质差别……事实就是，在美洲没有哪个原住民族具有完整的书写系统，因此他们均未达到泰勒所说的文明。

迈克尔·科还讲述了本世纪（20世纪）上半叶著名的玛雅学者西尔韦纳斯·莫利（Sylvanus Morley）是如何的"超演化论"，并反对用完整的语法解读这些表音的文字的。科写道：

> 西尔韦纳斯·莫利……认为书写系统必定是从象形文字，经表意文字（在莫利看来汉字是最卓越的表意文字，每个字都代表一个概念）到表音文字（拼音文字）的。

由于莫利认为玛雅人比中国人更原始，很大程度上停留在象形文字阶段，因此他永远也不可能破译玛雅的表音文字！

现在，让我进一步把这个线性发展的基本错误的尺度，从我个人对一个现代国家犯的错，扩展到一个大大滞缓了对一个文明和其历史的认识的严重错误，再到一个经常阻碍我们对于人类整个演化的认识的巨大错误概念。

我们可以合理地谈论人类演化中的"一般趋势"。我们可能也不会怀疑，脑容量的增加是一个大趋势，是人类能遍及全球和占据支配地位的关键。然而，这样的说法并不意味着：从 600 万到 800 万年前，自我们的祖先从演化树上和其他近亲（黑猩猩和大猩猩）分道扬镳后到我们耀武扬威的现在，人类的历史应该看作一系列大脑能力增强的线性进步，所有掉队者或无法"继续前行"的类群都会走向灭绝，是演化必然要走进死胡同的侧枝。

从开始脑容量很小到出现顶着大脑袋的人类，可以有很多途径和机制。看一下传统的线性视角的最激进的演化替代方案吧。当然可以肯定这是一个极端的错误，但它提供了与错误的线性发展替代方案同样多的部分洞察力。假如祖先种 A 的平均脑容量为 300 立方厘米，在一个短暂而关键的时期，比如说 220 万年前到 200 万年前之间，产生了五个新种。这五个新种的平均脑容量不同，种 B 为 500 立方厘米，种 C 为 700 立方厘米，种 D 为 900 立方厘米，种 E 为 1100 立方厘米，种 F 为 1300 立方厘米，并且在它们生存的地质历史中没有发生变化。所有这六个种（A 和五个后代）生活了 200 万年，没有发生进一步的变化。（或它们可能没有发生过直接的竞争，每个种都生活在一个不同的大陆上，结果是种 A 迅速散布到世界各地，并在五个隔离的地区同样很快地进化出种 B、种 C、种 D、种 E 和种 F。）最后，种 A 到种 E 都灭绝了，仅留下了种 F。我们称种 F 为智人（*Homo sapiens*）。

在两个极端例子中，人类的祖先的脑容量都是开始于 300 立方厘米，到达了今天的 1300 立方厘米。两种模式调用了一个竞争和坚持的隐喻：传统的线性进步观预示慢慢地沿着阶梯向上爬；相反，"灌丛修剪观"则预示成功度过每一次逆境后得以继续存在。两种视角在它们独有的版本中也是明显错误的。那么，我们为何会认同线性进步观，而认为"灌丛修剪观"非常可笑是在胡说八道呢？毫无疑问这是为了满足一些错误的个人奇想而引入的。

是的，我想说：（1）两种观点均表达了部分重要的真相；（2）我们之所以喜欢线性进步观，主要是因为受制于本文前面的例子中所阐述的文化偏见；（3）20 世纪关于人类演化的思想史可以概括为"灌丛形成和修剪观"的增强和线性进步观的退却，然后两者达成一个适当的平衡；（4）1996 年 12 月发布的一个新发现（也是本文的灵感之源），为灌丛观提供了强力的和意想不到的支持，多种并存的灌丛状态才是人类演化的常态。（在本文余下的部分，我将这两种思想模式称为演化趋势的"直线型"和"多枝型"。）

我的好朋友、最亲密的同事尼尔斯·埃尔德里奇（Niles Eldredge）将这两种趋势称为"分类群的"（taxic）和"转变的"（transformational），或者说"基于很多不同物种的产物"（正式命名的生物类群，如种和属，被称为"分类群"）与单个类群中变化个体竞争中的"特定优势特征的推动"（如大脑）。这两种视角在产生变化趋势的主要"动力"上差异极大。对于多枝型或分类群理论，变化趋势来自于独立物种的大量后代，一个支系的净变化依赖于一些物种的差异化生存和进一步的增殖，以及另外一些物种的灭绝。对于直线型或转化理论，变化趋势不需要很多物种，而是通过逐渐产生的进步性新种的有利特征在生存竞争中取得胜利。（当然，直线型理论的支持者并不否认也可以通过侧枝产生新种，但这些科学家倾向于将承担进步趋势的主干与劫数难逃的侧枝分隔开来。换言之，对于线性转化论者，产生很多物种并无助于生命历史的主要发展趋势。）美国演化领域的泰斗恩斯特·迈尔（Ernst Mayr）是一个视大量物种形成为演化趋势核心要素的坚定支持者，他在文章中清楚地表达了这一观点：

> 我觉得，正是创造了很多物种的过程产生了演化的发展。在演化的意义上，物种堪比突变。它们还是演化发展的必需品，即使在众多的突变中仅有少数能够带来基因型的重大改进……由此看来，大量产生新物种是演化发展的前提条件……没有新物种的不断产生，就没有生命世界的多样化，就没有适应性辐射，演化发展也就几乎不存在。因此，物种

是演化的基石。

然而，直到最近，线性进步观还强烈主宰着有关人类演化的传统思想。例如，线性演化观中陈腐的"缺环"概念，这是一个演化系列的连接环节。从我们可怜的化石记录看，演化的灌丛漏洞百出，存在很多缺失和不确定性，但灌丛是不存在单一的、至关重要的"缺环"的。

此外，线性演化观并不是作为毋庸置疑的偏见的简单表达，就被动地或轻率地被接受了的。几种人科动物共存的想法曾遭受过强烈的拒绝、攻击，甚至被贴上了不好的生物学推论的标签。例如，在 20 世纪 60 年代，我在读研究生的时候，一种被称为"单一物种假说"（the single species hypothesis）的思想在研究人类演化的学生中很有市场。根据这一理论，在任何时段，一个地区仅可能有一种人科动物。因此，既然人类大部分的演化历史是在非洲大陆上演的，我们的演化趋势必定是线性转变，在任何时刻只能生活着一个种，然后慢慢演化到下一个更完美的阶段。支持者引用（我认为是错误的引用）"生态位"——可以称之为"维持生存"的适生环境只能生活一个种的生态学原理——来说明自己的观点。甲虫的生态位"很窄"，因此一个地区可以生活很多种甲虫：有些生活在树皮里，有些生活在地面上，还有些生活在高高的树冠上。但发明了"文化"（无论最初是多么简单）的、独特的人科动物，需要"很宽"的生态位，因此没有哪个地方能够容纳多个种。

当时处于主导地位的体质人类学教材［《人类演化》（*Human Evolution*），C. L. 布雷斯（C. L. Brace）和阿什利·蒙塔古（M. F. Ashley Montagu）著，1977 年版，1965 年第一版］认为，"已知的化石毫无疑问地构建出了线性的演化关系。"作者划分了四个相继的阶段——南方古猿、猿人、尼安德特人和现代人，并用"单一物种假说"证明了它们的次序。他们写道：

> 作为适应的主要手段，文化是生物界独一无二的，所有重要的目的都可以看作一个生态位——文化生态位。基于效能逻辑，有一种演化原理认为，从长远来看，没有两种生物可以占据相同的生态位。最终，必定有一种排挤掉另一种，独占这个生态位。用之于灵长类动物，这就意味着在任何时间内，不可能有两个种占据同一个文化生态位。

书的作者之一布雷斯一直反对人类演化的多分枝模型。在1991年版的通俗读物《人类演化的阶段》(*The Stages of Human Evolution*)中，布雷斯仅承认整个人类演化历史一侧的分枝——称强壮的南方古猿大量的支系为"小侧枝"！

> 无论如何，在我看来人类演化是一个线性发展的过程，其中南方古猿演化成了猿人，猿人演化成了遍布旧大陆的尼安德特人，尼安德特人又最终演化成了今天生活的各个现代人种群。我忽略了南方古猿这个小枝，他们太过粗野且灭绝了……仅给出了我总体看法的精简版。

布雷斯不理会两个或多个人类物种可能在同一地方共存的想法。他甚至发明了一个"人科动物灾变论"的名词污蔑这一观点（现在这一观点却得到了大多数古生物学家的支持，特别是在欧洲现代人取代了尼安德特人这个问题上），该观点认为从一个物种到另一个物种的短暂转变，可能是由于后来者是从别的地区迁入的结果（其中伴随着原物种的局部灭绝），而不是线性的演化转变。布雷斯写道：

> 结果很像 19 世纪初期居维叶灾变论描绘的情形，变化发生得非常突然，原因不明且是来自其他地方。新种类通过迁移不断散布，然后发展壮大直到下一次灾难的降临。

关于人类演化观念的所有改变均发生在我的职业生涯中，没有什么能比大多数人科演化史中不断增加的大量灌丛的文献记录有更广更深的影响力了。如今一个种遍布全球的现实只是一个特例，并非常态，而且我们被自己的一个坏习惯给忽悠了，那就是习惯于从短暂的、偶然发生的现在的状况进行归纳。

下面我将用五个按年代排列的发现和争论，总结一下人类演化史从线性进步观到灌丛分枝观的根本改变，其中第五个发现是最新的。

1. 南方古猿的两个分支。20 世纪 20 年代，当南非科学家将南方古猿属（*Australopithecus*）描绘为我们所在的人属（*Homo*）的祖先时，将它们分成了两大分支或两个种：南方古猿非洲种（*A. africanus*）和南方古猿粗壮种（*A. robustus*）（后来的文献称之为纤细种和粗壮种）。因此，从一开始有关我们早期历史的灌丛理论就得到了可喜的支持。但单物种假说的支持者要么视这两个名称为一个种的雄性和雌性个体，要么（如前文所引布雷斯的观点）将粗壮的那支视为在劫难逃、无关紧要的侧枝，可能被我们优秀的祖先——纤细种——灭绝了。

然而，玛丽·利基（Mary Leakey）在1959年发现了一个具有粗壮特征的关键标本，其特征是如此夸张，同一物种的性别差异是不可能达到如此大的程度的。两种南方古猿共存的可能将无法被否定了，单一物种假设的最纯版宣布灭亡。[玛丽·利基最初将这一颅骨命名为东非人（*Zinjanthropus*），现在我们一般称这个类型为独立的、所谓的超级粗壮种为南非古猿鲍氏种（*Australopithecus boisei*）。]

2. 南方古猿属和人属共存。线性演化观的支持者尚有退路。他们将粗壮（超级粗壮）的南非古猿视为无足轻重的死胡同，而将纤细种视为演化为人属的早期直系祖先，然后将单一物种假说单独用之于人属，画出了从直立人（以前文章中的"爪哇人"和"北京人"）到尼安德特人再到现代人的演化之路。然而，在20世纪70年代中期，玛丽·利基的儿子理查德·利基（Richard Leakey）在产出非洲直立人[有时称为匠人（*Homo ergaster*），与印度尼西亚和中国的亚洲直立人略有不同]的同一层位，发现了南非古猿超级粗壮种。没有人会将如此大的差异视为同种内的变异。如果最极端的南方古猿粗壮种与我们祖先最先进的成员共存一地，那么陈旧的线性进步理论就不得不让位给发散分枝的灌丛理论了。

3. 300万年到200万年前的大量非洲人种。两个共存的分支摧毁了线性演化论，但并没有构建起非常令人信服的灌丛演化论。自理查德·利基发现了这个无可辩驳的共存后的二十多年里，对人科动物历史的进一步研究不断强化了一个基本主题：人类家族的灌丛越来越浓密了。可以用一句简单的话来总结大量漂亮的研究：我们没有证据表明在 300 万年前到 400 多万年前这段最早的时期存在多种古人类。（在此期间的大部分时间里，我们仅知道南方古猿阿尔法种，即大众媒体中著名的"露西"。）但在 300 万到 200 万年前（大部分处在这一期间的最后 50 万年里），在人科动物灌丛的两个主要支系，祖先属的南方古猿和后裔属的人属中，人科动物种类的数量发生了大爆发。所附图表引自唐纳德·约翰逊（Donald Johanson）和布莱克·埃德加（Blake Edgar）最近出版的新书《从露西到语言》（*From Lucy to Language*），显示在这一时期内有六种人科动物共存，其中三种属于人属。

4. **人类历史后期的灌丛分枝：尼安德特人问题**。线性演化观死而不僵。我想该领域所有学者现在都接受了多分枝灌丛观，即在人科动物历史的早期，在非洲曾经有多个种共存过；但陈旧的线性演化观依然流行（尽管按我的判断在萎缩）于对人类历史后期的最近一百万年的认识上，特别是在智人的起源方面尤为突出。这一争论早已成为报刊的头条（在一些文章中有涉及），视为现代人起源的"多区域起源"论和"走出非洲"论的冲突。多区域起源论可能是线性演化观的最后一张牌。根据这一模型，直到直立人的兴起，所有的人科动物的演化都发生在非洲（承认了灌丛的思想）。直立人在 150 万到 200 万年前散布到旧大陆。然后非洲、欧洲和亚洲的三个主要直立人种群各自向智人平行演化（其中存在少量的迁徙和三个种群的混合）。这样一种思想代表了强烈的线性演化观，一个种内的所有亚类群按同一最佳方向发展。例如，在欧洲直立人演化为了尼安德特人，尼安德特人最后变成智人，每一个时期仅有一个种，不间断地上升发展。

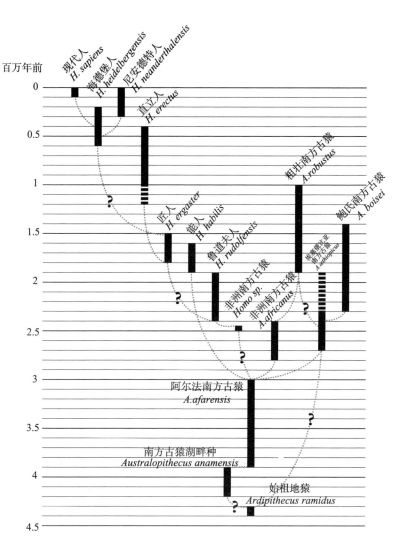

百万年前

现代人
H. sapiens

海德堡人
H. heidelbergensis

尼安德特人
H. neanderthalensis

直立人
H. erectus

匠人
H. ergaster

能人
H. habilis

鲁道夫人
H. rudolfensis

非洲南方古猿
Homo sp.

非洲南方古猿
A.africanus

粗壮南方古猿
A.robustus

鲍氏南方古猿
A. boisei

埃塞俄比亚
南方古猿
A.ethiopicus

阿尔法南方古猿
A.afarensis

南方古猿湖畔种
Australopithecus anamensis

始祖地猿
Ardipithecus ramidus

0

0.5

1

1.5

2

2.5

3

3.5

4

4.5

人类演化历史的"多分枝灌丛观":在 250 万到 150 万年前,
以及在过去 50 万年间,曾有数种人科动物共存过。

走出非洲的理论可以视为灌丛演化观的特别版。直立人走出非洲，散布到旧大陆的所有地方。智人作为一个分支（以灌丛的观点），从这些种群中的某一个演化出来，而非演化的终点。然后，智人从其起源地（遗传学和古生物的证据都指向非洲）开始第二波的散布。但直立人（或他们的后裔）已经在欧洲和亚洲定居，因此非洲的智人是到达那里的第二个人类物种（再次体现了灌丛型共生），并最终取代了那里的祖先类型。以这种灌丛观看来，尼安德特人和现代智人是独立（可能共存）的人类物种，并非一前一后地单线演进，尼安德特人起源于欧洲的直立人（或其后裔），而现代非洲人的祖先来自非洲，他们独立起源于非洲的直立人。

　　在我所读的书中，以及其他地方的总结［最好的可能是 C. 斯特林格（C. Stringer）和 R. 麦凯（R. McKie）出版的新书《出非洲记：现代人的起源》（*African Exodus: The Origin of Modern Humanity*）］，新近的证据让天平强烈（可能是决定性地）地向走出非洲的理论倾斜，灌丛观压倒了线性观，成为人类演化的主旋律。［顺带说一下，这个新达成的共识正是布雷斯曾轻蔑地予以拒绝，并贴上"人科动物灾变论"标签的那种观点，智人在第二波迁徙浪潮中走出非洲，取代了尼安德特人，这完全不同于布雷斯的"演化"重建，即尼安德特人直接演化成了现代人。事实上，这两种观点都与演化的视角一致。真实历史的偶然性和实际观测到的数据决定了最终的结果，而非（充满了一系列复杂的无意识的偏见的）理论上的偏好。］

　　5. 在人类历史的后期有更多的种类出现：来自亚洲的新证据。如果尼安德特人和智人在欧洲作为独立的物种共存过，从而反驳了人类的线性演化观，那在亚洲的情况又如何呢？19世纪90年代，尤金·杜布瓦（Eugene Dubois）首次在亚洲发现了直立人，并且这一祖先种在这里分布广泛、历史悠久。在多区域起源观看来，亚洲的这些直立人种群直接演化为了亚洲的现代智人。但在灌丛演化观看来，智人是在走出非洲的第二波迁徙中来到这里的，并与这里的直立人或其后裔共存过很长的时间。要验证这两个截然不同的观点需要化石记录来说明在两个物种过渡的关键时期，要么它们之间存在中间过渡类型，要么它们曾经共存过。但还没有找到这样决定性的证据，因为已知最年轻的亚洲直立人（来自中国）生存的时间是大约29万年前到42万年前，而亚洲最古老的智人生存的时间为大约4万年前[①]。因此，我们根本没有关键过渡时期的证据。

19世纪90年代初，尤金·杜布瓦在爪哇首次发现了直立人，那些产自特里尼尔（Trinil）的标本依然是该种在印度尼西亚最著名的代表。但在20世纪30年代初，荷兰地质学家在昂栋（Ngandong）附近的梭罗河畔发现了十二块人科动物颅盖骨（缺乏面部骨骼和上颌骨的颅骨顶部）。这些标本在老的文献中有多种称呼，如"梭罗人"（Solo man）或梭罗智人（*Homo soloensis*），对它们的身份存在长时间的大量争论，但现在一致认为它们属于杜布瓦所发现的直立人。

虽然古人类学家最终对它们的身份达成了一些一致意见，但梭罗河畔那些标本的年代却并不清楚。这个至关重要的问题现在可能已经以令人吃惊的方式解决了，1996年12月13日《科学》（*Science*）

---

① 2015年中国科学家在《自然》杂志发表了发现于湖南省道县福岩洞内出土的智人牙齿化石，测定其年代在8万年前到12万年前之间。——译注

杂志上发表了一篇文章，题为"爪哇岛上最晚的直立人：可能与东南亚的智人同时代"（Latest *Homo erectus* of Java：Potential contemporaneity with *Homo sapiens* in Southeast Asia），作者是史伟莎（C. C. Swisher III）、林克（W. J. Rink）、安东（S. C. Anton）、史华慈（H. P. Schwarcz）、柯蒂斯（G. H. Curtis）、苏普里尤（A. Suprijo）和维迪斯莫拉（Widiasmoro）。当然，最后一位作者的名字是全名，大部分印度尼西亚人的名字就一个单词，如前领导人苏哈托（Suharto）或已故总统苏加诺（Sukarno）。由于会对标本造成损坏，梭罗颅盖骨的管理者不允许这些作者用原始标本测年。因此，史伟莎和同事从产出梭罗颅盖骨的同一层位的两个地点采集了一些牛科动物（牛及其近亲）的牙齿。他们用两种独立的放射性定年技术，得到了相同的、令人吃惊的结果，令灌丛演化观的粉丝非常兴奋，这些梭罗人生活在 2.7 万到 5.3 万年之间。如果这一结论能够经受住时间的检验，那么直立人并没有在亚洲演化为现代人，这两个种作为独立实体共存了大约 4 万年。

此外，说到本文所表达的主要观点，如果我们现在回首看一下 4 万年前的整个地球，我们会发现当时生活着三个人种[①]：欧洲的尼安德特人、亚洲的直立人，以及分布在世界各地适宜居住环境中的智人。三种共存的情况不能跟大约 200 万年前非洲生活着大约六种人科动物相提并论，但三四万年前依然有三种共存的结论，足以允许我们重新评估传统的思想。我们现在的世界是奇特的，并非常态。今天地

---

① 根据遗传信息的研究，最近科学家发现当时应该还存在一种丹尼索瓦人，它们与尼安德特人和智人同源，主要生活在西伯利亚到东南亚等地，在大约 2 万 ~3 万年前消失。——译注

球上仅生活着一种人类，但人科动物大部分的历史是多种共存的，并非单种突进。

本文中，我一直在讨论无意识的大偏见，我们坚持以线性进步的角度看历史，因此经常阻碍了我们对于地球上生命演化和历史的认识。但我们也应该认识到另外一个更"自然"和明显的偏见，我们倾向于将当前习以为常的现状视为理所当然，而非可能只是一个例外。这样一种态度在科学历史中也有一个冠冕堂皇的名字——均变论（uniformitarianism），或将现在看成是通往过去的一把钥匙。

诚如很多学者曾指出的（包括鄙人1965年发表的第一篇文章），均变论是一个具有很多含义的复杂词，有时是合理的，但有时却是错误的或有约束条件的。如果我们仅将其理解为，自然法则在时间和空间上是不变的，那么我们只是在阐明科学中的一般假设和推理规则。但如果我们错误地将这样的认识扩展到目前的现象（而非普遍法则）——如认为大陆一定总是相互分离的，因为当今海洋将主要的大陆分隔开来；外星体撞击导致的大灭绝不会发生，因为在人类短暂的历史中我们并未目睹过这样的事件——那我们就走得太远了。当前观察的原因和现象，无法排除过去曾经存在的可能性。

既然如此，如果我们将当前的现实外推为人类演化历史中的一般情况，那就大错特错了。人科动物大部分的历史是多物种共存的灌丛状，有时种类相当丰富。当前仅智人千亩地里一根苗、遍布整个地球的状况，无疑是个特例。

但是，如果现在的情况是不正常的，为何不充分重视它呢？我最近一次访问非洲是在大约十年前，在内罗毕做演讲，以及与理查德·利基在图尔卡纳湖（Lake Turkana）进行一些野外工作过程中，产生的一些感想，并写进了《人类平等是历史中偶然发生的事实》（Human Equality Is a Contingent Fact of History）一文中。我认为，所有现代人最近共同祖先的出现是偶然事件，我们所谓的不同种族在生物学上是完全相同的（当然，所有群体中的个体差异非常大）。

在肯尼亚、马拉维和津巴布韦的很多地方调查人类的希望、失望和斗争期间，我不禁重新审视这个主题。（我是作为洛克菲勒基金会的一名受托人前往非洲的，我们走访了基金会资助的很多社会、医疗和农业项目，其中包括内罗毕一个在最糟糕贫民窟为妓女治疗性病的诊所，还包括一系列致力于为马拉维极度贫困的农村提高玉米产量的计划。）

此行中最难忘的是，我们花了一整个上午与马拉维一个小村庄的农妇进行交谈。由于时间很充裕，因此我们可以轻松地进行深入的探讨，仔细聆听和观察。我的心中有很多问题，但还是努力集中在一个主题上。我无法想象人世间不同群体间的巨大差异，一个是美国常春藤联盟的资深教授，而另一个是 25 岁已经生了 5 个孩子（最大的已经 11 岁）的、不识字的马拉维农民，其家庭年收入仅大约 80 美元。然而，她的笑声、她的表情、她的姿态、她的希望、她的恐惧、她的梦想、她的激情与我的没有什么不同。人们可以从纯粹的理智和科学意义上理解人类的统一性观点，但只有当这些知识真正深入到我们的骨髓，人们才能真正地在更深的层次上理解什么叫同情。

在人类的大部分历史中都是多种共存的，如果我们当前的状况是特殊的，仅智人这一生物实体发展出迷人的文化多样性，我们为何不充分利用这一天赐之礼呢？在我们生活在地球上的大部分时间里，我们甚至没有这样的选择权，但现在我们有了。那么，为何在我们的生物统一性所提供的重要的有益机会上，总是败多胜少呢？我们可以做到这一点，真的可以。为什么不尝试下一姊妹的关系或兄弟情谊呢？

IV

历史与宽恕

11

献给哥伦布的蜂巢螺

如果中国过去致力于促进海洋运输和航行技术的发展，而不是有意对其进行压制，我们这个千年的后半段的主题就应该是向东，而不是向西扩张到新大陆了。当然，历史无法假设，我们只能悬想这种选择所带来的巨大的不同后果。亚洲的水手会像西方人那样进行扩张、征服吗？他们与美洲土著（源自亚洲）间更紧密的民族纽带，会产生不同的结果和关系吗？我猜想，至少任何一位在美国东海岸出版书籍的现代作家的书中都会有这么一章，其内容要么是以美洲本土语言，要么是以普通话的某种变体写就的。

但中国没有向东扩张，因此才有了克里斯托弗·哥伦布（Christopher Columbus）的向西航行。他贪婪地寻找中国的黄金和他同胞马可·波罗（Marco Polo）所描述的大汗的皇宫——马可·波罗是以不同的方式和方向进行旅行的。哥伦布在途中遭遇到了一整个世界，这个世界阻挡了他的去路。

除了西方人征服美洲外，我想不到有哪一个历史事件更奇特，或更充满了荣耀和恐怖。既然我们既无法取消如此宏大的事件，也不希望任何简单的解释将其视为自然法则所导致的一个不可避免的结果，我们只能按其发生的顺序记录这些事件，寻找模式，寻求解释。当密集的叙述成为分析此类问题的主要方法时，细节就显得尤为重要了。因此，象征性的开始必定会引起特别的关注和迷恋。所以，让我们从一个古老的、未解决的问题出发吧：1492 年 10 月 12 日，哥伦布究竟是在哪里登上新大陆的呢？

周围出现了附近有陆地的迹象，当然也正濒临船员哗变的边缘，哥伦布知道他要么必须立马成功，要么打道回府。于是，在 10 月 12 日凌晨两点，"平塔号"的瞭望员罗德里戈·德特里亚纳（Rodrigo de Triana）在洁白的月光下看到了一片白色的悬崖，兴奋地喊出了改变人类历史的两个词："陆地！陆地！"（Tierra！Tierra！）但哥伦布第一眼看到的和探索的是哪片陆地呢？

为什么这个问题会是一个大难题呢？为什么不是只要简单地检查一下哥伦布的航行日志，追踪他的路线，看一下当时收集的原住民的人工制品，或查阅一下第一次遇到的人的记录，就可以解决的吗？由于种种原因，有特殊的也有一般的，这些明显的方式中没有一个可以给出明确的答案。我们知道哥伦布是在巴哈马群岛的某处，或相邻的特克斯和凯科斯群岛（The Turks and Caicos Islands）的某处登陆的。我们还知道，当地的泰诺人（Taino）① 称这第一次登陆为"瓜那哈尼"

---

① 泰诺人是阿拉瓦克人，他们是加勒比海地区原住民。在 15 世纪后期，欧洲人到来时，他们是古巴大部、牙买加、伊斯帕尼奥拉岛、大安的列斯群岛、小安的列斯群岛的波多黎各和巴哈马群岛上的主要居民，在这里他们亦被称为卢卡约人。

随着西班牙入侵者的到来，泰诺人被灭族了，主要原因是他们带来了泰诺人毫无免疫力的传染疾病。伊斯帕尼奥拉岛上最早的天花暴发记录发生在 1518 年 12 月或 1519 年 1 月。这次天花的暴发杀死了 90% 的原住民。入侵者带来的战争和奴役也是他们灭绝的一个重要原因。到 1548 年，原住民已经下降到不足 500 人。——译注

（Guanahaní），哥伦布跪拜在地表示感谢，宣布这里归属于西班牙国王，并将这个岛重新命名为圣萨尔瓦多或圣赦（San Salvador 或 Holy Savior）。但巴哈马群岛包含 700 多个岛屿，适合哥伦布船只停靠的有好几个。他到底是在哪里初次登陆的呢？

在哥伦布的时代，航海是一门很不精确的艺术，无法提供更多的信息（并且哥伦布大大低估了地球的直径，从而使他相信他一路航行到了亚洲），15 世纪的水手无法确定经度，因此无法精确地确定他们在海上的位置。哥伦布采用了当时仅有的两种主要方法。一种是通过观测北极星或中午太阳的高度确定纬度（在移动的船上十分困难）。因此，船可以航行到目标纬度上，然后根据需要继续向东或向西航行。（事实上，哥伦布是一个差劲的天体导航员，很少用纬度。他曾出过一次著名的事故，因为误将另外一颗星当成了北极星，而将自己的位置弄偏了差不多 20 度。）

航位推算法是另外一种久经考验的方法，仅简单地需要罗盘方位、记录好时间，判断船的速度，就能画出行进的方向和距离。毋庸置疑，特别是当风、洋流十分复杂使速度的测定变得困难时，或是在水手每半小时通过倒转沙漏测量时间（哥伦布的船上就是如此）的情况下，航位推算法也不是非常准确。从各方面看，哥伦布是一个非常熟练、非常成功的航位推算法实践者，但这种方法依然不足以精确地重建他们的路线。

我们还受资料缺乏的制约。哥伦布呈交给伊莎贝拉女王（Queen Isabella）的原始航行日志已经遗失了。在第二次出航前给哥伦布的一份副本也不见了。多明我会的巴托洛梅·德拉斯·卡萨斯

（Bartolomé de Las Casas）神父雄辩地说，为了避免副本遗失，出于好意，他为哥伦布的那份副本又做了一份副本——我们现在对整个事件的了解就来自于这一文献。我们是用一份副本的副本作为"原始"材料，因此，在所有关键问题上都有存在不确定性的可能。

原住民保存的世代相传的人工制品和历史记录可能是最好的证据，但都已不复存在了，这是触动我写本文的另一个原因。这是第一起旧大陆人在新大陆进行种族灭绝的暴行：在登陆后的 20 年里，西班牙侵略者将巴哈马的原住民屠杀殆尽，尽管爱好和平的泰诺人对哥伦布非常友好和信任。

由于数据少得可怜，致使巴哈马群岛的所有主要岛屿都有可能是圣萨尔瓦多（San Salvador），即哥伦布首次登陆之地。（虽然巴哈马群岛东南边的特克斯和凯科斯群岛是一个独立的政治实体。然而，它们在地理上和生态上与巴哈马群岛是连续的，因此它们也在讨论之列。）主要的竞争者包括瓦特林岛（Watling Island）、凯特岛（Cat Island）、马亚瓜纳岛（Mayaguana）、萨马纳岛（Samana Cay）、大特克岛（Grand Turk）和凯科斯群岛的几个小岛。

在早期，凯特岛具有优势，甚至一度被确认为圣萨尔瓦多。但在 1926 年，巴哈马政府出于越来越多人达成的共识，将哥伦布的登陆点改为了更有利的地点——瓦特林岛，从此哥伦布的名字就在此生根。

有两个传统的证据支持瓦特林岛为圣萨尔瓦多：其大小和地形非常符合哥伦布航海日志中的描述（根据德拉斯·卡萨斯的副本），以及哥伦布第一次航程剩余的路线，从圣萨尔瓦多到巴哈马群岛的其他岛屿，最终到达古巴和伊斯帕尼奥拉岛（Hispaniola）。在 1942 年塞缪尔·埃利奥特·莫里森（Samuel Eliot Morison）出版的经典著作《哥伦布传》（*Admiral of the Ocean Sea*）所提出的"半官方"案例中，依然支持这个备受青睐的假说。

在过去的二十年，考古学提供了第三方面的证据——来自查尔斯·A. 霍夫曼（Charles A. Hoffman）等人在圣萨瓦尔多的长湾（Long Bay）进行的挖掘，这也可能是哥伦布登陆的有利地点。[可以在唐纳德·T. 格雷斯（Donald T. Gerace）编辑、圣萨尔瓦多的巴哈马野外观测站出版的《1986 年关于哥伦布和他的世界的圣萨尔瓦多会议论文集》（Proceedings of the 1986 San Salvador Conference on Columbus and His World）上找到对上述工作的记叙，以及与探讨哥伦布首次登陆问题有关的讨论。]那里除了原住民的陶器和其他泰诺人的手工制品外，还伴随出土了一些欧洲人的物品，并且都与当时西班牙人的制品相吻合，它们都是交易中常见的物品，如玻璃珠、金属扣、钩子和钉子等。其中有一发现最为重要，一枚低面值的西班牙硬币，名为布兰卡（*blanca*），这是当时标准的"零钱"，也的确是哥伦布所处的时代最常见的硬币。此外，这枚独有的布兰卡仅在1471~1474 年间发行，并且直到 1497 年才再次铸造出可与之媲美的铜铸币。

当然，这些发现无法肯定此地就是哥伦布首次登陆的地方，原因有二：哥伦布在这次航行中到访过巴哈马群岛的其他几个岛屿；当地的泰诺人可在邻近的岛屿间自由来往。事实上，在他第一次着陆的三天后，哥伦布再一次在外海遇到了一个乘独木舟的泰诺人，他载着一些在圣萨尔瓦多交易中收到的珠子和布兰卡。

献给哥伦布的蜂巢螺

尽管如此，考虑到其他所有因素，考古学证据支持通常的观点，即今天确定的圣萨尔瓦多是正确的。不过，迄今为止所引述的一切都依赖于欧洲人的印象或人造物。我们能否找到另外一些硬证据来从另一个侧面进行佐证呢？在其地方历史中会不会有一件与众不同的东西呢？无论是自然的，还是文化的。

在哥伦布著名的登陆点上竖立纪念碑，已经成为圣萨尔瓦多一个多世纪以来的家庭手工业。作者站在点缀该岛的三个标志物前：蟹滩上《芝加哥先驱报》建的（左），日本援建的（中），位于长湾上的"官方"十字架（右）。

　　我并不想夸大当前有关这一争论的不确定性。大多数专家似乎都同意巴拿马政府今天所称的圣萨尔瓦多为哥伦布的首次登陆之岛。尽管如此，还是有一些顽固的、知识渊博的反对者，热衷地主张另有其地，这一问题仍然悬而未决。最近，我在圣萨尔瓦多待了一个星期，翻阅了所有的证据，访问了所有地点。我发现，没有理由反对传统的观点。尽管如此，如果仅仅因为我们比高概率而言更喜欢接近确定性，那么我写这篇文章是为了宣称，只要哥伦布在当时做过的事情中加上一个小小的举动，而不只是亲吻土地、感谢上帝、升旗、宣示主权和与当地人进行交易，我真的能够解决遗留在他首次登陆地点上的所有疑惑。如果哥伦布捡起过（当然要正确地贴上标签）一个陆生的蜂巢螺的壳，我就可以确定他登陆的准确地点。蜂巢螺可是我喜爱的动物，它们非常常见，他很可能跪在上面过！

没有人能对自己的孩子客观以待，但我必须说蜂巢螺堪称自然奇迹，是演化的典范，这一点可以在确认哪里是圣萨尔瓦多上得到确证。就壳的形状而言，蜂巢螺可能是世界上变化最多端的陆生蜗牛，演化学家喜欢变化，这既是生物演化的结果也是原料基础。蜂巢螺的大小从 5 毫米到 70 毫米长不等（对于喜欢用旧单位的，25.4 毫米等于 1 英寸），形状则从细如铅笔的圆柱体到高尔夫球样的球形。

古巴和巴哈马群岛是蜂巢螺的两个主要地理分布中心，博物学家在此命名了超过 600 个种。因为各个种的成员能够进行杂交，所以从技术角度上看，大部分名称是无效的，但这些名称确实记录了一个惊人的生物现实，即很多蜂巢螺的地方种群演化出了独特的、可识别的壳形。特别是，巴哈马几乎所有的岛上都有截然不同的蜂巢螺。因此，给我一个壳，我通常都可以说出你最近去哪儿度假了。

相反，海洋物种一般维持较大和连续的种群。由于变异模式更宽泛，通过不同形状和大小的蛤、螺、珊瑚或其他海洋生物，（在巴哈马的尺度上）无法确定海岸线的精确位置。因此，陆生种类就成了允许我们通过独特的生物区分不同岛屿的唯一希望。巴哈马群岛的一个小岛上可能生活着一种地方性的昆虫或植物，但蜂巢螺确实可以为区分特定的区域提供最好的生物标记。昆虫和植物没有什么独特性，也不便于保存。但如果哥伦布曾恰巧捡上一个几乎坚不可摧的蜂巢螺壳，把它放在自己的背心口袋里、可靠的刀鞘内或老工具袋中，那么就可能留到现在。此外，蜂巢螺很可能是哥伦布在新大陆遇到的第一种陆生动物（除了蜥蜴在他面前飞奔而过或蚊子叮取白人的第一口血外），尽管我无法保证这位海洋元帅是否注意过这些小东西。蜂巢螺在海岸线一带数量众多。诚如他们所说，你不会错过的。在圣萨尔瓦多所有假定的登陆点，都有大量这种我所钟爱的动物的种群。

巴哈马群岛上的蜂巢螺变化很大。上左为产自圣萨尔瓦多上风处海岸的一种，上右为同一岛上下风处（哥伦布可能的登陆点）的一种，两者对比明显。另外两种分别产自马亚瓜纳岛（下左），以及特克斯和凯科斯群岛（下右）。

在圣萨尔瓦多期间，我参加了在巴哈马野外观测站举行的一个讨论加勒比地质学的两年一度的会议，大部分时间我都开溜去研究当地的蜂巢螺了。在圣萨尔瓦多主要生活着两种蜂巢螺，一种个头大、粗壮，壳白色，顶端尖，生活在东海岸上风处的海角上；另一种个头小、多肋纹，壳褐色，顶端筒状，生活在西海岸的下风处（和岛屿内地的大部分地区）。这两种形状的蜂巢螺

　　　　　　　　　达·芬奇的贝壳山与沃尔姆斯会议

壳与哥伦布最初登陆其他所有可能的地点上的都明显不同。

皮拉塔蜂巢螺（*Cerion piratarum*）生活在马亚瓜纳岛上，与圣萨尔瓦多东海岸的蜂巢螺属于同样的基本类群，但个头更大，色更白，形状完全不同，两者的类型区分明显。同样，生活在特克斯和凯科斯群岛的女王蜂巢螺（*Cerion regina*），是本属中同样的基本类群，但与圣萨尔瓦多的种类不同。萨马纳岛是最近几年提出的可能的登陆点，也生活着一种不同的大个蜂巢螺，与生活在圣萨尔瓦多的种均可区分。作为一个可能的例外，我承认我无法根据一个标本明确区分圣萨尔瓦多东海岸上风处的蜂巢螺与福特蜂巢螺（*Cerion fordii*），这是一个仅限于凯特岛几个小区域的种。但几乎可以肯定，哥伦布是在圣萨尔瓦多西海岸的下风处登陆的，然而，这里的蜂巢螺与其他可能的登陆点的当地种都不同。[与圣萨尔瓦多下风处的种相比，凯特岛西海岸下风处的卓越蜂巢螺（*Cerion eximium*）更大、更光滑，外壳更薄，颜色也更斑驳。]

一个多世纪以来，在可能的登陆点竖立纪念碑，似乎成了圣萨尔瓦多的一个产业。现在岛上还竖立着三座重要的纪念碑，每一个纪念碑都位于一个蜂巢螺的大种群中间（见 230 页的照片）。为 1893 年举办的庆祝哥伦布到达美洲四百周年庆典和芝加哥主办的哥伦比亚世界博览会做准备，《芝加哥先驱报》（*Chicago Herald*）于 1891 年在此建立了第一座纪念碑。纪念碑的石材是外来的，方尖碑的基部内放有一石灰岩制成的圆球。纪念碑现在已经被侵蚀得很厉害，主要因为蟹礁（Crab Cay）是一个难以到达的地方（从最近的路到此要沿着美丽的海滩走两英里，然后登上一个狭窄的危险斜坡）。纪念碑坐落在圣萨尔瓦多一个蜂巢螺种群最密集的地方。我不认为现在有人会支持这个处于上风、多暗礁的地点是可能的登陆处（尽管这里的悬崖可能反射出了船员罗德里戈第一眼看到陆地的月光），然而纪念碑上写着："克里斯托弗·哥伦布在此踏上了新大陆的第一脚。《芝加哥先驱报》立。1891 年 6 月。"

另外两座纪念碑位于一两英里之外，为西海岸下风处，是更有可能的登陆点，这两个地方都有这一地区广泛分布的、独具特色的蜂巢螺种群。第二座纪念碑位于 1951 年由一个帆船驾驶者在此竖立的方尖碑的旁边，是为了 1992 年举行的纪念哥伦布到达美洲五百周年的庆祝活动而立，并庆祝日本的重新被发现之旅以及给出了对未来的期许：

> 1991 年 10 月，由日本的"圣玛利亚号"基金会（Não Santa Maria Foundation）捐资建造的"圣玛利亚号"的复制品，在从西班牙巴塞罗那到日本神户的途中，在此登陆了。我们向哥伦布及他的船员们致敬，并传递我们希望在未来实现大和谐的愿望：人与国家的和谐、人类与环境的和谐，以及地球与宇宙的和谐。

> 山本春生（Haruo Yamamoto）
> "圣玛利亚号"船长

在长湾发现了 15 世纪后期硬币的地方，1954 年竖立了一座十字架，作为"官方"的纪念碑，上有一个牌匾，简单地写着："1492 年 10 月 12 日，克里斯托弗·哥伦布在此或附近登陆。海军上将塞缪尔·埃利奥特·莫里森，美国海军后备队。"基座上写着另外一些补

　　　　　　　　　　　　　　　达·芬奇的贝壳山与沃尔姆斯会议

充信息：

> 1956 年 12 月 25 日，所有的教堂都在祈祷和庆祝圣诞。美国人和当
> 地人一起为诚实、爱、所有国家间的团结，以及地球的和平祈祷。

至此，我们来到了这个伟大历史故事所有的不安，所有的胜利
和悲剧，所有的戏剧性的关键所在——无论它是如何被一种独特的陆
生蜗牛的小故事所启发或缓和的。我们不应该吹毛求疵。哥伦布开启
了一个新世界，并开始了一个以永久的、根本的方式改变人类历史的
进程。他是一位勇敢而杰出的水手，他的成就配得上圣萨尔瓦多的纪
念碑上一致表达的希望和勇气。因此从狭义上讲，这些信息都是"真
的"，但存在偏颇，因而也会造成误导。

我在阅读哥伦布的航行日记时，常常为其伟大的壮举激动不已，
但心中也经常会泛起对两个持久主题的无比厌恶，这两个主题在纪念
碑上未曾表述过，但也影响了后来的历史。首先是他对黄金的贪婪，
他对这一能够证明他的努力和未来探险成果的货币近乎全身心地投入
寻找。在圣萨尔瓦多，他注意到在一些泰诺人的鼻子上有一些小金
环，他坚持一定要找到金子的来源。他从一个岛到另一个岛，寻找金
矿，想着过不了多久自己一定会找到传说中日本的黄金之岛或中国大
汗的金銮殿。随着他逐渐造访更有权势的酋长，他发现了越来越多的
金子，但却一直没有找到黄金的产地，（很明显）也并未发现东亚的
富饶和传说中的文明。最终，对当地人来说是场悲剧，他在伊斯帕尼
奥拉岛发现了一处黄金资源，他的亲戚在此对金矿的开采加速了对泰

献给哥伦布的蜂巢螺

诺人的奴役和种族灭绝，以及整个巴哈马地区人口的减少。

1492 年 10 月 13 日，到达新大陆的第二天，此时哥伦布已经开始对黄金的寻找，他在航行日志中写道："根据这些迹象可知，向南走或向南绕过岛屿，那里有一个国王，他拥有大型船只，并拥有很多很多的黄金。"塞缪尔·埃利奥特·莫里森在一篇经典的文章中写道：

> 事实上，在第一次航行剩余的所有时间里，他们都在寻找黄金和日本、中国和大汗，但金子是第一位的。在他所到达的所有岛屿上，都没有找到可以带回家以证明自己获得成功的金子。

在巴哈马群岛，他的泰诺人向导说附近有一个叫古巴（Colba，即 Cuba）的大岛，但哥伦布听成了"中国"，立马赶去寻找黄金去了。在古巴，他听到了一个在岛屿的内陆（Cubanacan，意为中古巴）有黄金的传言，但他听成了 *El Gran Can*，想自己马上就能到达金銮宝殿了。在伊斯帕尼奥拉岛海岸，圣诞节前两天，哥伦布听说在 Cibao（当地人对中伊斯帕尼奥拉岛的称呼）有黄金——而他听成了日本。但这次，他的同胞真的发现了金子。

第二，哥伦布非常感激泰诺人的善良和友好。如果没有他们的热情帮助，他的探险之旅无法进展得那么顺利。然而，他的评叙却没有表现出对泰诺人的感激或赞赏，而仅仅是说明泰诺人比较容易统治，可强迫他们劳动。10 月 12 日刚一登陆，他们就开始与圣萨尔瓦多的泰诺人会面并进行交易活动，哥伦布注意到：

我给了他们一些红色的帽子和玻璃珠，以及其他有点价值的东西，他们将玻璃珠挂在脖子上，非常高兴。他们一直待我们很友好，真是太神奇。后来他们游到我们的船上……给我们带来了鹦鹉、成束的棉线、飞镖，以及其他很多东西……他们的一切，非常友好。

接着，哥伦布进行了具有实际意义的观察：

他们没有武器，也根本不知道武器。我将佩剑给他们看，他们竟然无知地直接去抓剑刃，结果割伤了自己。他们没有铁。

哥伦布得出的结论是要对他们进行统治，而不是当作兄弟：

他们应该是极好的奴仆，非常灵巧，我发现他们能很快复述我对他们说的话。我相信，他们应该能很容易地成为基督徒，在我看来他们似乎没有宗教信仰。感谢上帝，我离开时要带走六个人，这样他们就可以学会说（西班牙语）了。

两天后，他越发地公开表达自己想对他们进行奴役的想法了："这些人不会使用武器……只要 50 个人就可以收拾他们，让他们按照我们的意愿行事。"在航程接近结束时，哥伦布在伊斯帕尼奥拉岛非常直白地表达了想对他们进行奴役的计划："他们没有武器，都无法自保，他们都非常懦弱，我们三个人就足以对付他们上千人。因此可以随意使唤他们，让他们去耕种，让他们做其他所有需要他们去做的事。"

于是历史按照莫里森上将所说的那样开始了。新西班牙的矿产和土地需要劳动力，在西班牙人的刀剑和火枪面前，被哥伦布称为"印第安人"（哥伦布错误地相信他到达了东亚）的当地人成了农奴和奴隶。随着伊斯帕尼奥拉岛上的土著因疾病、过度劳累、被虐待和内心的痛苦（毫无疑问）纷纷死去，西班牙总督授权从周边地区抓劳工。他们将目光投向了哥伦布首次登陆的巴哈马群岛，这里面积不大，也好停船，手无寸铁的人无处藏身。在其代表作《早期的西班牙中美洲殖民地》（*The Early Spanish Main*，1952）一书中，C. O. 萨奥尔（C. O. Sauer）写道：

> 牙买加人口众多……然而，鉴于其面积和复杂的地形，需要有组织地远征对本地人进行围捕。古巴的面积大，但所知不多，因此要更费事。另一方面，巴哈马群岛包含很多小岛，但除了飞走，无处可以遁逃，上面的居民非常老实，很容易被抓捕。

从 1509 年开始，主要在波多黎各副总督庞塞·德莱昂（Ponce de León）的指挥下，西班牙舰队开始捕捉巴哈马的泰诺人，让他们在伊斯帕尼奥拉岛和附近的岛上做奴隶。入侵者周密而又迅速地展开了他们的暴行。虽然不同人估计的数字不同，但应该有几万人被掠为奴隶。随着巴哈马群岛上人口的减少，奴隶的价格也从 5 金比索上升到 150 金比索。到 1512 年，仅仅在哥伦布初次登陆 20 年之后，巴哈马群岛上已经没有泰诺人了。（他们在新西班牙的矿山中无法长久存活，后来那些被运来做"替代品"的非洲人也是如此，后者开启了新大陆历史中另一段耻辱的篇章。）在学校里，我们都学过是德莱昂于1513年发现了佛罗里达，并将其视为英勇而又浪漫地寻找不老泉（Fountain of Youth）的一部分。但德莱昂这个杀戮泰诺人的头号刽子手，远航的主要目的是在巴哈马人口已经完全不足的情况下去寻找新的奴隶来源。

巴托洛梅·德拉斯·卡萨斯（1474~1566）作为一个士兵开始展示自己的男子汉气概，于1502年远航到了伊斯帕尼奥拉岛。他参加了对古巴的侵占，并被赐予领地（*encomienda*，皇家授予的带有印第安奴隶的土地）。但德拉斯·卡萨斯改邪归正成为一名牧师。1514年，他积极宣传反对奴隶制和野蛮对待原住民，将自己所获的印第安农奴归还给了政府。1515年，他返回西班牙出庭恳求善待美洲原住民。他后来加入了多明我会，终其一生不断著述，在西班牙和新大陆间穿梭，他积极、热心而有效地提倡仁慈地对待新大陆上的最早居民。

同样，德拉斯·卡萨斯复制了哥伦布的航行日志作为历史写作的参考资料。对于哥伦布在印第安人被征服和奴役的事件中扮演的角色，德拉斯·卡萨斯指出，悲惨的开头已经开启，只有仁慈才能战胜贪婪。德拉斯·卡萨斯明确地讨论了（这段本文前面已经引述过）哥伦布航行日志中的段落：

> 请注意，印第安人的自然、单纯、温顺和谦逊，以及缺乏武器和保护的状况，让西班牙人傲慢地视他们如无物，强迫他们干所能承受的最艰苦的工作，对其进行压迫和残害。很显然，舰队司令（哥伦布）不断放大自己应有的话语权，发号施令肆意而为，开启了对印第安人进行迫

害的先河。

其最终结果就是，作为历史上最大、最残忍的讽刺之一，欧洲人在新大陆上遇到的第一批人成了西方种族屠杀的第一批牺牲品。由此产生的小后果是，哥伦布初次登陆这一人类历史记录或传奇失去了它的历史连续性。因此，我们不得不诉诸一个关于陆生蜗牛的神奇故事，作为一个假定的途径（只要哥伦布曾经采集过一个螺壳，就能保证成功）去解决西半球现代历史中这个最初的谜。

圣萨尔瓦多近三百年无人居住（虽然有海盗在此短暂栖身的传说），直到逃离美国独立战争的英国保皇派到此建立种植园，引入非洲奴隶。这些奴隶的后代建立了圣萨尔瓦多的第二文化，现在呈现出生机勃勃的景象。

我们会淡忘旧的观点，致使历史上的最初的悲剧重演，如同一出派生的闹剧。让我们只关注那些趋于更温和的重演吧。在哥伦布以最残酷的方式摧毁了圣萨尔瓦多的第一文明后。"哥伦布"的长手现在威胁着第二文明，这次不是以死亡的方式，而是以跨国集团的温和地同化。巴哈马外围的大部分岛屿基本上还未被现代旅游业和度假文化开发，但哥伦布登陆的故事已经为吸引人们前往圣萨尔瓦多构成了巨大的诱惑。地中海俱乐部（Club Med）这个经过了百年风雨与当地文化融为一体的小客栈，刚刚建起了一个可能改变这个小岛的重大设施，将这里变成华丽的游乐场。

但有很多力量在对抗这一同质化，我们应该重视起来。这儿有两个例子，先看一下智人的幽默。在圣萨尔瓦多的主干道上有一个小建筑，称自己为"爱德的最初和最终的酒吧"（Ed's First and Last Bar）——人们在访问路边更大、客人更多的大酒馆的前后往往会来此驻留一小会儿。但如今一个新的标志让"最初和最终的"看起来更加有魅力——当然就是"爱德俱乐部"[①]！

第二个例子，如果仅是象征意义，看一下坚韧不拔的蜂巢螺吧。地中海俱乐部和其克隆可能终有一天将覆盖整个岛，它们会扫荡当地的文化遗迹，将其全都变成更温和的（有利可图的）、现代开发的、毫无文化根基的"仙境"。但蜂巢螺将顽强不屈地留在这儿，作为圣萨尔瓦多独特性的标志。除非整个岛屿全被人类翻个底朝天，否则蜂巢螺都将在此生活。强壮、不可摧垮的蜂巢螺对农业或城市没有任何威胁，因此引不起人类的注意。蜂巢螺还生活在对人类毫无吸引力的灌木丛生的海岸线地带。

生生不息的蜂巢螺为哥伦布和原住民泰诺人提供毫无间断的连续性。蟹滩上第一座哥伦布纪念碑附近密密麻麻的螺中的任何一个成员，都可能是当年从"平塔号"上回望时看到的祖先的重、重、重、重、重孙子，这个祖先想必会对它们漫无目的的未来的生活充满好奇。当罗德里戈·德特里亚纳兴奋地喊出第一声"陆地"时，永远地改变了人类的历史。

[①] 这家爱德的最初和最终的酒吧，因为地中海俱乐部的游乐场的出现，而将名字里的"酒吧"（Bar）改成了"俱乐部"（Club），用这个更气派的名字拒绝连锁集团的同化。

12

合家欢赛跑^①中的渡渡鸟

作为一个犹太移民家庭，我们家大部分成员都以自己认为的同化（通常是想象出来的而非真实的）感到自豪，并经常揶揄那些坚持旧的行事方式和语言的人是"新手"。尽管如此，我还能清楚地记得意第绪语轻快的语调被随意地掺杂到腔调浓重的英语中，只是专门用来讲各种笑话和故事，或被顽固不化者作为母语说出。1993 年，我们家族最后一个母语为意第绪语的成员也去世了。那时她已经一百岁了。

当自然或人类的多样性中，这些无价的部分活生生地从我们眼前消失时，我们对维护这些"化石"产品避免灭绝产生了特别的兴趣，虽然有时会对这些微不足道的碎片持有近乎狂热的保护主义。当我们愉快地、完全意外地发现这样的遗存时，我们会对一个平常并不关心的世界赐予的礼物感到加倍幸运——完全出乎我们的追求或期望。最近的两个亲身经历触动了我的心弦，导致我开始思考关于灭绝和保护这一主题。

在纽约下东区的东百老汇大街，我看到了一幢十层的大楼耸立

---

① 合家欢赛跑（Caucus Race），出自《爱丽丝漫游奇境记》第三章，关于本词的译法有很多，这里采用的是赵元任的翻译。指的是一场不关心结果，没有终点的比赛。——译注

在公寓楼中。我注意到沿着顶层凸出且锈蚀的金属写的一些希伯来字母。（第一个单词 *raysh* 已完全脱落了，但刻蚀的石头上希伯来语 *r* 的轮廓还隐约可见。）我很快识别出这个单词是意第绪语，而非希伯来语的，于是我开始拼字：*fay, alef, raysh*（在刻蚀的石头上）……*Farvarts* 或"向前"。我曾在一个名头曾经响当当的出版社，找到了最大的意第绪语报纸的老家。我的很多亲戚每天都买该报，所以我知道这是一份既有陈词滥调又有悲情一面的出版物，这似乎从情感强度上是根深蒂固的，包含有血汗工厂中追求社会公正的运动，建议专栏（或者说成捆的信件）充斥着那些抱怨孩子的现代思维方式的父母所提出的大量问题。我很高兴地知道这个地点以可以识别的形式幸存了下来，即使这个机构最终必须消亡。［现在上城区出版的《前进报》（*The Forward*）依然很兴旺，每周以英语版和俄语版的形式出版。但随着最后说该语言的人死去，意第绪语版的发行量在不断下降。］

几天后，我到电影院去看 1996 年的夏季外太空科幻大片《独立日》（*Independence Day*）。［即使最虔诚的知识分子也无法只依靠简·奥斯汀（Jane Austen）重塑的纯粹的文学口味而活着。］我以前从未注意到位于第二大道和十二大街的这家其貌不扬的影院。但当我进到里面之后，看到了令人惊艳的美丽，布满了摩尔人（Moorish）风格的美妙多彩的瓷砖——好像有点褪色。流行影片占据了这个多厅影院最大的放映厅，也就是原始建筑的旧主厅。在此，瓷砖以特别华丽的图案闪着绚丽的光。随着影片的开始，外星战舰在我们的城市上空盘旋。我抬头看了一下天花板，注意到黑瓷砖在中央排列成一个巨大的椭圆，竟然与大屏幕上的飞碟完全相同，虽然很怪异，但（很明显）

完全是巧合。接着我在瓷砖的中央看到了大卫之星（Star of David）[①]！

《独立日》将现存的最好的纪念物在我的祖先文化的另外一个伟大机构——一个意第绪语剧院——展现了出来。我没有意识到在第二大道是否还有可辨识的其他旧时"意第绪语丽都街"建筑存在，我记得我有亲戚回忆起了意第绪语的《李尔王》，或旧意第绪语音乐剧的美妙音调。我后来得知，我曾去过建于 1925 年的路易斯·N. 杰斐艺术剧院（Louis N. Jafee Art Theater），直到 1945 年那里一直有意第绪语的演出，并在 1961 年到 1965 年短暂复兴过。我只想起自己钟爱的华兹华斯（Wordsworth）的诗句："旭日初升，灿烂辉煌／可我知道……尘世的光辉荣耀已从大地消亡。"

如果我们将充满活力的多样化的细节视为是珍贵和荣耀的，而非柏拉图式精华上的多余之饰品，那么保护它就变成了最崇高的召唤之一，一个人可以为之奋斗终生。我不会讨论保护的快乐一面，即让那些将缓慢消失的体系恢复活力，否则将在劫难逃（尽管听从这一召唤的人会得到双重的庇佑）。相反我会把注意力放在那些人们在挫折中视为伟大实践的东西身上，斯多葛学派的终极工作，众多谚语的化身，其中最好的代表莫过于在马永远脱缰之后关闭厩门：对永久消失的人、文化、物种和地方遗迹——通常很小、很细碎，现状可怜——进行孜孜不倦的收集与细致的保护。

在我所在的博物学领域，负责保护这些物品的应该是博物馆的有关人员，他们具有馆长或藏品守护者的头衔。通常馆长们的地位（或

---

① 又称六芒星、所罗门封印、犹太星等，是犹太教和犹太文化的标志。以色列建国后将大卫星放在以色列国旗上，因此大卫之星也成为了以色列的象征。——译注

薪水）不高，这很大程度上是因为我们没有公平地评价他们的工作，包括本文中强调的拯救工作。我们对于保护工作的轻视要么着实令人十分悲伤，要么几乎是可笑地无助（抽屉中的一个鸟喙，而不是丛林中上万只羽毛鲜亮和歌声美妙的鸟儿），这让我感到极度的不公平。

我遇到过的所有馆长都喜欢让遗迹恢复生机这一令人高兴的任务。几乎所有从事这类工作的人会为最后一只怀孕的渡渡鸟冒一次险。但难道我们不应该佩服那样一种人吗？他们在面对超出个人能力所及的悲哀现实时，并没有龟缩在最近的角落哭泣或者把错误归因于其他，而是勇敢地去拯救一切可以挽救的东西！

最重要的是，保护的高尚来自历史自身的本性。我们不必担心我们没有来自佛罗里达的寒武纪石英标本，或不能拍一张侏罗纪彩虹的照片。这些简单的东西是大自然不变法则的产物，不会因时间或地域的不同以有趣的方式发生变化。但对于那些复杂的历史对象，原则上是不可预测的，它们所有的细节和不可重复的荣耀只能产生一次，除非我们能够保存它们真实存在过的记录，否则它们必将从人类的认识中彻底消失。地球上数以百万计的物种在生前或死后都没有留下展现它们存在过的哪怕一块化石。我们将永远也不会和它们打招呼，对于一个奢望掌握全部生命历史的古生物学家来说，这是多么可悲。想了解一种物理现象，我们必须弄明白控制其发生的规律。想了解历史的存在，我们必须保存记录。祝福记录者和收藏家吧（见第9篇那个心酸而又不同寻常的保护实例）。

我倾向于认为管理员是英雄而非无用之物，他保存三个具有特别象征意义的重要灭绝事件的琐碎记录：第一种大型陆生哺乳动物灭绝

于 1779 年；历史上由人类导致的第一种动物的灭绝发生在 17 世纪
80 年代；在新大陆因西方人造成的第一个种族灭绝的人类族群，始
于 1492 年，结束于 1508 年。

有两个共同特征激起了我的兴趣，让我知道了关于人类心理学和
西方生活的概念性偏见的某些重要性。首先，在每个实例中，只有微
不足道的记录可以挽救，所有杰出的保护主义者都聚焦于这些特殊的
悲伤事件，将其视为感觉不到的损失的象征。其次，似乎存在一些古
怪的矛盾，所有主要的评论家都将生物灭绝的原因贬低为它们自身的
不足——仿佛是要弥补所有贪婪导致的罪行，遂将保护放在了首位！
难道就是因为我们不能接受这样真实的结论，即这些悲惨的事件真的
不是一定要发生的，我们才总是要责怪受害者吗？不足必然导致最终
的厄运，但卓越则不一定会消亡。

1799 年，南非一个猎人射杀了最后一只蓝马羚（*Hippotragus
leucophaeus*）。这种动物当时已经很少，仅生活在一片很小的区域内，
直到 1719 年才引起了欧洲人的注意，并且到 1766 年才得到正式的科
学描述。西方文化当然给了它致命一击，但无论是纯粹从自然的角度
看，还是部分从其退化的生境看（早在公元 400 年非洲原住民就将绵
羊引入了这一地区，导致生境迅速退化），蓝马羚早已经处境不妙。由
于与它们接触的时间不长，对它们知之甚少，且它们本身又十分稀少，
从而导致所有可靠的记录几乎都没有了。目前仅有四具保存在博物馆
中的标本，我在之前的文章"四角羚羊启示录"（Four Antelopes of the
Apocalypse）中谈及过这个故事［在《干草堆中的恐龙》（*Dinosaur in
a Haystack*）中有收录］。所有评论家都援引遗骸保存极少的事实，来

回避这一特别故事的道德含义，以及它所代表的普遍性。

人类导致的第一次有记录的灭绝，几乎成为了一个必然的符号，尽人皆知，在各种交流中经常出现——无论是概念上，还是肖像学上，甚至是语言上。英语中"死如门钉"（Dead as a doornail）仅指不能动，因为门钉是一个螺钉，而非一个紧固件。而"死如渡渡鸟"（Dead as a dodo）则意味着完全、永远地完蛋了。

马斯克林群岛（Mascarene Islands）位于马达加斯加岛以东的印度洋上，包括毛里求斯岛、留尼旺岛和罗德里格斯岛，由于人类活动直接和间接的干扰，岛上很多特有鸟类灭绝了。所有灭绝物种的典范和原型也出自这里，不会飞的、独特的鸽子家族所有三个成员都灭绝了：罗德里格斯岛上的愚鸠（solitaire）最晚见于18世纪90年代；留尼旺岛上的愚鸠（可能与渡渡鸟的亲缘关系更近）灭绝于1746年；毛里求斯岛上著名的渡渡鸟最后一次有人遇见是在17世纪80年代早期，可以确认到1690年已经灭绝。

尽管葡萄牙水手在16世纪早期已到达过无人居住的马斯克林群岛，在雅各布·科尼利厄斯·范内克（Jacob Cornelius Van Neck）关于1599年回到荷兰的航海叙述之前，没有发现关于渡渡鸟的记录。1605年，在朋友、解剖学家彼得·帕乌（Peter Paauw）的家中观察了一只渡渡鸟的脚后，植物学家卡罗卢斯·克卢修斯（Carolus Clusius）[1]首次对渡渡鸟进行了科学描述。

---

[1] 卡罗卢斯·克卢修斯，又名夏尔·德莱克吕兹（Charles de l'Écluse，1526~1609），荷兰植物学家。他在1592年为莱顿大学建立了一座植物园，这也是荷兰的第一座植物园，是世界上最古老的植物园之一。——译注

引自理查德·欧文的《渡渡鸟研究报告》（Memoir of the Dodo），
1886年，伦敦。

大个的渡渡鸟体重超过50磅，其腿短、头大、身体近方形，羽毛灰色带点蓝色，面部无羽毛，喙大，顶端具一强壮的钩尖。翅膀小，显然没有用（无法进行任何形式的飞行）。渡渡鸟在地上做窝，每次只生一个蛋。

还有什么比一只笨拙、不会飞的大鸽子更容易被捕捉呢？荷兰水手不喜欢吃渡渡鸟，最初称它们为难吃的鸟（*Walgvogel*）。但有些部分做好了，还是很好吃的。可以说，没有哪艘船上的食物供给者会弃这样免费而丰富的肉类供应而不顾的，它们的腿上（或退化的翅上）满满的都是肉。然而，人类的捕食可能并不会终结渡渡鸟的命运，它们的灭绝主要来自人类干扰的间接影响。早期的水手将猪和猴子带到了马斯克林群岛上，这两者都是能生易养的大户。这两种外来户都很喜欢渡渡鸟的蛋，在地上的窝中很容易取得，大部分博物学家都将渡渡鸟的灭绝主要归罪于它们，而非人类的直接行为。无论如何，自17世纪80年代早期后，就再也没有人看到过活渡渡鸟了。1693年，法国探险家乐高特（Leguat）[①]在岛上花了几个月的时间全力寻找渡渡鸟，但一无所获。

　　渡渡鸟为我的两个相互冲突的原则提供了特别好的注解：对遗存物保护的缺乏而痛惜和将受害者消亡的主要原因归于其自身的不足。人类与其接触的时间可能少于一个世纪，但渡渡鸟在当地数量很多，且情况记录良好。正是因为如此，我们博物馆中那点少得可怜的遗骸，就成了这个所有灭绝动物的模范的证据。现存的几幅17世纪的油画和素描图，有些是在欧洲绘的，很明显是根据活体画的。我们没有绝对可靠的证据说是否有活着的渡渡鸟曾到达过西方国家，但大量的间接证据表明，有九或十只渡渡鸟曾到过荷兰，两只到过英格兰，一只到过热那亚，两只明确到过印度，甚至可能还有一只到过日本。

---

① 乐高特（François Leguat，1637/1639~1735），法国探险家、博物学家。1708年出版过一本书名巨长、法文写成的描述自己探险经历的书，该书的英文译本名为《东印度群岛新旅》（*A New Voyage to the East-Indies*）。——译注

1848 年，关于渡渡鸟的经典专著的作者斯特里克兰 [①]，说过证据的
缺乏：

> 我们仅有航海者不科学的简略描述，三或四幅油画，一些被忽略了
> 两百年而侥幸留下来的散落骨片。在大多数情况下，古生物学家则有更
> 好的数据确定一个很久前就灭绝的物种的动物学特征。

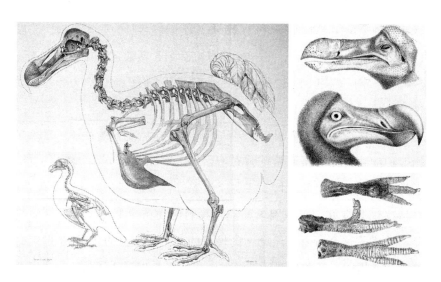

欧文的《渡渡鸟研究报告》中的骨骼素描图。脚和头骨图片引自斯特里克兰
和梅尔维尔（A. G. Melville）1848 年出版的《渡渡鸟及其近亲》（*The Dodo
and Its Kindred*）。

现在还有一些残破的骨架和很多分散的骨骼装点着我们的博物

---

① 斯特里克兰（H. E. Strickland, 1811~1853），英国地质学家、鸟类学家和博物学家。——译注

馆，它们大部分是 1850 年后从毛里求斯的沼泽中挖掘出来的，但在人类看到活着的鸟类方面留下的证据却少得可怜。在哥本哈根仅有一个头骨，在布拉格有一点喙。至于有血有肉的，我们现在仅有保存在大英博物馆的一只脚，以及牛津的一个头和一只脚了。对于一只在我们的传奇故事和历史中占据如此中心地位的动物来说，这是多么可怜的遗产啊！

最后的渡渡鸟的故事特别悲惨。在约翰·特雷德斯坎特（John Tradescant）的收藏中有一件完整的剥制标本，他是英国第一个重要的自然历史博物馆的发起者。特雷德斯坎特将自己的收藏品全都赠送给伊莱亚斯·阿什莫尔（Elias Ashmole），后者则建立了牛津大学的阿什莫尔博物馆（Ashmolean Museum）。在这里，渡渡鸟的标本备受冷落、腐烂殆尽，直到 1755 年，博物馆的主管委托人将"最后的渡渡鸟"付之一炬（这里引用的是斯特里克兰的原话）。一个聪明的管理员设法救下了头和一只脚，事实上这也就是由现代人导致灭绝的第一种动物仅有的肉体证据了。近一个世纪之后，大地质学家莱伊尔（Charles Lyell）以沉痛的笔触描述了这一"亵渎神灵"的行为，庄严地表达了所有真正管理者的职责：保存那些我们无法保证其存活的生物的遗骸，即使我们无法保存遗骸也要保存相关记录——以免我们忘记，我们不能忘记：

有些人抱怨说，除了每个人的出生和死亡日期外，刻在墓碑上的铭文传递不了其他信息，人人都有这一天。但一个物种的死去却是自然历史中的重大事件，值得纪念。我们从牛津大学的档案中获知最后一只渡渡鸟标本（它是在阿什莫尔博物馆无声地烂掉的）的残骸被抛弃的准确日期和年份，其意义重大。

斯特里克兰用同样的论点来证明出版一本关于"第一次证实了因人类活动导致的生物灭绝的实例"的专论所花的时间和代价是有意义的。我们可以在当前人为导致的生物灭绝速度大大提高了的时代，重温一下他的预言：

> 看着任何一种生物最后一个个体的死去，我们都会感到遗憾，它们的祖先在人类出现在地球上之前就已经存在了……人类的文明进步不亚于人类数量的增加，并通过持续地挖大自然的墙脚扩大自己的艺术地理领域，因此未来的动物学家和植物学家所研究的对象将会远远少于我们今天看到的。因此，当博物学家无法维持物种的生存时，他们有责任保护好这些古老的、已灭绝了的生物的知识的科学宝库。于是乎，我们对动植物生存之奇迹的认识，不会因造物似乎注定要承受的悲剧而造成任何损失。

然而，面对所有这些悲观和决定性的表达，在可怜的渡渡鸟还活着的时候，或者更晚些时候需要对渡渡鸟的灭绝从根本上进行解释时，几乎没有博物学称赞过它，而"谴责受害者"似乎要比承认一个显著的可避免的悲剧容易得多。哪种动物曾遭受过更多的调侃和嘲笑呢？诚然，从我们传统的审美标准看，渡渡鸟不是一种可爱的生物。以我们不恰当的标准看，这种鸟似乎很笨拙，步履蹒跚，不能飞行，

　　　　　　　　　　达·芬奇的贝壳山与沃尔姆斯会议

必须要在空旷的地面上养育雏鸟。但是，我们不是被教导过不要以貌取人吗？我们能不能如英国伟大的解剖学家理查德·欧文的话说的那样，捍卫其"丑陋的美丽"？

相反，我们所做的尽是嘲讽和侮辱。各种关于渡渡鸟一词的不同语源学理论只在一点达成了共识：无论词源为何，含义肯定都是贬义的。有人说 *dodo*（渡渡鸟）一词源自葡萄牙语的"愚蠢"。（这不太可能，因为到过马斯克林群岛的葡萄牙水手都没有提到过渡渡鸟。）另外有人认为来自 *dodoor*，荷兰语中的"懒鬼"。大多数 17 世纪的资料说是源自荷兰水手经常用的名字 *dodaers* 的变体，大体意为"死胖子"。此外，正式的学名就更不讲究了。林奈称其为 *Didus ineptus*，其中 *Didus* 是 *dodo* 拉丁化的写法，而 *ineptus* 即原因很明显的意思。现在的鸟类学家经常用其更早的名字 *Raphus*，这是博物学家莫伦（Moehring）取的，是荷兰语中 *reet* 一词的拉丁化写法，即臀部一词的粗鄙写法。

从一开始，甚至渡渡鸟还在毛里求斯"鸟丁兴旺"的时候，欧洲人对它们的描述就透露着鄙视。例如，在 1658 年，博物学家庞修斯（Bontius）在它们还没有灭绝之前，就开启了谴责这一受害者的传统了，将它们易于捕捉视为其缺陷："它们长着一个难看的大头……这是一种走不快的蠢鸟，很容易成为捕鸟人的猎物。"

1690 年后，蔑视它们的声音有增无减，至此都在谴责渡渡鸟应该自己为其独特的命运负责了。考虑到 18 世纪中期的描述最终决定了科学中的审美，大博物学家乔治·布丰（Georges Buffon）有一句今天广为流传的格言：文如其人。（*le style c'est l'homme même.*）如在第 20 篇所述的，布丰认为树懒是丑陋的原型，是哺乳动物中的有缺陷者。因此就视渡渡鸟为鸟类中的树懒，布丰的观点清晰又刻薄：

> 其身形庞大，宛如立方体，两条胖胖的短腿几乎支撑不起其身体。其头是如此之特别，有人可能会将其视为怪异画家的幻想。这个脑袋长在一个粗壮肿大的脖子上，巨大的喙几乎占据了整个脑袋……这一切都让其看上去愚蠢而贪吃……通常喻示动物力量的体重，在它身上只能导致嗜睡……渡渡鸟堪称哺乳动物中的树懒：人们可能会说这种鸟是由野蛮和懒惰的材料制成的，活力分子太少了。它长有翅膀，只是太短太无力了，无法让身体飞起来。它也长有尾巴，但一点也不成比例，且长得也不是地方。你可以把它当成一只装饰有鸟类外表的乌龟——而自然在给予了它这种没有丝毫用处的装饰物后，几乎显露出一种意愿：让其体积变得更尴尬，让其运动更笨拙（*gaucherie*，最初是法语的词，现在也基本是一个英文单词，字面上指左撇子），并且让这种生物令人惊奇般地更加沉重，当我们意识到这是一只鸟时。

有趣的是，只有斯特里克兰这位研究渡渡鸟最刻苦的学者和专论作者，在 1848 年的论文中为这种鸟说过好话。我们可能会根据我们自己的标准对这种生物不屑一顾，因为甚至连斯特里克兰都说过："我们应当明白，这种鸟大而笨拙，体形丑陋，行动迟缓。"但我们能怪谁呢，当上帝创造每一种动物的时候，都是按照它们所属生命模式的最佳状态进行的：

　　　　　　　　　　　　达·芬奇的贝壳山与沃尔姆斯会议

无论它们在那些复杂的结构方面存在怎样的缺陷，无论我们对其他生物的这些类似的结构有多么赞叹，我们都要小心不要将这些异常的生物视为有缺陷。每一种动物和植物的特有结构都有存在的意义，均是为了维持自己的生存，并非为了获取其他生物的赞赏。因此，它们的完美不在于器官的数量和复杂程度，而在于整体结构适应它们产生以来所生活的环境。这样看来，我们就会发现生物的每一个器官都是同样完美的。

　　但更有趣的是，斯特里克兰依然觉得他一定要为渡渡鸟的灭绝找出一个基于必然性的合理解释，而非出于偶然事件和可避免的掠夺。于是他提出，物种像个体一样，可能也存在着出生、成熟和死亡的固定生命周期——人类只不过是加速了这一不可避免的结局：

　　　　事实上，物种的灭绝很可能与个体的死亡一样，是大自然的法则。但是灭绝的这种内在倾向可以归咎为暴力，也可以被归咎为偶然原因。众多的外部因素在不同时期也在影响着生命的分布，在当前有一种因素已经在独自起作用了，那就是人类的活动。

　　英格兰最优秀的解剖学家，理查德·欧文，却不会让斯特里克兰这样的声音得逞。在其 1866 年关于渡渡鸟的专论中，欧文斩钉截铁地重申了这种鸟的先天不足。援引林奈对其进行的命名，欧文写道：

　　　　当前这种渡渡鸟（*Didus*）的大脑非常小，如果将之视为鸟类智力的指标，用 *ineptus*^① 作种加词再合适不过了。

接着，欧文将渡渡鸟的退化归结于毛里求斯岛上安逸的生活，这里没有天敌和竞争对手：

> 在渡渡鸟的生存期间，毛里求斯岛上没有哪种动物让它们需要时刻保持警觉，或者让它们努力求生。对于保持一夫一妻的它们，像其他鸽子那样季节性或交配前的激烈竞争可能也是不存在的。我们很容易就可以猜想到，这种鸟一定是懒洋洋地、笨拙地觅食和交配，没有什么能刺激它们大脑按照身体比例进行增长。

接着，欧文明确地对斯特里克兰的普遍适应和局部完美的观点进行了攻击，引用两位伟大的法国博物学家布丰和拉马克的理论，支持他关于渡渡鸟真正退化的观点：

> 渡渡鸟证明了布丰的观点，物种是在不断退化中通过偏离完美的原始类型起源的。一个运动器官的停止使用和另外一个器官的超常使用所产生的已知后果表明，其次要原因可能在这种鸟的产生中起作用，这与拉马克的哲学观念相吻合。

最后，欧文亮出了底牌：灭绝这一简单的事实难道不是完全咎由自取吗？简单地说就是要怪其先天的缺陷。

---

① 词根为 *inept*，意为笨拙的、无能的。——译注

然而，如我们所具有的或感到的，必须弄清真相。最终，将可能会证明是源自更可被接受的原因。由于自己的退化或结构的缺陷，无论是怎样造成的，渡渡鸟已经灭绝了。

因此，欧洲人在新大陆（以及岛屿上的）首次遇到的人类群体也是因为被掠夺、开发和杀戮迅速毁灭的。上一篇文章讲述了1492年10月12日哥伦布达到新大陆后，发生在巴哈马群岛上的泰诺人身上的悲惨故事，随着被强制迁走和在伊斯帕尼奥拉岛采矿，到1508年，他们被连根拔起。哥伦布称赞巴哈马群岛的泰诺人的体态，羡慕他们高大的身材和美妙的外表，在航行日志中这样写道："他们的身材匀称，体态优雅，相貌俊朗。"哥伦布还注意到了他们易于奴役的可能性："他们没有武器，也对武器一无所知。他们没有铁……五十个人就可以把他们干掉，让他们唯命是从。"哥伦布在巴哈马群岛上毫无所获，甚至连一枚能确定其最初登陆点的蜂巢螺壳都没有带走（见第11篇），因此后人没有在巴哈马群岛本土找到超越口头记录的更有利的证据。

在19世纪80年代，殖民扩张达到了顶峰，西方世界依然对其他文化的"下等"人民的奴役（甚至种族屠杀）的历史毫无反思，开始准备庆祝哥伦布首次抵达北美四百周年的纪念。同时，一位我最喜爱的科学家路易斯·阿加西（Louis Agassiz）的关门弟子，到巴哈马群岛研究海洋无脊椎动物的解剖和胚胎。作为一个具有广泛好奇心的人，约翰·霍普金斯大学的动物学教授布鲁克斯（W. K. Brooks）将注意力转移到了当地博物学的另外一个方面。他开始关注当地原住民的命运，发现根本没有关于他们的遗体的解剖记录。他开始进行调查，在洞穴中发现了一些骨架，但从未进行过正确的描述。布鲁克斯与当地的收藏者进行合作，研究欧洲人第一次遇到的鲜活而复杂的文化所留下的这些微不足道的遗产。布鲁克斯在《国家科学院回忆录》（*Memoirs of the National Academy of Sciences*，1889）上发表了他的专业研究结果，这是他唯一的一项人类学研究，同年又在《大众科学月刊》（*Popular Science Monthly*）上为普通公众撰写了一篇科普文章。

布鲁克斯在其科普文章的开篇，把要陈述的内容与即将到来的哥伦布的庆典联系了起来，悲愤地哀叹其破坏是如此残酷与彻底，仅有一种巴哈马的原始文化保留了下来——作为一些空洞的词语，而不是一种可感知的事物！

在这三年里，世界各国都会联合起来庆祝哥伦布发现新大陆四百周年，在我们看来，这是人类历史上最伟大、最重要的时刻。在我们意识到这一重大事件的深远意义时，我们忘记了吗，西班牙人发现美洲的方式，难道不是就像海盗发现了一艘带着无助的船员的船一样吗？……（他们）发现巴哈马群岛上繁荣富足，人人幸福……然而，仅仅12年后，有超过5万个男人、女人和儿童，在奴隶主的皮鞭下死于异乡。整个族群完全从地球上消失，这些首次欢迎我们到来的人对我们的文明留下的唯一印记只剩一个单词，它伴随着大量的文章，传遍了整个世界。（他们）给了我们吊床，这个卢卡约词是他们留下的唯一遗迹。

［另外一些词，包括 *tobacco*（烟草），源自同一语族。但哥伦布是在伊斯帕尼奥拉岛第一次见到烟草的，*hammock*（吊床）一词进入西方语言，则完全是巴哈马人的贡献。］

按照本文主题的一般模式，布鲁克斯接着将悲剧的焦点对准了极度缺乏的遗骸上，并对抢救工作表达了特别的喜悦：

> 他们存在的所有痕迹几乎完全被入侵者抹掉了……西班牙人没有时间，也没有兴趣进行人类学的研究，他们的零星记录没有给我们留下有关这些被他们毁灭的人的知识，因此当我在巴哈马有所收获时，我感到非常高兴……这些材料有助于研究他们的解剖特征。

然而，布鲁克斯同样遵循了标准的模式，在进行干巴巴的解剖描述时也添加了一些轻蔑的表述——好像是在说巴哈马人的灭亡是源自他们本身的低劣。他认为自己发现了两个人种低劣的迹象。首先，他陈述了原始族群和低等哺乳动物的相似性："人类头骨中的某些变异，在人类中是例外，但在其他哺乳动物中却很常见。在这些野蛮人中，这些变异恰恰比在文明的种群中更普遍。"于是乎，尽管样本很少，但布鲁克斯还是确认了这一原则：

> 在四个卢卡约人的头骨中，有两例，也就是百分之五十的，在人字缝处有三角状骨，这一特征似乎没有任何特殊的形态重要性，只是表明了野蛮人或原始族群可能比文明人在骨骼特征上变化更大、更不规则。

其次，布鲁克斯将头骨的几个特征视为"野蛮的"象征，甚至肯定了哥伦布的印象，身材好、体格健壮（见第 11 篇）。他在学术著作中更加冷静地写道："连接在枕骨和下颌骨的强健肌肉，以异常突出的眉脊（弓），让这些头骨给人以野蛮的印象，说明他们一定是不同寻常的肌肉男。"但在其为大众写的文章中，语言更为狂热和充满偏见：

> 他们的下巴突出，长着真正的野蛮人的强大脖子和颌肌，头骨的轮廓不具备文明种族男人的柔和性和精致性。

我承认，我在调和早期文献关于保护我们最初破坏的残迹中的两个不变的和矛盾的主题上遇到了麻烦：一方面是即便对于最不起眼的残留物，也有拯救的热情和高尚的意义；一方面是贬低保存为文物的生物，并且将其绝灭基本上归结于自身的缺陷——我们为什么要费尽心力地去保护这些没用的东西呢？不过我并不怀疑，且十分尊敬科学成就和道德实践的真实感情，它们作为独特的记忆参与了对微不足道的文物的抢救。当布鲁克斯写道是真实的物体，而非复制品或单纯的文字激发出他的灵感时，他极好地表达了心理的层面：

> 一些破碎的人骨不会引起人们多少内在的兴趣，但在我为熟悉的故事赋予生命和生动的细节时，我桌子上的卢卡约人（巴哈马土著）的头骨……让发生在巴哈马群岛上的事件的所有细节一下子清晰了起来。

至于贬低的倾向，我认为我们需要用新概念和隐喻取代用于预测生命历史发展的错误和压抑性的观念（听起来有些可悲，低等生物必然要走向毁灭），无论这种观念对于所有重大事件因果关系的解释有多么令人欣慰。幸运的是，我们可以在一本讲述过渡渡鸟外貌的最著名的文学作品中，发现一个很好的例子和纠正的机会。

　　刘易斯·卡罗尔（Lewis Carroll）视自己为一个笨拙之人，并因此与渡渡鸟形成强烈的共鸣。在《爱丽丝漫游奇境记》（*Alice in Wonderland*）的第三章中，在所有的角色都湿透了后，一场关于什么是变干的最佳方式的漫长而又喧嚷的讨论爆发了。最终，渡渡鸟进行了决断。"我提议，"他说，"会议休会，立即采取更有效的方法。""让我们变干的最好方法，"渡渡鸟继续说，"就是来一场合家欢赛跑。"于是，渡渡鸟画出了一个圆形跑道，让所有的参与者都胡乱地站在起点：

　　　　不用喊"一、二、三，开始!"，而是谁想开始就开始，谁想停下就停下，所以，要知道这场比赛的结束是不容易的。它们跑了大约半个小时，衣服大体上都干了，渡渡鸟就突然喊道："比赛结束了!"

参与者被搞糊涂了，不停地问："谁赢了？"

　　　　对于这个问题，渡渡鸟得好好考虑一下才能回答。因此，它站着用一个指头压在前额上想了好长时间（就像你经常在照片上看到的莎士比亚的那种姿态)，在这段时间里大家都安静地等着。最后，渡渡鸟说：

刘易斯·卡罗尔 1865 年出版的《爱丽丝漫游奇境记》
一书中,约翰·坦尼尔(John Tenniel)绘制的插图。

达·芬奇的贝壳山与沃尔姆斯会议

"每人都赢了，而且都有奖品！"

我想，生命之旅更像一场合家欢赛跑，而非沿着一条直线跑道跑，这样的话那些勇敢、强壮和聪明者必然赢得比赛。如果我们真的在概念上接受这一比喻，我们甚至应该能够采取更好的角度考虑人类活动的道德后果，如同刘易斯·卡罗尔的聪明的渡渡鸟所说的：不对参与者进行评判，没有赢家也没有输者，合作到达终点，所有人都获奖。（当然，对于人类所有的活动，没人想进行合家欢赛跑。有些人比另一些人钢琴弹得好，有些人比另一些人棒球打得好，这些成绩都应该得到承认，获得奖励。但当我们谈起人生的根本和终极价值时，合家欢赛跑的评判就成了最聪明的。）

既然说到了比赛，最后，让我们再回忆一下我们的文学中有关有益谦卑（甚至由此产生了自由）的最著名陈述。我们应该承认世界不会尊重我们的偏好，经常是随机地操控我们的希望和意图，唯有如此，我们才能获得有益的谦卑。渡渡鸟的灭绝真的没有道德上的意义，也不是必定会发生的。如果我们承认真实事件的偶然性，我们甚至应该学会阻止不想要的结果再次发生。《传道书》（*Ecclesiastes*）为传道者写道："我又转念，见日光之下，快跑的未必能赢，力战的未必得胜……所临到众人的，是在乎当时的机会。"

13

沃尔姆斯会议与布拉格抛窗事件

我曾经鼓足勇气吃了一只蚂蚁（裹着巧克力的）。结果并没有恶心的回忆，但也没有重复此事的欲望。因此我能体会到可怜的马丁·路德（Martin Luther）于1521年4月，在其职业生涯的关键时刻所承受的痛苦，当时他吃了10天的虫子[①]（我觉得应该是用大量的酒冲下去）。

我天生就是一个收藏家，与存放标本的物理橱柜相比，精神有更多的空间存放词组和事实。所以我用大脑中的一个架子来保存历史上最有意思或者最吸引人的词组。"沃尔姆斯会议"一直是我的金牌标本，而我把第二名的地位留给了欧洲历史另外一个D字母打头的短语：1618年发生的"布拉格抛窗事件"——三十年战争的"官方"导火索，

---

① 此处是作者幽默的表述，Diet of Worms 实际指沃尔姆斯议会，这是1521年1月28日至5月25日由神圣罗马帝国在德国莱茵河上的小镇沃尔姆斯主办的会议。其中最重要的议题是对马丁·路德的处置。在沃尔姆斯会议前一年（即1520年），教皇里奥十世发出了一道训令，要求马丁·路德收回他《九十五条论纲》中的四十一条及由他所著或与他有关批评教会的著作。在沃尔姆斯会议上，马丁·路德被传召来重申其立场。议会最后决定马丁·路德违法，禁止他的著作，并下令逮捕他。——译注

是西方文化中最广泛、最骇人听闻的和最没有意义的冲突事件。

我并不相信间接的经验，而是愿意走很远甚至很荒唐的路去站到正确的位置上，或者把手放在恰当的墙壁上。我本来可以不去考察布尔吉斯页岩就能写出来《奇妙的生命》（*Wonderful Life*）这本书，但这是对其的极大亵渎！沃尔科特的化石采石场是神圣之地，离主干道只有区区 4 英里的路程。

所以我应邀前往海德堡做报告，按照约定主办方驱车带我去了沃尔姆斯附近，会议召开的地方。（三年以前，我曾经站在布拉格广场上那些尸体从上层窗户里被抛出来摔落的地方。）随着对庞蒂女士（Mrs. Ponti）五年级的欧洲历史课上最让我感兴趣的词组的发源地朝圣的完成，我可以更加正式地思考两个 D 词组背后可悲的共同主题——即我们受诅咒的部落倾向导致的分裂与对立派系的形成，斗争，然后按照我们正义的判断确认我们的对手是坏人，全力摧毁他们的教义信条（通过审查和火烧）或者消灭本体（通过种族灭绝）。沃尔姆斯会议与布拉格抛窗事件标志着围绕西方历史中心主题的仇恨和流血悲剧中的两个主要事件，其中一个事件有着辉煌的一面——把"普世的"基督教分裂成了天主教与新教。

神圣罗马帝国的议会或管理机构于 1521 年在伟大的中世纪莱茵兰州的沃尔姆斯城召开会议，部分原因是要求马丁·路德改变其论调。（德国的资料中为 *Reichstag*。而且德语鱼饵①的拼写含有 u，而不是英语中的 o。因此在原始材料中的 *Reichstag zu Wurms* 并没包含烹饪的素材。）

---

① 即昆虫的英文 Worms 对应的德文 Wurms。

在学校里我了解到了马丁·路德在沃尔姆斯会议之前的英雄事迹。据我所知，这个故事（通过阅读最近的几篇传记得到证实）以一种准确的方式报道了实际情况——因此在关键部分是"真实的"，而有些部分很吓人，因此在另外同等重要内容的不完整而导致故事有误导性。路德在1521年1月被教皇里奥十世（Pope Leo X）逐出教会，而后在神圣罗马帝国对其安全的保证下来到沃尔姆斯，在好战的天主教徒与新当选的神圣罗马帝国皇帝查尔斯五世（Charles V）面前证实或撤回其言论，后者是中欧与西班牙哈布斯堡王朝的继承人，西班牙君主斐迪南（Ferdinand）与伊莎贝拉（Isabella）21岁的孙子，曾赞助克里斯托弗·哥伦布进行航海。

路德在当地所有阶层人民的支持下，其中包括其最有力的保护者、萨克森州选帝侯腓特烈三世（Frederick the Wise），在4月17日出现在查尔斯五世与皇家议会面前。当被问及是否要撤销书中的内容时，路德要求考虑一段时间（毫无疑问是为慷慨激昂的演讲做准备）。皇帝给了一天的时间，路德于4月18日返回，做了其最著名的声明。

路德先用了德语然后用拉丁语，宣称他无法否定自己的工作，除非证明与《圣经》相违背或者有逻辑问题。他可能是用西方历史上最著名的一句话来结束演讲（也可能没用，报道多变）：这是我的立场；我别无选择，求神帮助我；阿门。（*Hier stehe ich; ich kann nicht anders; Gott helfe mir; Amen.*）

面对路德的不妥协，皇帝与议会的一部分成员于5月8日颁布了沃尔姆斯法令。但因为路德在当地的支持力度，禁止路德工作并拘留

1521年4月，马丁·路德于沃尔姆斯会议上在神圣罗马帝国的皇帝查尔斯五世前为自己辩护。

他的文件无法得到执行。相反在腓特烈三世的保护下，路德"逃"到了瓦尔特堡（Wartburg），在那里把《新约全书》译成了德语。

这是一个激动人心的故事，激发出了西方自由与知识传统中一些美好的主题：思想之自由，个人挑战权威，具有深邃思想的人面临世纪重压所拥有的力量。但稍加深入研究，在公开的圣徒传记与经院的道德标准下，你很容易在各个方面陷入无法容忍和混乱的泥潭中。剥去诸如"信仰决定一切"这样高高在上的概念的外衣，你会遇到一个世界，这里任何主要的思想都会成为一个试图建立社会秩序的政治手段，或者遥远的教皇和地方机构之间权力斗争的工具。考虑到沃尔姆斯法令中可执行的章节，我们以现代烹调意义上关于饮食的一个隐喻来做结束：

> 我们希望所有路德的书都该禁止售卖，也希望这些书都被烧毁……我们遵从值得称颂的训令和善良老基督徒的习惯，他们烧毁并禁止像阿里乌（Arians）、百基拉（Priscillians）、聂斯脱利（Nestorian）、优提克（Eutychians）和其他这样异教徒的书籍，甚至包括书中所写的所有无论是好还是坏的东西。这样做很好，因为如果我们怕身体有染病的危险而坚决不吃哪怕有一点毒的肉类，那么我们肯定应该丢弃一切含有异端与错误毒素的教义，这些教义会感染和腐蚀并破坏慈善表面之下一切美好的东西。

这些语句中仅限于书籍文献的破坏而言就足以让人不寒而栗。而毁灭常常会波及到异端的发明者身上，以及对追随者进行屠杀。在上面提到的早期异教徒当中，西班牙阿维拉（Avila）的主教百基拉就被判有巫术与不道德罪，而后于 385 年被罗马帝国皇帝马格西穆斯（Maximus）处死。后来的阿比尔派教徒（Albigensians）的遭遇则要坏得多。这些法国南部的苦修社群主义者以其关于神职人员和现世统治者十分腐败的观点吓坏了教皇和其他权威。在 1209 年，教皇英诺森三世（Pope Innocent III）敦促十字军对他们进行讨伐——这只是基督徒打击其他基督徒众多实例当中的一例——其斗争结果是有效的：摧毁了法国南部的普罗旺斯文明。这种宗教法庭在接下来的几十年当中横扫一切，通过种族灭绝的形式终结了不受欢迎的观点。手段十分可

　达·芬奇的贝壳山与沃尔姆斯会议

怕却有效。《大英百科全书》简单地写道："形成任何非常准确的阿比尔派教义都超乎寻常地困难，因为对它们的了解来自它们的敌人。"

如果路德与其他改革者以仁爱、包容和尊重的名义来拔高他们的新版基督教教义，那么我可以把其英雄版本的历史当作是一种进步，这种进步受到了视野更宽的少数几个人的激励。然而路德却如同他的对手一样教条古板、一样无情且一样嗜杀成性——当他的人大权在握时，发布禁令，烧毁书籍和摧毁教义这些老一套又开始继续了。例如，路德最初对犹太人并无敌意，因为他希望他的改革通过消除教皇压迫，可以让犹太人改变信仰。但当他的希望破灭时，路德便暴露出其尖酸刻薄的一面，在 1543 年，在一本名为《论犹太人及其谎言》（*On the Jews and Their Lies*）的小册子中，他主张要么把犹太人放逐到巴勒斯坦，要么烧毁所有犹太人的教堂与书籍（包括《圣经》），并限制犹太人从事农业活动。

在其最可怕的主张［于他迎娶卡塔琳娜·冯·博拉（Katherine von Bora）即将获取所谓的个人幸福的前夕提出］中，路德建议对最近反叛被残酷镇压后的德国农民进行大规模屠杀。当然路德对此有自己的理由和不如意。他从来不支持反对世俗权威的起义，尽管一些较中立的农民把他的教义当作理论依据。而且农民好战派的首领正是他神学上的死对头托马斯·闵采尔（Thomas Müntzer）。像路德这样的政治保守派往往持有一种被剥夺公民权的自由人应大规模暴动的阴暗观点（只要能拯救他们自己的人），但路德建议对他们进行种族灭绝的主张却让我不寒而栗。1525 年，在他写的《反对凶残与偷窃的农民群体》（*Against the Murderous and Thieving Hordes of Peasants*）小册子中，作为一个假称上帝的人特意提出了这一主张（无论有多不朽）：

> 如果农民公开叛乱，那么他们就违背了上帝旨意……反叛带来的是遍地的谋杀与暴力，会制造寡妇与孤儿，会像一场巨大的灾难颠倒乾坤。因此，应该让所有可以私下或者公开地殴打、杀人和刺杀的人记住，没有比反叛更有害、更邪恶的事情了。正像你必须杀死一条疯狗一样；你不攻击他，他就会攻击你，以及你所在的整个国家（斜体是我写的话）。

获胜的贵族按照路德的主张行事，死亡人数（大多数为已经投降因此没有威胁的反叛者）多达 10 万人。

由所谓统一的团体的不同派别制造的大屠杀这种悲惨故事一直伴随着人类历史。在这方面我并不觉得基督教徒比其他团体更糟糕，我们只知道这些故事更好地定义了本书大多数读者都知道的文化事件。我说的不是孤立的死刑，而是大规模的屠杀，而因为两个奇怪的原因我们今天对此还一无所知。首先，过去希特勒并没有掌握在几年内杀害 600 万人的技术（尽管他们很有可能有这种意愿），所以他们的毁灭虽然很彻底，却只能发生在局部。第二，那些被抹去过往的文化有着这样的特点：人口较少，生活在有限区域，也几乎不会留下任何文献记录。因此，老式的种族灭绝可能是毁灭性的和完全有效的，可以真正抹去一个充满活力的团体的全部记忆。

前面我提到过阿尔比十字军。在 1204 年第四次东征时未能通过埃及到达巴勒斯坦去征服圣地，相反却劫掠了拜占庭帝国的基督教首都君士坦丁堡，比1453年这个城市最终脱离基督教统治时"异教徒"奥斯曼土耳其人给人民和艺术带来的骚乱要严重得多。欧洲分为新教徒与天主教徒两部分则为这种分裂式破坏提供了更多契机——路德遗产的光明面肯定和阴暗面一样多。这些让我开始关注三十年战争与布拉格抛窗事件。

把人抛出窗外在这座美丽的城市有着悠久的历史——可谓波西米亚地区真正的丑闻。除了最后一次，在每一次重大的事件中，反叛的新教徒（或者说原新教徒）都把宿敌天主教徒扔出他们的据点。真正的布拉格抛窗事件发生在1618年。当天主教国王费迪南德二世（Catholic King Ferdinand II）背弃了宗教自由的承诺后，当地的新教徒突袭了赫拉德恰尼城堡（Hradčany Castle），把三名天主教议员抛出窗外扔进了护城河里。（传说记载三名议员是走着离开的，虽然十分狼狈但未受伤害，主要归功于其运气好或者反对者目标瞄准到位——因为他们落到了一堆体量庞大但松软的粪堆当中。）

1618年的叛乱分子有意识地重演了过去的事件，并希望成为引以为傲的连续的历史中的一部分。［顺便说一句，拉丁语窗户为开孔的意思（fenestra）——所以抛出窗外（defeneestration）只是一个描述把东西从诸如开口的地方扔出。］波西米亚宗教改革者扬·胡斯（Jan Hus）因为被视为异端于1415年被烧死，他被后来的新教徒奉为先驱，导致了1419年首次布拉格抛窗事件。一支由胡斯信徒组成的军队（如果你喜欢这么称呼）或者说一群乌合之众（如果你不喜欢）冲进新市政厅，把三名天主教议员和七个公民抛出窗外（一些人死于非命，因为跌落时没有粪堆做缓冲），波西米亚一度被胡斯信徒所统治。在 1483 年发生了一起不太出名的抛出窗外事件。弗拉迪斯拉夫国王（King Vladislav）曾经恢复过天主教统治，所以另外一群持不同政见的胡斯信徒把天主教市长抛出了窗外。

比我仅年长几岁的读者应该记得一件事的悲剧结尾。扬·马萨里克（Jan Masaryk），托马斯·马萨里克（Thomas Masaryk）的儿子，捷克共和国的创立者，继续担任战后唯一的非共产主义傀儡政府部长。1948 年 3 月 10 日他的尸体在捷克王宫的院子里被发现。他是从 45 英尺高的窗户跌落而死。究竟是跳窗自杀（带有对其国家历史的讽刺意味）还是被谋杀推下去的？一直悬而未决。

正式的抛出窗外事件之后新教徒的胜利仅仅维持了两年，最后以另外一场大屠杀与破坏告终。天主教在哈布斯堡王朝的强力支持下东山再起，并在 1620 年 11 月 8 日的白山战役中取得决定性胜利。接踵而来的便是对布拉格数周的抢劫与掠夺。几个月之后 27 名贵族与其他一些公民被拷打后在老城广场被执行死刑。胜利者把 12 颗头颅穿在铁钩上悬于桥塔上示众。

三十年战争的结果不能简单地归结成天主教徒与新教徒两派之间的斗争——但这种根本性的分歧的确导致出现了大量争端中的愤怒与狂热（因为我们杀死"异端"似乎要比杀死仅仅是误入歧途的同胞容易得多）。很多君主的雇佣军对乡村进行了蹂躏，一路烧杀奸淫，导致中欧很多地区一片狼藉。1648 年新教徒反对天主教徒的战争也没有因签订《威斯特伐利亚和约》（Treaty of Westphalia）告终。海德堡荒废的城堡在晚上灯光璀璨，把整个城市装扮成学生王子的浪漫舞台。但海德堡并没有保留中世纪建筑，城堡已沦为废墟，这是另外一场基督教徒之间的内讧所导致的灾难结果——当时莱茵兰－普法尔茨领地（以海德堡为中心）的新教教徒选帝侯去世而无继承人，而天主教统治的法国则对领土宣布主权，因为选帝侯的妹妹嫁给了路易斯十四世的弟弟，奥尔良的菲利普（Philip）。

人类历史上一个玩世不恭但又可悲的原则是，当事情看起来很糟糕时，实际上更糟糕。如果基督徒可以如此狂热和凶残地自相残杀，那么对于真正的局外人而言还有什么可期待的——非基督徒更容易被认定为不在人类价值的范围内，因此可以随时被消灭。对于不人道的最后一部分，我们不妨把目光转向一个显而易见的考验：沃尔姆斯会议与布拉格抛窗时期犹太人群体在中世纪和文艺复兴欧洲时期的命运。

犹太人在莱茵兰定居了 1000 年。每个我参观过的城市——沃尔姆斯、施派尔（Speyer）、罗腾堡（Rothenburg）——都保留了犹太人团体遭受迫害和被毁灭的纪念碑，而游客销售中心售卖关于他们历史长而内容丰富的小册子，是为了让我们铭记在心。人们几乎感到一种协调且值得称赞的尝试，试图弥补无法挽回的事实——被"最终解决方案"这一残忍而完全有效的最后的幕布所掩盖的无法容忍的长时间的诺言。

被称为"流亡者之光"的便犹大（Gershom ben Judah）于 10 世纪末，在我们共同时代的第一个千年宣告结束之前，领导了茨拉比学院。他最有名的门徒便是注释《塔木德》的拉希（Rashi），他大约 1060 年在沃尔姆斯研究学习。拉希最著名的追随者，迈尔·本·巴鲁克（Meir ben Baruch，与马哈仁姆有共同缩略名的著名虔诚犹太人），领导着罗腾堡的犹太社区，如今这个地方成为了所有中世纪城镇中城墙保存最精美最完整的地方，游客趋之若鹜。1286年皇帝鲁道夫一世取消了犹太人的政治自由，赋以特殊税收而让这些受歧视的群体成为了 *servi camerae*（或者说为国库之奴）。拉比迈尔试图带领一群犹太人前往巴勒斯坦，但却遭到逮捕并被囚禁在阿尔萨斯（Alsatian）城堡。他的人筹集了一大笔赎金，但迈尔拒绝接受（最终死于狱中），因为他清楚购买来的自由只能刺激皇帝为了金钱而去抓捕其他拉比。14年以后，一沃尔姆斯犹太商人赎买了这具伟大的拉比尸体。他与那位犹太商人的墓地位于沃尔姆斯犹太人公墓相邻的位置。按照古老的传统，犹太参观者和居民（多为俄国流亡者）仍旧把他们的祈祷与需求写在纸片上，用小石子压在迈尔的墓之上。

迈尔被监禁后，罗腾堡的犹太人被驱逐到城墙以外的贫民区中，而后在1520年被永远驱逐。仅有一小舞厅得以保留（因为成为了基督徒的救济院），还有几块希伯来文的墓碑镶嵌在花园墙壁之中。

路德在沃尔姆斯的较大犹太人团体幸存的时间较长，但岌岌可危。1096年，第一次十字军东征的士兵途经沃尔姆斯，洗劫了那里的犹太人居所。1349年，几乎所有沃尔姆斯的犹太人都被谋杀了，原因是遭受虚假指控，说他们污染井水而带来了瘟疫。1938年，在臭名昭著的水晶之夜（Kristallnacht）①，犹太人教堂被夷为平地。在大屠杀中沃尔姆斯有超过1000名犹太人被杀死。如今重建的教堂成

---

① 1938年11月9日夜，希特勒统治下的德国对犹太人进行了大迫害，当夜有91名犹太人被杀，数百人受重伤，数千人遭凌辱，7500家犹太店铺遭洗劫，财产损失达2.25亿马克，267座犹太教堂被毁，近3万名犹太人被关进集中营。——译注

为了犹太博物馆和纪念馆的核心区，但不再是一个礼拜的场所，因为在沃尔姆斯至今没有犹太人团体的活动。

犹太教堂墙壁上的两块牌匾讲述了一个希望与绝望并存的故事。第一块牌匾安放于第二次世界大战结束之后，记录的是在大屠杀中推测死亡的犹太公民姓名。令人庆幸的是，其中一些人还活着（生活在难民营中，牌匾的制作者不了解这些情况）。他们凸出的青铜名字已经被磨去，留下了胜利的空白空间。但后来更多的大屠杀记录记述了更多的死者，人们把这些名字放到了第二块牌匾上——大大超过了从第一块纪念碑中被抹去的名字数量。

令人讽刺的是，只有犹太人的墓地保存完整，这要归功于一位城市档案保管员的聪明之举（按照地方传统），他是一位虔诚的基督徒，对犹太人的传统怀有极大敬意。希姆莱[①]曾经在战前访问时对公墓表达了一点兴趣。当本地的纳粹后来命令把公墓（位于城镇的另外一侧，城墙之外）捣毁时，这位档案保管员把希姆莱随口说出的几句话夸张成保护命令。谨慎的地方当局从来没有与柏林方面联系过——就欧洲最杰出的犹太社区而言，于是这片死亡之地成为上千年中唯一毫发无损的幸存者。

如果你一直想知道为什么我在一篇写演化生物学的文章中讲述这些人类历史阴暗面的故事，那么我的确想朝着得出积极的、带有达尔

---

① 海因里希·鲁伊特伯德·希姆莱（Heinrich Luitpold Himmler，1900~1945），是纳粹德国的一名重要政治头目，曾为内政部长、亲卫队首领，被认为对欧洲600万犹太人、同性恋者、共产党人和20万至50万罗姆人的大屠杀以及许多武装亲卫队的战争罪行负有主要责任。二战末期企图与盟军单独谈和失败，被拘留期间服毒自杀。德国《明镜》周刊中对希姆莱的评价是"有史以来最大的刽子手"。——译注

文意味的结尾继续撰写。人类可以有这样的光荣，还有这样的恐惧：沃尔姆斯大屠杀，和路德在沃尔姆斯会议上让人震撼的演讲；布拉格的数次抛窗事件，和它富丽堂皇的巴洛克建筑。我们带着简单的喜悦沉浸在荣耀中；但我们带着痛苦与困惑反思这种恐怖——带着强烈的愿望想去解释这种体面的生物如何按其自由意志（同时还有明显的道德平静与强烈的假想目标）来催生这种邪恶之心的。

但究竟是不是我们制造出了"自身自由意志"的阴暗面呢？可能对于我们种族灭绝能力最流行的解释是将演化生物学作为不幸的源头——对全部道德责任的最终逃避。可能我们原先演化出来这些能力是作为一种积极的适应，但如今在现代世界中已经偏离了原有的作用。当前的种族灭绝可能是一种行为演化上的可悲的遗产，这种行为是在我们祖先组成小规模的群体在非洲大草原上狩猎和采集期间因为达尔文有利原则产生的。毕竟，达尔文的机制只鼓励个体的成功繁殖，而不支持人类跨越整个物种的道德梦想。或许导致现代种族灭绝的特征——憎恶外者、部落主义，贬低外人为劣等人种因而容易遭受死绝——在我们早期演化期间更加突显，因为在杀或被杀法则之下的资源有限的世界中，在基于血缘关系的小型的非技术社会中，这些特征能提高存活概率，这种社会的基础是亲缘关系与资源有限的现状。

一个没有仇外心理且没受过谋杀教育的群体总会受制于其他带有足够对诸如分类与毁灭这样的倾向进行编码的基因的群体。我们最近的亲戚黑猩猩可以集体活动，有组织地杀死相邻群体的成员。可能我们也是天生以这种方式行事的。这些可怕的倾向一度促使了仅武装有牙齿与石头的群体生存下来。在一个核武器的世界，这样不变的（可能无法变化）继承性如今可能导致我们毁灭（至少会让悲剧加码）——但我们不能因此指责这些道德缺陷。我们被诅咒的基因让我们成了阴暗的生物。

这种对我们共同良知的肤浅而又具有诱惑力的安抚只不过是基于深层次推理所得出谬论的逃避。（可能通过这种谬论来思考的倾向是我们实际的演化遗产——但这是另一个时代做出的另一种推断。）我很乐意承认我们有一种生物学上的能力，它可以让我们把人分成自己人和外人，然后将外人视为不具任何关系的人，这样屠杀的时机就成熟了。但就现代道德讨论或者社会观察来看，这样的观点会把我们带到哪里？因为这种宣称完全是空洞的，缺乏说服力。我们推测种族灭绝的能力源于我们的演化继承，但目前一无所获。我们已经清楚我们之所以具备这样的能力是因为人类历史多次出现了这种现实情况。

一个有用的演化上的推断，必定能明示我们尚不知道的东西——例如，假如可以让我们已经知道种族灭绝在生物学上是受特定基因控制的，甚至是一种积极的倾向；而仅非一种能力，调控着我们潜在的谋杀意识。但人类历史上能看到的事实不讲决定性而只讲潜在性。每次种族灭绝都与大量的社会善行相对应，每次谋杀事件都与一温和的民族有关。种族灭绝有更大的影响力仅仅是因为"消息价值"的优势——与破坏性的后果（随着温和的民族消失，谋杀者控制了媒体）。但如果阴暗面与光明面都在我们的能力控制范围内，且如果两种倾向在人类历史上都频繁出现，那么我们除了推断其中之一（或可能两者都）是存在于我们演化、适应性的达尔文式遗产中之外，我们会一无所获。生物学所能起的最大作用就是帮助我们限定在某种环境当中，这种环境容易引发一种而不是另一种行为。

举一个当前在"科普"出版物里讨论最多的例子，大量的书籍与文章告诉我们，演化心理学这门新兴学科发现了性别行为差异的生物学基础。女人只产生几个大型卵子，并在其体内花费生命时光培养胚胎，然后哺乳由此产生幼儿。另一方面，男人每次产生数以亿计的微小精子，而后只需要进行射精来产生潜在的后代。因此，按照达尔文主义宣称的把更多基因遗传给下一代的要求，女性的举动就是鼓励男人在怀孕之后投入更多（保护、吃饭、挣钱与随后的照顾孩子），而男人更愿意在无止境地追求最大程度的基因传递过程中去寻找其他伴侣。从这种演化目的的基本的二分法来看，所有流行心理学词汇的东西都源于此。我们现在知道男人为什么会去强奸、追求权力、搞政治、闹绯闻和抛弃妻子，以及为什么女人行为腼腆、乐于哺乳孩子且倾向于专门从事照顾的工作。

我可能讽刺了这种主张——但读了很多支持性的文章之后我并不这么认为。事实上，我认为基础论点并没有错。鉴于男性与女性间生殖结构的不同，两者行为策略上的差异确有达尔文主义的意味。和上面同样的原因，没有比用生物学解释种族灭绝更荒谬的事情了。男人并不是由基因驱动让交配最大化的，或者说女人也不是因为同样的缘由致力于一夫一妻制的。我们只能说我们是否有这种能力，而不能说是否有这种需求甚至不能说决定性的倾向。所以我们的生物学特征不会让我们这么做。而且我们共同的基因特性可以轻易地决定男人与女人趋向于不同的行为。任何一个深爱着自己孩子的男人都知道——我

达·芬奇的贝壳山与沃尔姆斯会议

相信包括大多数父亲在内（我碰巧是在父亲节写这篇文章）——没有一种独特基因或者激素可以阻挡与孩子母亲分享养育行为这一冲动。

最后，当我们正视生物演化与文化变化之间在基本模式与因果关系上的重要差异时——当我们意识到一切关于文化风格的独特东西排斥的是灵活性而非确定性时——我们就可以在更广泛的意义上理解为什么像种族灭绝这样的文化现象（尽管这样的行为可能有生物学上的潜能）无法用演化的术语来解释。正因为有模式上的根本差异，生物演化如一拓扑树——是一个不断分离与分化的过程。一个新的物种是作为一独立的谱系起源的，需要的是与所有其他谱系永远不同的特色基因，而后必须沿着自己的路径演化。另外一方面，文化变化完全由不同传统之间相互融合的可能性来决定——就像马可·波罗从中国带来了面，而我把英语当作母语。我们独特的灵活性正是来源于这种永恒不变的文化交织。

因为起因上的根本差异，生物演化遵从的是孟德尔式的规律。生物只能把它们的基因，而不是它们奋斗的遗产，作为给后代的物质遗产。但文化变化却是拉马克式的，因为我们把已经获得的智慧与发明成果以书籍、指导手册、工具和建筑的形式传递给后代。同样，拉马克法赋予了文化变化以速度、不稳定性和灵活性，这些都是达尔文式的演化不具备的。

在 1525 年，成千上万的德国农民遭受屠杀（这得到了路德的认可），此时米开朗基罗在美第奇教堂（Medici Chapel）工作。在 1618 年，布拉格的上层窗户中抛出了几个人，而鲁本斯①绘制出了若干有

①　彼得·保罗·鲁本斯（Peter Paul Rubens, 1577~1640），巴洛克画派早期的代表人物。——译注

影响力的油画。坎特伯雷的大教堂（Cathedral of Canterbury）既是贝克特①被谋杀的地点，也是英格兰最美的哥特式建筑。这种两面性代表了我们共同演化出来的人性，最终我们该如何抉择？至于种族灭绝和毁灭的潜在道路，让我们不妨站在这种立场上来看。它们可以不发生。我们可以另辟他径。

---

① 托马斯·贝克特（Thomas Becket，1118~1170）是英格兰国王亨利二世的大法官兼上议院议长。1170 年 12 月 29 日，托马斯·贝克特因反对王室剥夺教会权利，在坎特伯雷教堂的东北翼部被谋杀。历史上共有 4 位坎特伯雷总主教被人谋杀，贝克特是其中的第二位。托马斯·贝克特的殉教激起世人同情，1173 年他被教廷追封为圣徒。——译注

V

演化的事实和理论

14

非重叠教权

不协调之处往往会产生不同寻常的故事。1984 年初，我在梵蒂冈待了几个晚上，住在一个专为巡回牧师开设的酒店中。当我在思考着如每个卫生间的浴盆的既定功能这样令人费解的问题时，或渴望为我的早餐会多一些李子酱之外的东西时（如为何篮子只能盛几百个完全相同的李子包，而不是一个草莓包什么的？），我遇到了不同文化背景中的一个问题，这些问题能让生活变得开放而有趣。与我们一伙人〔我们在罗马参加一个由宗座科学院（Pontifical Academy of Sciences）主办的关于核冬天的会议〕住在一家酒店的是一群法国和意大利的耶稣会牧师，这些牧师还是专业的科学家。一天吃午饭时，那些牧师叫我到他们的桌上去坐，以便讨论一个困扰他们多时的问题。他们想知道，在美国"科学神创论"有多大的市场？一个牧师问我："演化真的有麻烦吗？如果有，是何种麻烦？我一直被教导说，演化论和天主教信仰之间并无教义上的冲突，关于演化的证据似乎都完全令人满意，且完全是压倒性的。难道我错过了什么？"

一言激起千层浪，顿时间混杂了法语、意大利语和英语的议论足足持续了半个多小时，但我的答案似乎打消了牧师们的疑虑。"演化从未遇到知识上的挑战，也未出现新观点。在美国社会文化史上，神创论是一个本土现象，只是新教的原教旨主义者的一场小运动（不幸的是现在其影响日显），他们相信，无论其真实含义如何，《圣经》中的每一个单词都正确。"我们都满意地离开了，但我却为自己作为犹太人中的不可知论者感觉有些茫然，我的角色有些异常，自己竟然在试图安抚一群牧师，告诉他们演化不仅是真实的，而且与宗教信仰完全不冲突。

另外一个雷同的故事是：经常有人问我是否在我哈佛大学的本科学生中遇到过神创论者。我回答说，在三十年的从教经历中只遇到过一次。曾有一个非常真诚和认真的大一学生来到我的办公室，为一个很明显困扰了他很久的问题寻找答案。他对我说，"我是一个虔诚的基督徒，但也从未怀疑过演化论，它是那么的激动人心，且证据确凿。但我的室友是一个传教的福音派信徒，他始终坚持地告诉我，一个人不可能既相信上帝又相信演化论。因此，请告诉我，一个人能不能既相信上帝又相信演化论？"我再次深深地吸了一口气，努力尽我应有的责任，让他相信演化论是正确的，且与基督教的信仰完全不相冲突——我由衷地这样认为，但作为一个犹太不可知论者还是有点尴尬。

这两个故事说明了一个重要的观点，虽然经常未被认识到，但绝对是理解政治势力的地位和影响的核心，原教旨主义矛盾地自称为"科学创世论"（scientific creationism）——宣称《圣经》的每一句都是正确的，所有的生物都是在 6 个 24 小时中创造的，地球的历史仅有几千年，因此演化一定是错误的。神创论并不视科学和宗教势不两立（如我在开篇的故事中所示），因为两者之间不存在冲突。对于生命史或生物学的本质，神创论并没有提出任何悬而未决的理性问题。神创论是一个局部的、小范围的运动，西方国家中仅在美国有影响，且仅在美国新教盛行的几个州流行，它们视《圣经》为绝对正确，一字一句都不可马虎。

我不怀疑，有人可能偶尔会发现有一个修女愿意在她的教会学校的生物学课上教授神创论，或者偶尔会有拉比在他的犹太学校内做同样的事，但对天主教徒或犹太人来说，完全基于《圣经》字面意思的神创论毫无意义，因为他们两者的宗教都没有任何根据字面意思理解《圣经》的广泛传统，而是部分地基于比喻和寓言（所有优秀作品的基本组成部分）来阐释，并要求按照恰当的理解进行解释。当然，大多数新教团体都采取同样的态度，只是原教旨主义者有些不同。

我在刚才所描述的个人故事和基本的陈述中表达的观点，代表了现今所有主要的西方宗教（和西方科学）持有的标准态度。（由于不了解，因此我无法对东方的宗教指手画脚，虽然我怀疑它们也大体如此。）科学和宗教之所以不存在冲突，是因为它们分属不同的专业领域，科学属于宇宙的实证体系，而宗教主要是寻求人生中的道德价值和精神意义。要想在充实的人生中获得智慧，需要对这两个领域有广泛的关注，因为有一本伟大的书告诉我们，真理可以让我们自由，但只有当我们学会公正、仁爱和谦逊之后，才能与周围的人和谐相处。

在这样"标准"的认识框架下，1996 年 10 月 22 日罗马教皇约翰·保罗二世（Pope John Paul II）在宗座科学院（早先曾赞助我访问梵蒂冈）发布了一项令我大为不解的声明。在这份名为"真理不违背真理"（Truth Cannot Contradict Truth）的声明中，教皇对演化的证据和演化论与天主教宗教教义的一致性进行了辩护。全世界的报纸都在头版头条中对其做出了回应，如 10 月 25 日的《纽约时报》上这样写道："教皇认同教会对科学演化观的支持"。

现在我知道了什么是"没有新闻的日子"，我确实承认，在那个特别的时刻没有其他任何新闻能与它激烈地争夺头条。不过，我还是禁不住感到大惑不解，为什么人们会如此关注教皇的声明（当然，我们应当高兴，我们需要尽量获得所有的好消息，特别是从那种受人尊重的外部人士那里得到的好评）？天主教会并不反对演化，也没有理由反对。那教皇为何又要发布这样一份声明呢？为何全球媒体界会以头版进行大肆报道呢？

我的第一反应是，全世界的新闻记者一定是深深误解了科学与宗教的关系，因此会对教皇的一个无关紧要的声明进行大肆宣传，但很快我就知道自己错了。有可能大多数人真的认为科学和宗教之间存在一场战争，演化论无法与信仰上帝达成和解。这样一来，教皇宣布演化论合法化的声明，就被看成了一件大新闻，是从未发生过的事情。实际上，早在 1640 年就发生过一次史无前例的新闻事件，教皇乌尔班八世（Pope Urban VIII）将其最著名的囚徒从家中释放出来，并谦逊地道歉说："对不起，伽利略先生……太阳，嗯，真的是中心。"

但我后来发现，对教皇支持演化论的铺天盖地的报道，并非天主教的英语世界记者的错。梵蒂冈自己也将其作为重大新闻进行了发布。意大利报纸将其以更醒目的标题和更长的故事进行了报道。例如，保守的《新闻报》（*Il Giornale*）在头版头条大声疾呼："教皇说我们可能起源于猴子。"

很明显，我很困惑；教皇的声明中肯定潜藏着一些新的或令人吃惊的东西，但是什么会造成这样的大惊小怪呢？特别是考虑到我第一印象的准确性（我后来证实了这一点），即天主教会是重视科学研究的，一般不认为科学会对宗教教义，特别是天主教教义，构成威胁，并长期以来都接受演化是一个合法的研究领域，演化的结论与天主教的信仰是潜在和谐的。

作为众议院前议长欧尼尔[①]的前选民，我当然知道"所有政治都是地方政治"，因此罗马教廷毫无疑问有自己的内部原因，才会宣告教皇在一个重要的声明中支持演化论，不过我并不知道原因到底是什么。不过，我推测我一定是遗漏了一些重要的关键点，因此感到十分沮丧。接着我想起了知识生活的首要规则：当百思不得其解时，读一下原始文件永远都是无害的。这是一个十分简单而又不言自明的原则，然而已经在大部分美国人的经验中完全消失了。

我知道教皇庇护十二世（Pope Pius XII：至少可以说，他并不在我20世纪喜欢的人物里）在1950年的通谕《人类》（*Humani Generis*）中有过基本的声明。我认为其主旨是说：只要他们在选择的时候，接受上帝将灵魂注入到人体内，天主教徒可以相信科学关于人体演化所做出的结论。我也知道，我对这种观点没有什么意见，因为，无论我自己对灵魂持何种观点，科学并不会触及这一主题，因此在这样一个合理的、宗教本质的问题上不会受任何神学立场的威胁。

---

① 托马斯·菲利普·迪普·欧尼尔（Tip O'Neill, 1912~1994），美国政治家，曾任美国民主党众议院议长。欧尼尔有句名言，即"所有政治都是地方政治"，并以此为自己总结从政经验的书名。——译注

非重叠教权

换句话说，教皇庇护十二世已经正确地认识到，并尊重科学和神学的领域区分。因此，我完全赞同《人类》通谕，但我从未读过其全文（但并不妨碍目前我陈述的观点）。

我很快从互联网的各个地方得到了相关的著作。〔教皇在网上很有名，但像我这样的勒德分子（luddite）[①]是没人关注的，所以我找了一个网络助理来整理这些文件。我发现宗教是如此新潮，而一个科学家是如此古板，从而打破了对他们的刻板印象。〕现在既然已经读过了1950年教皇庇护十二世的《人类》通谕和教皇约翰·保罗二世1996年10月的声明，我终于明白了为什么最近的声明似乎太新、太具揭示性，以至于值得登上所有的媒体头条。这一消息十分受演化论者，以及科学和宗教的朋友的欢迎。

《人类》通谕的文本聚焦于教堂的教权（*Magisterium*），或说训诲权。*Magisterium* 一词并非来源于"权威或无可置疑的敬畏"这一概念，而来自于另外一个意思"教授"，因为 *magister* 在拉丁语中意为"教师"。我认为，我们可以采纳这一词和其概念来表达这篇文章的中心观点，并作为科学和宗教间所谓的"冲突"和"战争"的原则性解决方案。科学和宗教两者并不存在冲突，因为各自有各自合理的教权，或本领域的训诲权，而且这些教权并不重叠（我喜欢将这一原理命名为教权非重叠论，简称 NOMA）。科学的网络覆盖了实证领域：宇宙是由什么构成的（事实），它们为何以这种方式运行（理论）。宗教的网络延伸到道德的意义和价值等问题上。这两个教权并不重叠，它们无法解答所有的问题（首先考虑一下艺术的教权和美的

---

① 19世纪初英国手工业工人中参加捣毁机器的人，这里隐喻强烈反对机械化或自动化的人。——译注

意义）。套用一句常用的话来说，我们获取岩石的年龄，宗教则保有远古的磐石[①]；我们研究天堂是如何运行的，宗教决定如何上天堂。

如果科学和宗教的不重叠教权被一广阔的无人区分开，相距甚远，这一解决方式可能会让两者完全保持井水不犯河水状态。但事实上，两者的边界并不清晰，而是以十分复杂的方式彼此交错在一起。我们的许多深层问题，需要双方共同起作用才能得到完整的答案，因此区分两者合法的领域就变得十分复杂和困难。这里仅引述两个涉及进化事实和道德争论的大问题：既然演化造就了我们人类成为地球上唯一的智慧生命，那么我们需要在与其他生物的关系上负什么责任呢？对人生的意义，我们与其他生物的谱系关系意味着什么呢？

教皇庇护十二世的《人类》通谕是一份由一个极度保守的人写的非常传统的文件，涉及了第二次世界大战后人类面对的所有"主义"和讽世态度，以及为从大屠杀的废墟上重建人类尊严的努力提供了信息。该通谕以"关于一些可能破坏天主教根本教义的错误观点"为副标题，并以一战斗式的陈述开篇：

> 人类在道德和宗教事务上的分歧和错误，一直是导致所有好人感到极度悲伤的原因之一，尤其是对教会的正直和忠诚的子民们而言，特别是在今天，我们可以看到基督教文化的原则在被从各方面进行攻击时。

庇护反过来抨击教会的各种外部敌人：泛神论、存在主义、辩证唯物主义、历史主义。然后，他悲伤地指出，为了吸纳那些渴望拥抱

---

① Rock of Ages，《圣经》中用"磐石"做比喻，来描述耶和华的一些特质。

基督教，但不希望接受天主教权威的人，教会中的一些善意的伙伴已经陷入了危险的相对主义中——"神学上的和平主义和平等主义，认为所有的观点都是同样有效的"。

作为保守派中的保守派，庇护感叹道：

> 这种新奇的事物已经在神学的几乎所有分支中结出了致命的果实……有人质疑天使是否是生命个体；以及物质和精神是否存在本质的差异……有人甚至说应该对变体说[①]的教义进行修改，因为它是建立在过时的物质哲学概念的基础上的，应当将圣餐礼中基督的真实的临在简化成某种象征。

庇护第一次提到演化是为了谴责演化被之前所抨击的"主义"的热心支持者的过度使用：

> 有人认为演化……可解释万物的起源……共产主义欣然同意这种观点，这样当个人的灵魂已经被剥夺了每一个关于上帝的想法，他们可能会更积极地捍卫和宣传辩证唯物主义。

在临近通谕末尾（全文第35~37段）的地方，庇护提出了他对演化的主要看法。他接受"教权非重叠论"的标准模型，首先承认演化处于一个困难的境地，不同领域在此相互对抗得很厉害。"对我们来说，现在谈论的这些问题虽然属于实证科学，但都或多或少与基督教

---

① Transubstantiation，指圣餐中的面饼和葡萄酒经圣祝后变成基督的体血，只留下饼酒的外形。

信仰的真理有关。"①

　　庇护接着写下了允许天主教徒接纳人体演化（在科学领域中这是一个事实）的著名句子，前提是他们要接受神创论和灵魂的注入（在宗教领域是一个神学概念）。

　　　　教会的训诲权并不禁止在符合人类学和神圣的神学现状的情况下，根据个人在这两个领域的经历来研究和讨论关于演化学说的发生，只要在之前存在的和有生命的物质的范围内探讨人体的起源——因为天主教信仰让我们必须接受灵魂是上帝直接创造的观点。

　　到此为止，我在《人类》通谕中没有发现任何意外，也没能减轻我对于教皇约翰·保罗最近声明的新奇性的困惑。但随着我继续往下读，我意识到庇护教皇所讲的超出了演化论，有些是我从未见过的引述，有些则使得约翰·保罗教皇的声明变得极为有趣。简言之，庇护极力宣称虽然演化在原则上基本是合法的，但其理论事实上并未得到证实，并很可能完全是错误的。此外，人们可以从中得到这样一种强烈的印象，庇护十分艰难地树立一个错误的结论。

----

① 有趣的是，这些段落的主要内容并不是谈演化问题的，而是在反驳庇护称之为"多源起源"的学说，即人类祖先的来源是多样的。他认为这样一种思想与原罪的教义格格不入，"原罪源自实际上由亚当个人犯下的罪孽，然后被一代代传递下来，传到每个人的身上"。在这一情况下，庇护可能违反非重叠教权的原则，但我无法判断，因为我不了解天主教神学的细节，因此并不知道如何解读这样一种象征性的声明。如果庇护是在说，我们无法接受这样一种理论，所有现代人都是从一个祖先群体衍生出来的，而不是来自于一个祖先个体（一个潜在的事实），因为这样一种思想将会质疑原罪（一种神学概念）的教义，那么我会说他越界了，让宗教的教权支配了一个科学领域的结论。

接着上面的论述，庇护建议我们正确地研究演化：

> 然而，必须以这样一种方法去做，也就是兼顾赞成和反对演化的观点，必须认真地、适度地进行权衡和判断……然而，一些人贸然违背了这种讨论的自由，他们的行为就好像说人体起源于先前存在和具有生命的物质，并且这已经是完全确定了的，已经被现在发现的事实和基于这些事实的推理所证明了，就好像与神启的来源毫无关系，而后者要求在这个问题上要尽可能地节制和谨慎。

总而言之，庇护基本接受了非重叠教权的原理，准许天主教徒接纳人体演化的假说，前提是他们要接受神向其注入了灵魂。但他随后又就演化作为一个科学概念的地位，向科学家提出了一些（神圣的）父亲般的建议：这个概念还未得到证实，你们都要特别地小心，演化在我的教权边缘制造了很多麻烦问题。人们能够以两个十分不同的方式解读第二个主题：要么作为一个对不同教权的无端入侵，要么作为来自聪明的、受人关注的局外人的有益的视角。作为一个善意的人，为了调解双方，我愿意接受后一种解读。

无论如何，这个极少被引用的第二个主张（演化既没有得到证实，并有点危险），而不是我们熟悉的与重叠教权相关的第一个主张（只要他们能够接受灵魂源于创造，天主教徒就可以接受身体源于演化），明确了约翰·保罗最近的声明的新颖性和趣味性。

约翰·保罗首先回顾了庇护1950年的通谕，特别重申了非重叠教权原则，其中并无新意，没有理由进行扩大宣传：

在 1950 年的《人类》通谕中，我的前任庇护十二世已经宣称演化
与关于人和其天命的信仰教义之间并无冲突。

为了强调非重叠教权的威力，约翰·保罗提出了一个潜在的问题和一
套完善的解决方案：科学认为人类的演化是连续性的实体，而天主教
坚持认为灵魂必须是神所赋予的，我们如何调和这两者呢？

那么对于人类，我们发现我们自己存在本体性差异，有人会说是本
体性的跨越。然而，这样的本体不连续性难道不违背物理上的连续性
吗？要知道物理上的连续性似乎是在物理和化学领域研究演化的思想主
线。考虑到各不同知识分支所采用的方法，有可能调和两个似乎不可调
和的观点。观察科学以更高的精度描述和测量生命的方方面面，并将它
们以时间线联系在一起。但这种观察不能处理向精神过渡的时刻。

当然，约翰·保罗的声明的新颖性和新闻价值，在于对庇护十二
世关于演化的、极少被引用的第二个观点的深刻修订，即演化的原则
可能是想象的、可以与宗教相协调，但具有说服力的支持证据很少，
很可能是假的。约翰·保罗说——我只能说，阿门，并感谢你们注意
到——庇护十二世在考察第二次世界大战的废墟与他自己以教皇身份
宣布新千年的来临的半个世纪里，见证了数据的大量增长和理论的不
断完善，因而善意和具有敏锐才智的人已经不再怀疑演化了：

庇护十二世补充说……这种观点（演化）不应被认为是确定的、被证实的学说……今天，在通谕发表近半个世纪之后，新的知识证实演化的理论不仅仅是一个假说。[①] 经过一系列在各自不同知识领域的发现，这个理论已经逐渐被研究人员所接受，这的确很了不起。来自不同独立领域的工作结果趋于相同，既没有刻意寻求也没有伪造，这本身就是支持这一理论的重要证据。

---

① 这段话在这里翻译得很正确，为从一种语言翻译成另一种语言的微妙之处和固有的歧义，提供了一个有趣的例子。翻译可能是最困难的艺术，出于完全可以理解的原因，其意义已经发生了反转（并因此发生战争）。教皇最初是以法语发布他的声明的，这一段为："... de nouvelles connaissances conduisent à reconnaitre dans la théorie de l'évolution plus qu'une hypothèse."《罗马观察报》（L'Osservatore Romano）是罗马教廷的官方报纸，将这段翻译为："新知识已经表明演化理论已经不仅仅是一个假说。"这个版本（很明显，考虑到是罗马教廷的官方来源）后来出现在所有的英语评论中，也包括本文的原始版本。

我采用了这种最初的翻译，但深感困惑。教皇为何会在演化理论框架中谈几个假说？我没有办法解开自己的困惑，因此我猜想教皇可能是落入到了错误的印象中（一种非常常见的误解），尽管演化已经被证明没有什么合理的疑问，但作为主要机制的自然选择却面临很多质疑，已经出现了很多著名的替代品。

其他的神学家和科学家也同样感到困惑，致使产生了质疑，并以误译来解决这个问题（如果我们读过法语的原文，或知道该文件是以法文发布的，我们中的很多人就立刻明白了）。问题出在法语中不定冠词的双重意义的歧义上，这里的 un（阴性为 une）的意思既可以是"a"也可以是"one"。很明显，教皇的意思是，演化的理论现在已经十分牢靠，足以列为"不仅是种假说了"（plus qu'une hypothèse），但罗马教廷最初将 une 翻译成了"one"，这样就产生了含义几乎相反的译文："只不过是一种假说"。购者自慎啊！

我感谢大约有十来个记者向我指出了这个错误，罗马教廷也对此做出了认可。我要特别感谢美国关于演化问题最敏锐的记者博伊斯·伦斯伯格（Boyce Rensberger），以及天主教主教委员会关于科学和人类价值观的全国会议执行理事大卫·拜尔斯（David M. Byers）。拜尔斯给我写信肯定了非重叠教权原则："感谢你最近的文章……它抓住了科学和宗教之间的核心关系，而天主教主教委员会将致力于促进和实现这一目标。你研读过的罗马教皇 1996 年 10 月声明文本中存在一个关键短语的误译，正确的翻译更支持你文章的观点。"

最后，庇护勉强同意演化是一个合理的假说，但认为演化只是得到了暂时的支持，且（他显然希望）潜在是不正确的。在近五十年后，约翰·保罗再次确认了非重叠教权原则下演化的合法性——毫无新意；但他接着补充说，更多的数据和理论已经让演化的真实性无可置疑。现在虔诚的基督徒也必须接受，演化不仅仅是一个合理的可能性，而是一个被有效证实的事实。换言之，天主教对于演化的官方观点，已经从"虽说并非如此，但如果我们需要，我们可以处理"（庇护1950年的勉强观点），变为了约翰·保罗的完全欢迎，"已经证明是真的。我们总是赞美大自然的真实性，并期待进行神学意义上的有趣讨论。"我高兴地将这一转变事件视为福音——从字面上讲是好消息。我可以代表科学的教权，但我更欢迎我们复杂的生活中其他教权的主要领导者的支持。于是我想起了所罗门王（King Solomon）的至理名言："来自远方的好消息，犹如口渴人面前的凉水。"（《箴言》25：25）

　　正如宗教中必定有强硬派的十字架一样，我的一些科学同道，其中有几位名声显赫、作品影响广泛，他们并不看好不同教权的这种修好。对于像我这样属于不可知论的科学家同道——非常欢迎这种和解，特别是罗马教皇最近的声明——他们会说："拜托，老实说，你知道宗教是愚蠢的、迷信的、老式的胡说八道。你之所以发出那些热情的欢迎声音，是因为宗教的力量非常强大，为了获取公众对科学的支持我们才需要这样的外交手段。"我并不认为很多科学家会持这种观点，但这样的态度让我很沮丧，因此我在本文结束前要表达一下我个人对宗教的看法，说明我对深思熟虑的科学家（他们像教皇那样坚定地支持非重叠教权原则）之间的真正共识是怎么看的。

就我个人而言，我不是一个体制内承认或实践意义上的信徒或宗教人士。但我对宗教非常尊重，有关宗教的主题总是让我着迷，几乎超过了其他主题（当然演化和古生物学除外）。宗教的迷人之处很大程度上在于令人惊叹的历史悖论，贯穿整个西方历史，有组织的宗教助长了人类，在面对个人危险时表现出的最难以言表的恐怖和最令人心碎的善良例子。（我相信，邪恶源自宗教和世俗权力的偶尔汇合。天主教会助长了那份恐怖，从宗教法庭到清算，但只是因为这个机构在西方历史的很长时间内握有巨大的世俗权力。简单地说，当我的同胞在《旧约》时代具有这样的影响时，我们基于同样的原因犯下了类似的暴行。）

我由衷地相信，我们的不同教权间是能够达成相互尊重的，甚至是有爱的共识——非重叠教权原则。非重叠教权代表了道德和理智基础上的原则立场，而并非仅是一个外交上的解决方案。非重叠教权也存在两面性。如果宗教不再能决定正确存在于科学教权内的事实结论的性质，那么，科学家也无法从世界经验构成的任何高级知识中对道德真理要求更高的洞见。这种相互谦让能够在这样一个具有不同激情的世界里产生重要的实际结果。

宗教对于大多数的人来说太重要了，以至于不可否认神学可给人以安慰的作用。例如，我可以私下怀疑教皇对于灵魂神授的坚持，这是对我们的恐惧感的安抚，是维护人类在一个演化的世界中具有优越性的信念的工具，而演化的世界原本对任何生物都没有提供特权地位。但我也知道，灵魂这个主题不属于科学的范畴。我的世界无法证

　　　　　　　　　　　　达·芬奇的贝壳山与沃尔姆斯会议

明或推翻这样的概念，灵魂的概念对我的领域并不构成威胁或影响。此外，虽然我个人无法接受天主教关于灵魂的看法，但我尊重这一概念的隐喻价值，它既是道德讨论的基础，也表达了我们人类潜能的最大价值：我们的尊严、我们的关怀，以及意识的演化赋予我们的所有道德和智力上的冲突。

从道德立场出发（因此，不能从我掌握的真实的自然知识去推导），我更喜欢"冷水浴"理论，大自然真的很"残忍"和"冷漠"（用完全不合适的道德论述中的术语来说），因为自然不为我们而存在，它不知道我们会来（毕竟我们只是最近地质历史时刻的闯入者），也不诅咒我们（比喻的说法）。我认为这样的立场完全是解放的，而不是沮丧的，因为我们从中获得了自我进行道德对话的能力，没有什么比这更重要了，这样我们可以从自然的真实性中被动地解读道德真理的错觉中解脱出来。

但我承认，很多人被这样的情形吓到了，自然更具灵性的观点有广泛的吸引力（承认演化的真实性，但依然在宗教领域寻找人类角度的某些内在意义）。例如，我很欣赏这样一个人所做的努力，他在 1996 年 11 月 3 日给《纽约时报》写信，表达了他的痛苦和对约翰·保罗的声明的认可：

> 教皇约翰·保罗二世对演化的接纳，激起了我心中的怀疑。在上帝创造的这个满是爱和光耀的世界中，疼痛和苦难的问题的确难以令人承受，即使对一个神创论者来说也是如此。但一个神创论者至少可以说，来自上帝之手的独创是好的、和谐的、无辜的和温和的。人们能怎么说

演化呢？即使演化是一个精神上的理论。痛苦和苦难、盲目的残忍和恐怖是它的创造方式。演化的引擎是猎食者的牙齿咬在尖叫着的、活生生的、有血有肉的猎物身上的研磨声……如果演化是真实的，我的信仰将在更加汹涌的海上航行。

　　我不同意此人的观点，但我们可以有一个很棒的讨论。我将祭出"冷水浴"理论，他（大概）会支持大自然具有内在精神意义的观点，尽管讨论中会存在一些障碍。但我们可以从这些深层的、最终无法回答的问题中得到启发，并给予更好的认识。在此，我相信科学和宗教间的非重叠教权具有最大的优势和必要性就在这里。非重叠教权表面上允许——实际上则是规划了——相互尊重的对话的前景，这是两种教权向着共同向往的明智目标坚持不懈努力的结果。如果说人类有任何特别之处，那就是我们是作为唯一能思考和对话的生物而演化来的。教皇约翰·保罗肯定会向我指出，他的教权永远是在识别这种独特性，正如教皇通谕一开始所说的："太初有道。"

　　　　　　　　　　达·芬奇的贝壳山与沃尔姆斯会议

15

波义耳定律和达尔文的细节

在佛罗伦萨，有两个场景极好地说明了科学革命的力量，它改变了我们对存在的几何结构的看法。在圣母百花大教堂（Santa Maria del Fiore）巨大的礼拜堂中，悬挂着15世纪艺术家米切利诺①的一幅画作，题为《但丁和他的诗》[*Dante e il suo poema*，诗即《神曲》（*The Divine Comedy*）]，在一幅画布上展现了整个宇宙。地球位于中央，佛罗伦萨即其象征，但丁位于中间，大教堂宏伟的布鲁内莱斯基②穹顶居左（明显存在年代的错误：但丁死于1321年，一个世纪后布鲁内莱斯基才建造了这个巨大的穹顶）。在但丁的右侧，被诅咒的灵魂正走向地狱，而那些注定会被拯救者则慢慢地攀上炼狱之巅。顶部的七个半圆代表了托勒密地球中心体系的七个行星（五个可见的

---

① 米切利诺（Michellino，1417~1491），佛罗伦萨学派的意大利画家，弗拉·安杰利科（Fra Angelico）风格的追随者。米切利诺主要描绘圣经中的场景，圣母百花大教堂西墙上的画作是其最著名的作品。——译注

② 布鲁内莱斯基（Brunelleschi，1377~1446），意大利文艺复兴早期颇负盛名的建筑师与工程师，他的主要建筑作品都位于意大利佛罗伦萨。他所设计建造的意大利佛罗伦萨教堂穹顶建于1420年至1436年间，跨度超过43米，设计独特，没有任何支承构架。——译注

行星，外加太阳和月亮）。最远处，恒星占据了最上面的角落。

如果我们到圣十字区（Santa Croce）的方济会教堂走走，就会看到伽利略的墓。他向上凝视着自己开拓的天空，右手持望远镜，左手握着渺小的、微不足道的地球。在两个世纪（伽利略死于 1642 年）中，地球就从有限的、卑屈的宇宙的统治中心地位走向了边缘地位，只不过是浩瀚无垠的宇宙中的一块大石头而已。

西格蒙德·弗洛伊德（Sigmund Freud）在一份著名的声明中宣称，科学革命完成的标志不是人们接受了现实的物理重建时，而是人们拥有了人类的地位不再高高在上这一彻底被颠覆的宇宙观时。弗洛伊德认为，所有重要的科学革命都具有一个讽刺性的特征，那就是不断将人类从先前自以为是的崇高的宇宙地位上一步步拉下来。因此，所有的重大革命都是在打破思想观念上的桎梏，并激发了抵抗，原因很明显，我们很不情愿接受这样的降级。弗洛伊德识别出了两个最重要的革命：哥白尼和伽利略关于宇宙本质的认识，以及达尔文对于生命地位的认识。不幸的是，时至今日，达尔文的革命仍未完成，因为我们曲解了演化的结果，将演化过程理解为可预测的进步的积累，明显将最后出现的人类智慧视为顶点，进而维护了我们傲慢所在的基础。

尽管我们还没有完全接受达尔文的观点，但对宇宙秩序调整的第一次革命却很快被公众所接受了。1633 年，伽利略出现在了罗马的宗教裁判所内，在这里他受到了折磨和死亡的威胁，他郑重地发誓放弃自己对以太阳为中心的哥白尼系统的信仰。他的余生一直被软禁在佛罗伦萨附近的阿切特里（Arcetri）的家中，死于 1642 年。在同一年，富家子弟罗伯特·波义耳（Robert Boyle）正在欧洲壮游，但不久后凭自己的努力成为一位伟大的物理学家和化学家。他访问过佛罗伦萨，阅读了伽利略的《两大世界体系的对话》（*Dialogue on the Two Chief World Systems*），此时这位大师正在阿切特里处于弥留之际。

1688 年，已经步入中老年的罗伯特·波义耳撰写了关于科学和宗教的著名论著，题为《关于自然事物终极原因的论述》[*A Disquisition about the Final Causes of Natural Things: Wherein It Is Inquir'd, Whether, and (if at all) with What Cautions, a Naturalist Should Admit Them?*]。在此书中——伽利略死后仅过了两代人——波义耳说明了哥白尼宇宙学的核心内涵已经被明确表达并被接受，因此也就完成了弗洛伊德关键意义上的第一次革命。[我认为这样的时间顺序非常重要，人们可以宣称伽利略取得了胜利（而达尔文依然前途未卜），仅仅是因为一场革命需要数百年才能完成，而伽利略的革命是两百年开始的。但是，如果第二场革命发生在伽利略所处的时代里，对于达尔文还有足够的时间，我们之所以还未完成这次革命，说明了我们不情愿的心理具有强大的持久性。]

波义耳问道，太阳和月亮的存在和有规律的运动，是否是在为上帝的创造力和仁慈行为提供证据？他首先嘲笑那些支持旧地心系统的人，因为他们认为上帝为了人类的利益创造了一切：

> 我不敢效仿他们的勇气，断言太阳和月亮，以及所有的恒星和其他天体，是专为人类而造的；……如同他们所认为的，太阳和其他发光的巨大星体，是为了照耀地球而永恒地运动；因为他们幻想那些比他居住的地球更遥远的星体要保持运动，这对人类来说更方便。

于是，波义耳更加直接地粉碎了早前的观念，宣称上帝不会为了仅仅照亮小小的、无关紧要的地球而创造像太阳这样的大家伙：

> 但是，像纯粹的博物学家那样考虑事情，似乎不太可能由一个最明智的"代理人"创造出如太阳和恒星等这些庞大的星体，特别是如果我们设想它们是以那些"平民天文家"所指定的那种不可思议的速度在运动。这样做就只是或主要为了照亮这个渺小的地球，而这颗星球与存在于苍穹名义之下的浩瀚空间相比不过是一个物理学上的点而已。

我们不会期待波义耳去攻击第二个认知障碍，乃至去质疑生命的神创论观点，他（毕竟）比达尔文早写了150年。当然啦，我写本文是想说明，波义耳自然神学的独特观点，为历史传统提供了一个独特的英国视角，该传统是达尔文学说难以撼动的基石。然后，我将说明当我们视自然选择的理论为对波义耳的自然神学的直接和有目的的攻击时，达尔文的哲学激进主义就会充分暴露出来。

罗伯特·波义耳（1627~1691）出生在一个富有的英裔爱尔兰贵族家庭，父亲是科克伯爵（Earl of Cork）一世。在伊顿公学学习和在国外生活了几年后，波义耳在牛津大学度过了科学上最多产的十来年（1656~1668），在这里他建造了一台空气泵，对气体的性质进行了重要的实验。（他最著名的成果是波义耳定律，其内容为：在恒温下，既定数量气体的压强与其体积成反比。）在其重要的著作《怀疑派化学家》（*Sceptical Chemist*，1661）一书中，波义耳抨击了亚里

达·芬奇的贝壳山与沃尔姆斯会议

士多德的四元素（土、气、火和水）理论，发展出了一个重要的物质微粒子理论。（他并未假定如后来的周期表中确认和建立的那样存在不同种类的基本元素，而是认为不同物质的特性源于原始粒子运动和组织的变化。）

1668 年，波义耳移居到了伦敦，永久地定居了下来。在此，他作为皇家学会（是英国领先的科学组织）的创始人之一，继续进行组织工作，并为很多其他事务操劳。（例如，他是新英格兰福音传播协会的会长。）

在科学上，波义耳的主要声誉来自于他对机械论的坚定捍卫和对亚里士多德理论从形式到本质的放弃。《科学家传记词典》（*Dictionary of Scientific Biography*）用下面的句子描述了他的基本哲学理念：

> （波义耳）坚信需要建立一个以经验为基础的物质机械论，也坚信可以建立起科学的、理性的理论化学……波义耳作为英格兰的"机械哲学修复者"被永远铭记……他最大的成就是摧毁了所有亚里士多德形式的质料的说法……并用理性的、机械的机制取而代之，他称之为"那两个宏大的、最普遍的原理，物质和运动"。

波义耳是正统的新教徒，恪守对宗教事业的承诺，他在宗教方面付出的努力和热情足以与在科学上的付出相匹敌。在牛顿周围的所有科学家中，波义耳是最传统、最虔诚的。此外，波义耳并不认为宗教信仰是私事。他撰写了与科学方面等量齐观的宗教论述，又撰写了几篇讨论这两个领域可能存在和谐关系的文章，其中就包括本文分析的这一篇。

如果我们接受错误的但普遍持有的看法，即所有宗教必定天生就很神秘，而科学中的机械论部分必定与这样一种更高的现实的概念相对立，这样一种说法似乎自相矛盾。但波义耳对上帝的看法，与牛顿和当时其他大多数科学家大致一样，巧妙地将机械论与宗教整合为一个统一的系统，并赋予两方较高的地位。波义耳的上帝是机械钟一个熟练的上发条者，他创造了一个这样的世界，从一开始所有的自然法则都是如此协调而自然地运转，以至于未来历史的整个过程奇迹般地无需进一步干涉（虽然波义耳和牛顿都不想将上帝束缚在其最初的创世上，但也赋予了他不时安插进去一两个奇迹的权利，只要他不可言喻的智慧发出这样的指令），就可以一步步展开。波义耳写道：

> 大自然最聪明和强大的创造者，能一眼看穿整个宇宙，能同时审视自然的所有部分，在事情开始之初将之纳入这样一个系统，为其设置运动规律，当他在创造世界的时候就设置好了，这些规律是可以符合他的目的并运行到最后的。凭借其在第一次使用时的广博而无限的智慧，他不仅能看到他所创造的事物的当前状态，而且还能预见所有的结果……这一教义与对任何真正奇迹的信仰并不矛盾，因为它假设大自然的正常而稳定的运行过程能够被维持，不可否认。只要他认为合适，这位大自然的最自由和强大的创造者就能够让那些最初他独自建立的运动法则暂停、发生改变或出现矛盾。

既然上帝的不变法则可以被发现和用科学进行研究，既然神的无限力

达·芬奇的贝壳山与沃尔姆斯会议

量可以在大自然的这些规律中完美地展现出来，上帝的荣光可以通过这样的经验被理解，因此要让科学成为宗教的仆人，而非对手。

波义耳在 1688 年出版了《关于自然事物终极原因的论述》一书，尽管今天已经几乎没有人读它了（毫无疑问几乎所有的应用科学家根本就不知道它的存在），但它却是英语世界中关于自然神学的经典论著。

波义耳的书开启了一个传统，这个传统在 19 世纪最有影响力之一的威廉·佩利（William Paley）的《自然神学》（*Natural Theology*，1802）一书中达到顶峰，但随着 1859 年达尔文出版了《物种起源》而走向衰落。作为这一传统的核心，波义耳和同伴提出并发展了所谓的设计论证（argument from design），试图确定自然的终极原因，即是上帝存在的证据，以及上帝的终极权力和无限仁慈的证明。[佩利为自己的书取了一个副标题，名为"上帝存在及其属性的证据，来自自然的表现"（*Evidences of the Existence and Attributes of the Deity, Collected from the Appearances of Nature*）。]

为了欣赏这一论证的力量（和根本错误），我们要回顾一下所涉及的一些术语，来阐明根据亚里士多德的著名分析而来的"终极原因"的概念。（波义耳对亚里士多德的物理学不怎么感冒，但他遵从了大师对因果律分类的传统解释。）亚里士多德提出的因果律包括四个独立的部分，如经典的"房子的寓言"所阐明的那样。构成材料谓之"物质因"（material cause），如果用稻草、木材或石头等不同的材料建造，房子将不同（如同三只小猪故事里那样）。泥瓦匠将材料拼凑在一起的工作谓之"动力因"（efficient cause）。仅仅是落在纸上的蓝图，无法直接造出房子。但没有蓝图，我们也只能永远守着一堆石头，因此蓝图谓之"形式因"（formal cause）。最后，如果没有预期的目标，就根本不会去建房子，因此想要住房子的愿望谓之"目的因"（final cause，这里的"final"并非时间意义上的最后，在拉丁语中有目标或目的的意思）。

自波义耳生活的时代和我们所处的时代间科学定义的最显著的变化之一是，我们对于因果律含义的概念发生了根本性的变化。一个变化是发生在术语上的，因此并不十分重要。我们仍然能够理解物质和形式因素的关键特征，但已经不再将其视为"因"了。至于根本性的变化，波义耳和他那代人掀起的机械革命取得了彻底的成功，事物的实际构建和操作，即亚里士多德所称的"动力因"，成为了因果律定义中唯一可接受的概念。与此同时，结果是，目的的概念，或者说目的因，在科学中已经不复存在了。无论是以人类或其他任何术语所定义的，我们不再相信无机物体具有预定的目的。对于生物，我们当然允许目的概念存在，好的设计具有功能性（当然，演化出眼睛就是为了看东西）——但我们现在已经将这样的功能视为自然选择这个动力因的结果，而非生物自身或某一个造物主的有意所为。

但在波义耳生活的时代，（无论是在科学上还是在宗教上）目的因都是正统。1668 年，他出版了一本论著，定义了目的因的适应领域，评估其行动上的证据。有趣的是，波义耳采用"金发女孩"[①]的方法梳理这一问题，认为一类物体太小了，而另一类则太大了，第

[①] 金发女孩出自大家耳熟能详的故事《三只熊》。金发女孩闯进了三只熊在森林里的小木屋。女孩坐了三把椅子，喝过三碗汤，睡了三张床。前两个不是太大，就是太小，不是太烫，就是太凉，总是在第三次，也恰好是最后一次才找到"刚刚好"的那个。因此金发女孩方法通常指通过尝试找出"最恰当"的方法。——译注

　　　　　　　　　　　　达·芬奇的贝壳山与沃尔姆斯会议

波义耳定律和达尔文的细节

三类才刚刚好。在确定好的生物体设计为"刚刚好"的过程中，波义耳坚定地将目的因这一庄严的概念引入到了生物学，因此将他对宗教的自然辩护建立在达尔文的革命后来将之视为一般有效因果关系的产物上。波义耳认为，好的有机设计暗示了宇宙中的仁慈目的，他的这一论点为我们提供了无法割舍的舒适和吸引力。因此，我们加固了达尔文将要打破的陈旧观点的基础，我们引导自己对于演化的解释偏向于认为生物的变化是具有可预测的目的（而不是碰巧的偶然事件），因此将达尔文的机制转变为一个谬见，以获得波义耳的上帝曾提供的同样的安慰。

波义耳在论述的开篇指出，两个哲学思想派别出于相反的原因否定了可确定的目的因的存在。伊壁鸠鲁学派（Epicureans）认为，物质实体是偶然所构建的，而笛卡儿学派（Cartesians）则认为上帝的智慧深不可测，人类这些凡夫俗子永远也不可能领悟其真实的意图：

> 由于他们认为世界是偶然产生的，因此伊壁鸠鲁和其大部分追随者完全放弃了考虑事物的目标（目的因），任何事物的结局都不是有意而为的。相反，笛卡儿和其追随者认为上帝对于所有有形之物的意图是如此之崇高，人类不知天高地厚地想通过自己的理性发现他的意图。因此，根据这两个相对立的学派的思想，要么我们自大地寻找目的因，要么狂妄地认为我们能够发现它们。

于是，波义耳采用他的金发女孩的方法追问，哪类自然物能够展示全能的、慈爱的神进行创造的目的因。对于熊妈妈眼里那类"太小的",波义耳选择了地球上的无机物体,用他自己的话说是"处于地上世界的无生命之物"。岩石和水在组成上是如此之简单,它们既不可能是意外产生的(这一点与伊壁鸠鲁派反对目的因相一致),也不可能是由大自然恒定和简单的法则直接创造的。(当然,是上帝制定法则,但在自然法则下物理力所合成的物体,并非由上帝创造,也不直接展现上帝的意图。)波义耳写道:

> 对于像石头、金属等无生命的物体……它们大部分的组织结构是如此简单,这就不难想象部分普通物质之间的各种碰撞,可能曾经产生过它们,因为我们在一些化学升华作用、矿物的结晶、金属溶液和其他一些现象中见到过,在这里运动并不受到一个智慧源的特别指导和指引,其结果就是那种不同结构的物体即便不被需要也可能会被产生出来。

对于熊爸爸那类"太大的",波义耳选择了宇宙中巨大的无机物体,如我们的太阳、地球和星星。它们是如此巨大,如此遥远,如此难以形容。上帝一定不是为了我们而创造了它们(还记得伽利略及其同伴已经砸碎了第一个陈旧观点了吗?)。因此,这些物体也无法有效地展示出能安慰或启迪人类的目的因。恒星和行星成为笛卡儿学派所主张的牺牲品,上帝的意图太神秘,无法被人类所理解。行星赞美上帝的伟大,但并非他的仁慈——恰当的目的因必然既展示了上帝的存在,又展示了他的仁慈:"笛卡儿哲学考虑世界的方式就是要展示上帝力量的伟大,而非如我所希望的那样,展示他的智慧和仁慈。"

那么有哪些物体属于熊宝宝那类"正好的"呢？用波义耳自己的话说是"我所祈求的方式"。波义耳认为动物和植物能为证明上帝的存在和仁慈的目的因，提供合适的证据。首先，与熊妈妈那类简单的无机物体不同，动物足够复杂，需要一个直接的创造者：

　　　　如果我们允许在没有明智和全能的原因进行特别的指导下，可通过偶然因素制造一块形状精美的石头或金属物质……而对于需要有大量的共同协作，以及一系列持续的行为与作用才能产生的事物来说，这完全是不可能的。如果没有既智慧又强大的理性主体的监督，这样偶然的产物，堪与最笨拙动物的拙劣的肢体相媲美……可我从未在自然界见过这样实质性残缺的无生命物质。

　　其次，对应熊爸爸的无法形容的宏大的恒星和行星，动物的某些部分可以清楚地揭示它们自己的目的，因此展现了造物主的意图："我不得不认为，"波义耳写道，"到目前为止，天体的情况并不像动植物体那样清楚和证据充分地彰显世界创造者的智慧和设计。"
　　我没有足够的空间来阐明，波义耳详细而巧妙（但也是被迫的，最终无效的）的关于生物体每一部分功能和优化设计的论证。相反，我将仅讨论这些关于上帝存在和仁慈的经典说法，如何构建和加强传统观点的崇高地位，我们似乎很不情愿将它们打破，以便完成达尔文的革命。因为，如果生物圈像上帝构建的运转良好的机器那样运转，如果目的应该是被解释为了满足人类（上帝创造的生物中最完美的）的需求，那么自然神学肯定了我们的支配权和统治权。最后一次，用波义耳的话说就是：

> 由水和陆地构成的地球及其产物……特别是生活在其中植物和动物，真的……似乎是为了人类的使用和利益而被设计出来的，因此只要能够驯服，人类就有权力利用它们……因此，高贵的先知有理由大声说：主啊，你的作品是多么的丰富！你以多大的智慧创造了它们啊！

当达尔文有意识地去彻底改变人类对于植物和动物的地位和历史的态度时，他没有否认波义耳的前提：生物是精心设计的，其卓越的解剖结构和功能成了博物学首先要解决的问题。达尔文在《物种起源》的前言中写道：分类学、胚胎学、古生物学和生物地理学的证据足以证明演化的运作，但我们不能满足于此，直到能解释"结构上的完美和最能激起我们赞美的相互适应性"。

但达尔文当时在接受他们的前提（卓越的生物设计）时将波义耳和佩利完全颠倒了，同时也颠倒了他们的解释。与仁慈的神为了明确更高目的而创造了生物（为了人类是神的意图中最重要的）相反，达尔文假设了一个名为自然选择的机械过程（一种有效的原因）。此外，与老传统最相反的是，达尔文的原因并不对物种和生态系统这样"高级"的实体起作用，而只是针对生物为了个体的繁殖成功而奋斗，除此再无其他！波义耳和佩利曾经解读为证明上帝存在和仁慈的大自然的特征——生物的卓越设计和生态系统的和谐——在达尔文那里变成了副产品或毫不重要目的的过程的产物，仅直接对生物个体的利益负责！

与波义耳不同，达尔文对正式的神学没什么持久的兴趣。但我们必须知道他是如何考虑演化和自然选择对人类地位所产生的广泛影响的。换句话说就是，在弗洛伊德的意义上，他在多大程度上明确地渴望粉碎阻碍他革命完成的障碍？在一个理智构造的世界中，他愿意在推翻波义耳的视人类为主宰（或至少是有优越感的）的传统观点上走多远？

　　鉴于达尔文没有写过相关哲学问题的著作，因此我们不得不求助于他的私人信件和杂记。有一封著名的信脱颖而出，明确地展现了（并优美地表达了）达尔文渴望弗洛伊德意义上的革命状态。达尔文最著名的美国同僚、哈佛大学的植物学家阿萨·格雷（Asa Gray），在读到（刚刚出版的）《物种起源》时感到既兴奋又苦恼。在一封发自内心、感人至深的信中，格雷告诉达尔文，他可以接受自然选择为演化改变的有效原因，但作为一个虔诚的有神论者，他无法放弃这样的信念（可是无法证实），即上帝在按照这样的原理构建自然时必定蕴含了一些更高的目的。达尔文在 1860 年 5 月 22 日的精彩回信中，满怀同情地进行了回答，但也对这个传统的信念表达了深刻的怀疑：

　　　　关于这个问题的神学观点，这一直令我很痛苦。我很困惑。我并不打算以无神论的形式写作。但我承认，我不能像其他人那样清楚地看到，也无法像我希望的那样看到，设计和仁慈的证据遍布我们周围。对我而言，世界上似乎有太多苦难了。我无法说服自己，仁慈和无所不能的上帝会为了表达自己的意图，特意创造在活着的毛毛虫体内产卵的姬蜂，或者猫应该戏耍老鼠。

接着达尔文写下了关于生命历史中设计和意图的主要看法，我认为这是西方思想史中被"引用最多的段落"之一：

> 另一方面，我无论如何都不能满足于这样看待奇妙的宇宙和人类的本质，并得出结论说，一切都是纯粹力量的结果。我倾向于认为，一切都是源自设计好的法则，无论好坏，所有细节都是我们可以称之为偶然性的结果。

现在，我们到了阐释达尔文关于这一最基本问题的观点的关键所在。作为背景的概述，他可以接受法律似的可预测性，甚至是某些不明确的神学意义上的一些潜在意图。但达尔文将打击点放在了他称之为"细节"的基座上：这些细节会"留给我们所说的机会去处理"。通过他精心选出的词和例子，我相信达尔文要表达的意思是，这里的机会指我们现在所说的偶然性（或者是由于极端复杂的历史序列所导致的不可预测性），而不是掷骰子意义上的可能性。（这种区分十分重要，因为纯粹的可能性排除了任何对特殊之处的解释，而偶然性则不同，虽然从一开始就否认了预测的可能性，但承认在一段特定的历史发生后存在可对其进行解释的可能性。偶然性代表了历史学家的可知性模式，而纯粹的可能性则完全否认了细节可以被解释的可能性。）

现在我们要直接面对另外一个金发女孩的问题。达尔文提出了一个一般性（generalities）的传统领域和一个特殊性（particulars）的革命领域。但哪一个因素主宰生命的历史呢？特殊性仅代表了一个有可能按照既定目的构建的、按照固定的运动规律滚动的球上，一些微不足道的凸起和凹坑吗？并可能具有既定目的？或者，特殊性形成了如此高的山脉和如此深的裂隙，以至于球的轨迹必须要遵循这些明显的不规则特征吗？特殊性是躺在熊妈妈的小床上，还是熊爸爸的特大号床垫上？（抱歉这样的类比中牵扯到了性别歧视的意味，但我拒绝写政治正确的睡前故事，如果要说的话，反而更加承认了这是历史悲哀的遗产。）

达尔文的谨慎延续到了他对格雷表达的观点上，他将特殊性置于"过多"的熊爸爸营地中，也就是说，特殊性太多影响太大了，因而无法证实人类占统治地位的传统的舒适性论断。他用三个一连串的例子偷偷树立了偶然性的支配角色，前两个不可否认，第三个具有更多的挑战性，但一旦接受了前两个，第三个就非常合理了。

例一："闪电杀死了一个人，无论是好人还是坏人，都是源自于自然法则极度复杂的活动。"很好！这没什么好说的。该事件不是随机的。作为物理原理的结果，闪电击中了一个具体的地点，但没人会说正好处在这个点上的人是被设计出来的。他的死是偶然性的，是不可预测的。

例二：如果我们承认死亡的偶然性，那为何不承认生的偶然性呢？"一个孩子（可能是个白痴）是更复杂的法则的产物。"同样，如果我们更好地了解了胚胎学，我们就会知道（在物理意义上）为何一个孩子会患上严重的精神障碍。但我们曾想说这是仁慈的上帝有意为之的，这样一个特殊的、悲惨的结果源于已建立起的胚胎发育的合理原则吗？这个具体的结果必须被视为没有道德含义的偶然事件。

例三：演化层面的拓展。演化是一个事关物种和种群生死的过程。如果个体的生（智障儿童）和死（被雷电击死的人）是偶然事件，那么为何不将同样的分析应用到物种的生和死上呢？要知道物种只不过是具有地质时间尺度上的生物个体。既然智人只不过是众多物种中的一员，为何我们的生（以及可能的死）就不应该被视为偶然事件呢？"……我找不出任何理由，为何一个人或其他的动物，最初是根据其他法则产生的。"

我高中时的戏剧老师曾告诉过我，英语中最著名的舞台指导出现在莎士比亚的《冬天的故事》（*The Winter's Tale*）的第三幕第三场，在安蒂冈努斯（Antigonus）的长篇独白后，莎翁写道："被熊驱逐退场。"我们可以大胆地期望：演化是进步的和人类是至高无上的这类错误的、有害的和传统上接受的观点最终会退出历史舞台，就如熊爸爸，偶然的机会有了优势力量之后，就要对由罗伯特·波义耳构建、威廉·佩利信奉并加固、而查尔斯·达尔文剥夺了其含义的传统观点的根基发起冲击了吗？

16

最高的故事

作为一个扶手椅和象牙塔的专业爱好者，我先讲两个关于本应坐着却站起来的相似传说。在高雅文化的版本中，观众在哈利路亚大合唱的开幕和弦中站立起来，并在整个乐章中一直站着。[合唱歌手——我是其中的一员——喜爱这种仪式，因为我们获得了唯一有保证的起立鼓掌。亨德尔（Handel）的《弥赛亚》（*Messiah*）的第二部分结束中场休息后紧跟着就是这个大合唱。]在流行文化中有一个主要例子就是第七局拉伸期间[①]，在棒球比赛中，成千上万的球迷在自己的球队第七局击球前站起来。（效果几乎有些恐怖。黑压压的一群人，在没有任何提示的情况下，在那一刻行动得如此整齐，如一个实体。无数父亲已经学会利用这一仪式，在带孩子第一次看球赛时告诉这些易受骗的人儿："我能让所有的观众按照我的指令站起来。"然后就抓住时机发出恰当的指令。不知道是否所有孩子都上过这个当，相信"父亲能看见一切"，而对其言听计从。）

---

① 来源于美国棒球比赛，每逢七局结束、攻守转换时，专门会留出一段比较长的休息时间，放放音乐，让观众们活动一下筋骨。

尽管名称和地点差异极大，我们用完全相同（无疑是错的）的故事来解释每一个仪式。一位英国国王（根据不同版本，是介于乔治二世和乔治三世之间的某位）被亨德尔的宏伟音乐所感动，起身致意，于是自此之后观众们也都跟着这样做了。一位美国总统（一致认定是威廉·霍华德·塔夫脱[①]），在一场球赛中起身舒展身体，于是所有人都跟着站了起来。

从更合理的动机上说，我之所以喜欢这些故事，是因为它们是如此完美地体现了历史解释的基本主题——重大的后果往往源自完全不同意图的不经意的触发。换言之，当前的用途并不一定与历史的起源存在必然关系。谁知道当时乔治国王是为何站起来的？也许是他认为中场休息已经开始了呢？也许是他感到厌烦了或想出去抽根烟？而对于塔夫脱，他站起来也许是想早点离开（甚至有些版本就这样讲的）。有哪位总统曾看完过整场比赛吗？但看看由此产生的夸张后果吧，千百万人在这个约定的时间站起来。消耗了无数焦耳的能量。所有的行为都成为后来共有的传统，举个例子来说，就像从来不在沐浴之外时间引吭高歌的人，充满激情地大喊"带我出去看球赛"。全都是因为一个国王或一个总统曾想早一点开溜，或出去撒个尿。完全无关紧要的起源造成了严重的后果。

我之所以讲这些，是因为我最近意识到最初的"老标准"，如经典教科书中关于我们对达尔文演化论的喜爱的说明，是以同样的方式

---

① 威廉·霍华德·塔夫脱（William Howard Taft, 1857~1930）是美国第二十七任总统，他在总统任期内虽然政绩平平，但一直勤勤恳恳，做了不少工作，如：逐步采取年度预算，建立邮政储蓄体系，鼓励保护自然资源，大力推行反托拉斯法，等等。

产生的——作为一个根深蒂固、无处不在的例子，它的产生是基于一个根本不存在的、假定的历史传统。几年前，我对所有重点高中的生物学课本进行了调查。毫无例外，所有的教科书在讲述演化的那章时，都是先讨论拉马克的获得性遗传的理论，然后祭出达尔文的自然选择论，作为更好的选择。所有的教材都用长颈鹿的长脖子这个例子来说明达尔文学说的优越性。

我们被告知，为了吃到金合欢树顶上的叶子，长颈鹿长出了长脖子，这样就获得了其他哺乳动物无法接近的食物来源。课本里接着说，拉马克用长脖子的例子来解释演化，认为长颈鹿在生活过程中不断地努力伸展，在这个过程中脖子变长了，接着将这一优势通过遗传改变传递给了后代。

这个可爱的想法体现了努力就会获得回报的基本美德，唉，但遗传并不按照这种方式进行。在生活中伸长脖子并不能改变决定脖子长度的基因，后代无法从其父母的努力中得到任何遗传的回报。因此，我们更青睐达尔文的解释，它与孟德尔的遗传本质相吻合，那些意外获得长脖子的长颈鹿（在多样化的种群中，每个长颈鹿的脖子长度都不一样）将留下更利于生存的后代。这些后代将继承其父母的遗传倾向，长得更高。这个缓慢的过程一代代持续下去，只要当地的环境继续有利于个子高的动物，获取那些多汁的顶端的叶子，从而导致长颈鹿脖子的长度稳定增加。

我们常常会基于共同的文化历史，用含义明确的符号表示某一运动和信仰。例如美国人会用驴或大象宣告自己的政治倾向。更具体来说，在驴的阵营中，在克林顿竞选总统时，会用萨克斯管的徽章表明，我是"比尔的朋友"；就像用有洞的鞋子的标志（回想一下一个疲惫的候选人的著名照片）曾经团结了阿德莱·史蒂文森 ① 的支持者。同样，最高的哺乳动物坚持伸长脖子，代表着演化，特别是代表了达尔文的自然选择机制。近来，弗朗西斯·希钦（Francis Hitching）写了一本打破传统的书，支持演化，但反对达尔文学说，他选择了《长颈鹿的脖子》(*The Neck of the Giraffe*) 作为书名——但他在书中几乎没有提到长颈鹿。

一个被经常复述的故事应该构建于坚实的基础之上，并在整个故事中得到强大而优雅的支撑。简言之，所有例子中最为我们熟悉的应该是像我们自己的头那样，高于一切，并得到像"长颈鹿的脖子"这样设计优良的装置的支持。或者，回想一下我开始叙述时的第二个场景，并引用最伟大的爱情诗［可能不恰当，名为《雅歌》(*Song of Songs*)］的句子："你的颈项如象牙台……你的身量好像棕榈树。"

相反，如果我们追溯这种无处不在的例子至零散的猜测时，会发现根本没有构建的基础可言，且将其起源归结为一个国王需要去洗手间着实有点好笑，那么我们可能认识到两个具有潜在意义的教训：第一，重复与真正的价值无关，甚至是最虔诚的确定性也应定期审查它们的基础；第二，一个现象当前的重要性和效用对其历史起源的环境也没有多少特别的参考意义。

当我们考察有关长颈鹿脖子的竞争性演化解释的推测性的来

---

① 阿德莱·史蒂文森（Adlai Stevenson，1900~1965），美国政治家，以辩论技巧闻名，被誉为当时仅次于温斯顿·丘吉尔的天才，曾于 1952 年和 1956 年两次代表美国民主党参选美国总统，但皆败给艾森豪威尔。他虽未当过总统，却被他的支持者称为"美国从来没有过的最好的总统"。——译注

源时，我们要么根本什么都不会发现，要么只是发现些最短期的投机性猜测。当然，长度不一定与重要性有关。饶舌的老波洛尼厄斯（Polonius）在一次罕见的清醒时刻，提醒我们"简洁是智慧的灵魂"（接着立刻就忘记了自己充满智慧的观察，啰里啰唆地讲述哈姆雷特的疯狂）。很多最著名的《圣经》故事仅有一两个诗节，而圣戒和谱系列表却要占据很多页。

然而，长度必定至少与可感知的意义深度有一种粗略的关系。几乎没有作者会将无关紧要的内容写成章节，然后加上几句自己最珍视的主题——如果仅仅是因为读者无法正确衡量其相对重要性的话。我非常有信心，《旧约全书》的作者为他们的谱系和圣戒赋予了比约拿与鲸鱼的故事（《圣经》最短一卷的最短的一章）更大的意义，毕竟前者是他们自己社会的秩序和权利的基础。但是在现在，情况发生了大逆转，鱼的故事胜过了那些难以发音的名字的陌生人的长长的谱系列表——这只不过说明了我的主要观点，在进行任何的重要性或意义的判断时，必须要将当前的功用与历史的起源区分开来。

对于演化论的创立者而言，长颈鹿的脖子根本就不是什么问题，既不是另外一种替代机制的实例研究，也根本没有什么重要之处。后来也没有出现关于长颈鹿的数据信息能支持任何胜过其他想法的特殊理论，一直到今天也没出现过。数据的缺乏几乎不可能阻止具有丰富想象力的科学家进行猜想，我承认，但你可以在因缺乏信息致使思想枯竭之前，写下很多东西。至少让我们希望，没有哪个正派的博物学家会用一个来自纯粹猜测的例子，作为中心理论的主要例证。

拉马克的确提到过长颈鹿的脖子，并将其作为通过终生努力产生遗传上的影响，最终导致演化扩大的一个推定的例证。但他的讨论仅占据了一章中的一段，该章其余的部分则是更长的例子，很明显拉马克认为它们更重要。拉马克是这样说长颈鹿的脖子的，且绝对并没有多置一词，绝对不会想用几行猜测作为一个理论的中心：

> 观察形状和体型奇特的长颈鹿的习性是很有趣的。这种动物是哺乳动物中个子最高的，生活在非洲内陆，这里的土壤几乎总是干旱和贫瘠的，因此它们就不得不攫食树上的树叶，并且要不断努力够到它们。出于长期保存在族群所有个体中的这一习性，导致了它们的前腿长于后腿，脖子伸长到了无需用后腿站起，头就可以达到 6 米高［引自拉马克 1809 年的经典著作《动物学哲学》（*Philosophie Zoologique*），第 1 卷第 122 页］。

这一段陈述泄露了一个真相，但你必须了解 18 世纪的文学才能发现线索，它证明拉马克不怎么重视长颈鹿，因此对这个随意讲述的例子并不看重。当时现代意义上的公共动物园在欧洲尚未出现，几乎没有什么私人动物园（通常依靠皇室的赞助来维持）曾饲养有长颈鹿。有些旅行者在野外看到过长颈鹿，很多参观者在开罗的展览时也目睹过。自古典时期开始，欧洲人就已经知道长颈鹿了，罗马的皇帝将它们带到了斗兽场进行公开屠杀。有些报道如拉马克所申明的那样，宣称长颈鹿的前腿高度大大地超过了后腿。事实上，前后腿是一样高的。之所以给人留下前腿更高的印象，是源自长颈鹿的背向后的斜度很大，为了支持巨大的脖子，其身体前部需要大量的肌肉和脊椎突。在拉马克的时代，已经有足够的可靠资料打破了前腿长的旧神话，从而说明前后腿一样长。因此，如果拉马克在他关于长颈鹿那一段叙述中重复老的传说，只能说明他没有完全掌握文献资料。

在英国作家向同胞解释拉马克的理论时，这个例子并没有受到特别的重视。莱伊尔十分公允地在 1832 年出版的《地质学原理》（*Principles of Geology*）第二卷——这也是最早引述拉马克理论的英文资料——中提出了反对意见，他在引用这个例子时进行了删节，并未做进一步的评论。1863 年赫胥黎出版了第一本解释达尔文演化论的大众读本，其内容来自那一系列著名的为工人做的讲座《论我们关于有机自然现象的原因的知识》（*On Our Knowledge of the Causes of the Phenomena of Organic Nature*）。书中赫胥黎完全忽略了长颈鹿，而是用了两个拉马克自己重点强调过的例子来阐释拉马克的理论。它们分别是，推测铁匠强壮的右臂可以遗传给他的儿子，涉禽的长附趾和带蹼的脚可能是为了避免被淹到或在泥塘或流水中打滑而演化出来的。

我们现在从可靠的资料入手，在达尔文《物种起源》（1859）的第一版中，我们根本没有发现他用长颈鹿的脖子来说明自然选择。有趣的是，达尔文仅在通常内文中涉及脖子的传奇故事的情况下引述了长颈鹿，作为说明自然选择效用的推测的故事，这也很好地证明了我的观点。但在这一部分引述中，达尔文关注的是长颈鹿的另一端，讲述了关于尾巴的故事。此外，达尔文不是很喜欢用愚笨的"原来如此"的故事模式，仅凭似是而非的推测来阐释自然选择，因此他关于长颈鹿尾巴的故事仅占了一段。

布丰的长颈鹿插图，显示了拉马克同时代的人已经清楚地知道，
并将其前腿和后腿画得一样长。

达尔文提出这个故事的目的是说，自然选择有足够力量解释"不重要的器官"的存在。他认为，长颈鹿的尾巴主要是用来驱赶苍蝇。有人可能会说，这样的功能太微不足道了，无法归入基于差异性生存的机制范围内。（驱赶苍蝇真的事关生死吗？）达尔文回复说：

　　　　长颈鹿的尾巴看上去像一只人工做的苍蝇拍，乍看上去似乎有些不可思议，它难道真是经过连续的细微改变而适应现在的目的，为了越来越好地驱赶微不足道的苍蝇吗？在给出确定答案之前，先让我们暂停一下。我们知道，在南美牛和其他动物的分布和生存完全依赖于它们对抗攻击它们的昆虫的能力：因此那些有任何手段抵御这些小敌人攻击的个体，就可以进入到新草地，从而获得巨大的优势。这并不是说，这些大型的四足动物实际上是被苍蝇毁灭的（除了一些罕见的情况），但它们会不断受到骚扰，从而令自己的力量降低，更容易遭受疾病的侵袭，或在饥荒来临时无法更好地寻找食物，抑或无法逃脱猛兽的袭击。

　　达尔文也同样地提及了长颈鹿的脖子，但（讽刺的）是出于相反的目的，用以说明自然选择在塑造生物特殊结构时的力量。根据同源物种或后代中所保留的共同祖先的结构出现显著的功能分异所提供的有关演化的证据，达尔文指出，长颈鹿在构建非凡的长脖子时并没有增加新椎骨，仅是将其他所有脊椎动物脖子中都存在的 7 节椎骨拉长了而已。因此，历史通过将适应性解决方案限制在可遗传的设计范围内，来限制自然选择的力量。他写道：

在人类的手掌、蝙蝠的翼、海豚的鳍和马的腿中，也有同样的骨骼框架。长颈鹿的脖子和大象的脖子都是由相同数目的椎骨构成的。——无数的其他类似的事实，都证实了通过缓慢而细微的连续饰变的演化理论。

在其随后出版的更长的两卷本的《家养动植物的变异》（*Variation of Animals and Plants Under Domestication*，1868）一书中，达尔文终于在讨论自然选择时引入了长颈鹿的脖子。但同样具有讽刺意味的是，后世将这一例子篡改，成为了我们善于猜测的传统中典型的原来如此的故事。达尔文并没有以"长颈鹿的脖子"为例讲述推测的适应性优势的愚蠢故事。相反，他以这个例子讨论了一个更微妙的核心问题：自然选择在演化的一般解释中的有效性。

即使我们假定长颈鹿的脖子是作为吃到高处的树叶的适应性演化产生的，那么自然选择是如何通过逐渐增长构建这一结构的呢？毕竟长脖子的出现必定要伴随着几乎身体所有部分的改变，长腿增强了这一效果，为了支撑脖子，骨骼、肌肉和韧带等一系列支持结构都要做相应的改变。自然选择如何同时改变脖子、腿、关节、肌肉和供血（要知道将血液从心脏输送到遥远的大脑需要极大的压力）呢？为了回应这一问题，有些评论者提出，所有相关的部分必须同时一下子发生改变。这样突然的协同变化会让作为一种创造力的自然选择变得无效，这是因为，我们所期待的适应性只能作为内部产生变异的偶然结果而存在。（此外，达尔文补充道，我们没有证据证明这种复杂的和幸运的协同变化就这样出现了，而且整个想法带有绝望和特殊恳求的意味。）

最高的故事

325

达尔文提供了一个有力而微妙的解释（以现在的观点看，可能不完全令人满意，但却完全符合逻辑和一致性）。有趣的是，他的提议体现了本文的主题——需要将现在的可用性与历史的起源分开来看。长颈鹿现在的功能可能需要身体各部分的协调，来维持长脖子的正常运转，但这些特征并不需要步调一致地演化。如果脖子突然增长了10英尺，那么每一个解剖上的支持结构必须到位。但如果脖子一次仅伸长1英寸，则不需要所有的支持结构步步为营。协调适应可以零敲碎打地实现。有些动物可能略微伸长了脖子，另一些则伸长了腿，而另一些则可能发展出了更强壮的颈部肌肉。通过有性繁殖，不同个体的有利特征可能整合到后代中去。

　　达尔文用长颈鹿这个假定的例子，发展出了一般性的解释，这里他确实动用了生物学上的推测。不过我会捍卫这种推测模式，这与讲愚蠢的故事有着天壤之别。当科学家需要解释理论的难点时，通过假设的例子进行阐释，而不是完全通过抽象的概念来说明，前一种修辞手法的效果更好（也许是不可或缺的）。这样的例子不是贬义的"揣测"，愚蠢的故事对复杂的机制提供不了什么洞见，而是说明理论难点的理想例证。（在哲学和法律等其他领域，使用这种推测的案例是标准做法。）

　　这样援引长颈鹿作为一个适当的例子，达尔文确实在书中埋下了一条长高具有适应性优势的线索。脱离语境，此评论可能被解读为是对即将出现的愚蠢猜测的预兆。但作为一个推测实例的一部分，用来阐释理论中更微妙的一点，它的角色在下面的总体陈述中就很清楚了（《家养动植物的变异》，第2卷，第220~221页）：

　　　　　　　　　　　　　　　达·芬奇的贝壳山与沃尔姆斯会议

像长颈鹿这样的动物，对于某些特定功能，它们的整个身体结构十分协调，有人认为它们身体的各个部分必定是同时发生改变的。按照自然选择原理，这种情况几乎是不可能发生的。这样的论调，等于默认变化一定是突然发生的，且幅度很大。毫无疑问，如果一种反刍动物的脖子突然变得很长，其前肢和后背也必须同时得到加强和发生变化。但也不可否认，动物的脖子、头、舌头或前肢也可以一点点变长，无需身体其他部分做出相应的改变。因此，动物的些许变化，在资源缺乏时，就会显示出微弱的优势，能够吃到更高的枝叶，从而存活下来。每天多吃几口或少吃几口，在生死攸关的紧要关头是完全不同的。通过重复同样的过程，以及幸存者的偶然杂交，在朝向长颈鹿完美的协调结构的路上，一定会有一些进步，尽管很缓慢且有波动。

　　我猜想，长颈鹿的脖子首次成为演化理论中明确的、有争议的问题，是出现于圣乔治·米瓦特（St. George Mivart）1871 年出版的批评达尔文演化论的《物种的成因》（*The Genesis of Species*）一书中。米瓦特在很多方面都是一个迷人的叛逆者，他是圣公会的一个虔诚的天主教徒，也是一个坚决反对自然选择机制的演化论者。米瓦特的确关注长颈鹿的脖子，而且以现代高中教科书中的规范的形式提出了达尔文假设的例子，即关于自然选择的一个推测的故事。但请注意，米瓦特在书中反对达尔文演化论，反对者总是倾向用讽刺和轻蔑对待他们要攻击的学说。米瓦特阐述说：

乍一看，这似乎是一个支持"自然选择"的好例子。假设以下的情况偶有发生，动物们生活的地区遭受严重的干旱。在这种情况下，当地表的植被被吃光后，剩下的仅是高大的树木了，可想而知，这时只有那些能够吃到高处树叶的个体（我们假设它们是最初的长颈鹿）才能存活下来，并成为下一代的父母。

在《物种起源》的第六版（1872），也是最后一版中，达尔文增加了唯一的一章，主要是用来反驳米瓦特的攻击。在这新的一章中，达尔文全面地讨论了长颈鹿（尽管仅是为了反驳米瓦特），这可能是后来发展出的长颈鹿传说的主要来源。（直到今天，几乎所有的再版和后续版本，都采用了第六版的说法，而非1859年的第一版，在第一版有关自然选择的部分根本没有提到长颈鹿的脖子。）

然而，当我们细细品读达尔文的话，我们还会在我们不断扩展的列表中发现具讽刺意味的事。长颈鹿的脖子恐怕是人们偏爱接受自然选择而非拉马克主义，作为演化原因的关键例子。但达尔文自己（无论后来的判断是多么的错误）并没有否认用进废退的拉马克主义的遗传原理。他认为拉马克的机制很弱、罕见，完全附属于自然选择，但他接受了用进废退的效用。达尔文的确猜测过长颈鹿脖子的适应性优势，但他同时引述了自然选择和拉马克原理作为其变长的可能机制。因此，很明显，达尔文从未将长颈鹿的脖子视为说明自然选择优于其他有效机制的证据。他在1872年的版本中写了两段话，将拉马克的学说与自然选择融为了一体：

通过［自然选择］这一过程的长期持续……毫无疑问地以最重要的方式与"用进"的遗传效果结合在一起，在我看来，几乎可以肯定地说，普通的有蹄类四足动物也可能转变成长颈鹿。

在每个地区，几乎一定有些种类的动物可以比其他种类吃到更高处的树叶。几乎同样可以肯定，通过自然选择和"用进"的作用，它们为此能够让脖子变长。

我们可以将这一复杂而曲折的故事主线总结为一个具讽刺性的序列，从定义的技术层面上讲，在这里讽刺是一种具有幽默或嘲讽效果的说法，词语所要表达的含义与通常的意思完全相反——就像对一个你认为极其愚蠢的提议给出了"那很聪明！"的评价。在这个故事中，五个历史事实都不是以讽刺的目的出现的。其讽刺意味来自于每一个事实都颠覆了"人人都知道"关于高大的长颈鹿的传说，也就是说，为了吃到高处树叶而长长的脖子，为达尔文的自然选择优于拉马克的用进废退理论，提供了一个极好的说明。换言之，这个笑话是所有现代教科书中表述的愚蠢的内容的典型。

1. 拉马克在一章中带有推测性的段落里提及了长颈鹿的脖子，但该章的重点却是放在一些被认为更重要的更长的例子上的。

2. 达尔文在《物种起源》的第一版中根本没有引用这个例子。他以"原来如此"的模式讲述了一个长颈鹿的故事，但描述的是另一端——尾巴而非脖子。达尔文仅简单提及了长颈鹿的脖子，为的是阐明遗传稳定性（颈椎的数量不变），而非讨论新的适应。

3. 在出版于 1868 年的更长、更学术的书中，达尔文在自然选择的框架内讨论了长颈鹿的脖子，他并没有呈现标准的"原来如此"的纯粹推测，而是用长颈鹿说明渐变模式的自然选择如何让很多协同的部分（脖子及其所有支持结构）产生复杂的适应这一关键的难题。

4. 米瓦特在试图反驳达尔文的演化论时，讲述了一个后来成为传统的"原来如此的故事"，但当时仅是用来讽刺他所反对的理论。

5. 当达尔文在《物种起源》的最后一版对米瓦特的反对做出回应时，他解释说长颈鹿的脖子是为了吃到高处叶子的适应，但他认为自然选择与拉马克的力量起到了相同的作用！（为何长颈鹿的脖子使得我们比拉马克更偏爱达尔文的经典说明到此为止。）

我不知道（但很想找出）这一传说的现代版本是如何又在何处与所谓的历史来源形成鲜明对比的。亨利·费尔菲尔德·奥斯本（Henry Fairfield Osborn）是他那个时代顶级的古生物学家，长期担任美国自然历史博物馆的馆长，在其 1918 年出版的科普书《生命的起源和进化》（*The Origin and Evolution of Life*）中，给出了"标准"版本：

> 身体比例不同的原因，如可以吃到树冠上的树叶的长颈鹿的长脖子，是一个经典的适应性问题。在 19 世纪初期，拉马克认为脖子的加长是源自脖子伸长习惯所导致的身体变化的遗传。达尔文则认为脖子的加长是源自对长有最长脖子的个体和族群的持续选择。可能达尔文是对的。

从那以后，这种说法就一直存在了。读者可能会问，我们为何要花精力去追查这样的历史奥秘？如果充满荒诞的故事没有害处，为什么还要自找麻烦呢？让愚蠢的传说肆意传播好了！在本文的前面，我给出了一些学理上的原因，但我还想强调一下实用性的考量。如果我们选择不牢靠和愚蠢的猜测作为基础教材中的例证（错误地假设这个故事拥有深厚的历史渊源和被认可的证据），那么我们就是在自找麻烦。因为只要批评者正确地指出其中特别的弱点，如果支持者选择这个愚笨的例子作为主要的证据，那么整个理论将处于危险之境。例如，在前面引述过的反对达尔文演化论的书（《长颈鹿的脖子》）中，弗朗西斯·希钦以通常的形式讲述了这个故事：

> 现生动物中个头最高的是长颈鹿，它们的演化经常被视为达尔文对而拉马克错的经典证据。就是说，长颈鹿之所以演化出长脖子，是因为自然选择挑选出了那些能够吃到树顶上的叶子的动物，那里食物最多，而竞争最小。

希钦接着补充道："像很多达尔文主义解释的那样，出于生存的需要，取食更高处的食物，只不过是事后诸葛亮而已。"希钦相当正确，但他揭露了一个聪明的达尔文不可能说的谎言——尽管这个故事后来进入了我们高中的教科书，成为了"经典案例"。如他们所说，永远保持警觉是自由的代价。要将知识的完备性放到成本中去考虑。

最后一点要说明的是，如果后来的研究者已经证实了这个故事的真实性，我们也许应该原谅这种在没有假定历史的前提下就对以前故事进行草率重复的行为。但当我们转向长颈鹿自身时，可以看到这个长故事中最后的讽刺。长颈鹿没有提供任何确凿的证据，证明它们那不可否认的、有用的长脖子是如何演化而来的。

所有的长颈鹿都属于一个物种，与其他所有的反刍哺乳动物泾渭分明，仅与霍加狓具有较近的亲缘关系，后者是一种稀有的短脖子动物，生活在非洲中部的森林中。长颈鹿在欧洲和亚洲有零星的化石记录，但祖先物种的脖子相对短，参差不齐的证据对于认识现代长颈鹿长脖子的产生没有任何帮助。[达戈（A. I. Dagg）和福斯特（J. B. Foster）在《长颈鹿：其生物学、行为和生态学》（*The Giraffe : Its Biology, Behavior and Ecology*）一书中，对长颈鹿生物学的各主要方面进行了全面而深入的介绍。]

我们在研究现代长颈鹿的长脖子的功能时，会遇到很多难题。在长颈鹿的生活中，几乎所有重要的方面都与其长脖子有关联。长颈鹿的确用长脖子（和它们的长腿、长脸和长舌头）吃金合欢属植物树冠的叶子。长颈鹿因而能利用其他地栖哺乳动物无法吃到的数英尺高的植被。长颈鹿最高可达到惊人的 19 英尺 3 英寸（约 5.86 米）的高度。（我在野外实地看到过）非洲金合欢树林在当地长颈鹿达到的最高高度之下，经常被啃得光光的。

但长颈鹿也用其长脖子进行其他突出而重要的活动。例如，雄长颈鹿经常进行长时间的"颈争"，或在对手面前摆动大脖子，来排定它们的等级地位。这样的较量不仅仅是象征性的，因为长脖需要很大的力量来带动头部，而头顶的角骨在接触时可以造成极大的伤害。达戈和福斯特曾描述过名为明星和奶油的两只雄长颈鹿间发生的较量。

两头雄长颈鹿……头对尾，紧紧地并排在一起，为了保持平衡，它们的腿都分得很开。突然明星低下头，用最前面的角抽打奶油的躯干，声音很大，在 40 米之外都能清楚地听到撞击声。奶油突然向一边倾斜了一下，恢复平衡后，用自己的头进行回击，击打明星的脖子。这时明星瞄准奶油的前腿，用头猛地将其从身下撞走。

接着，达戈和福斯特描述了其潜在的严重后果：

> 在争斗中，失败的长颈鹿经常很难轻易脱身。在战斗中，它的头可能伤痕累累，或者被打倒在地不省人事……在克鲁格国家公园（Kruger National Park），一次这样的较量后，失败方死于非命。在其耳朵后部有一个大洞，其顶部的颈椎被击得四分五裂，部分碎片已经刺穿了脊髓。

有趣的是，长颈鹿却是用腿踢来对付捕食者（主要是狮子）的，但在性战斗时却是进行"颈争"，从来不用腿踢。因此，脖子的这一功能可能代表了特殊情况下的特别行为的演化。

长颈鹿在其他很多方面也使用脖子：用之作为侦察捕食者和其他危险的"瞭望塔"，作为增加表面积和散热的装置（与非洲其他大型哺乳动物不同，长颈鹿从不觅荫，能一直暴露在阳光下）。很多著名科学家都认为这些功能是其长脖子得以演化的主要原因。此外，长颈鹿能够通过脖子的适当运动，巧妙地调整身体重心，这对很多活动是至关重要的，其中包括站起身体、奔跑和跨越围栏等障碍。

现在我们可以回到本文的主题上来了，将当前的效用与历史的起源分离开来，并明白为何长颈鹿的脖子无法给达尔文主义或其他理论提供任何适应性场景的证据。长颈鹿用其长脖子取食金合欢树顶的叶子，但现在的这一功能，无论多么重要，并不能证明其原初演化的目的也是为此。最初脖子可能是在作为不同用途的情况下变长的，然后自它们迁移到开阔的平原后，多了可以更好地取食的功能。或者，脖子可能演化成一次可执行多个功能。仅凭当前的用途，我们无法获悉其历史起源的原因。

当我们遍观当前所有的功能，我们可以相当有信心地说，有些用途是次生的，因此不会成为其历史起源的来源。例如，我无法想象长颈鹿的长脖子的演化，是为了帮助它们奔跑、跳跃和站起身体，因为这些问题是在长颈鹿首先获得了长脖子之后才产生的，问题的解决方案不可能是问题的成因。

但另外一些功能可能是原生的，著名的获取树叶功能可能是其中一种重要的副产品。由于自然选择主要是通过不同的生殖成功起作用，由于性竞争经常是这种基本的达尔文主义获益中的首要决定因素，我们似乎可以有道理地宣称，性的成功是长脖子演化的主要适应性原因，而获取高处的树叶仅是一个明显的副产品。总之，我们没有任何依据断言达尔文学说中"原来如此故事"中最著名的问题：长颈鹿是如何获得长脖子的？

因此，本文以追求对"如何才能将当前的功用与历史的起源分离开来"这一主题的两方面的冲击为特色。在思想领域，将长颈鹿的脖子作为达尔文演化的经典案例，并无牢固和连续的历史根源。事实上，标准的故事既愚蠢，又得不到支持。对长颈鹿而言，当前作为利

　　　　　　　　　　　　　达·芬奇的贝壳山与沃尔姆斯会议

用金合欢树叶最高的哺乳动物，并不能证明其脖子是为了这一功能而演化出来的。此外还存在另外一些合理的选项，我们没有证据说哪一个版本更可信。这就要读者自己擦亮眼睛了。

那么，为什么我们会如此愚蠢，毫不怀疑地接受这个平常的故事呢？我怀疑有两个主要原因：我们喜欢合乎情理的和令人满意的故事，我们都不愿意去挑战明显的权威（如教科书！）。但千万要记住，最令人满意的故事都是假的。第七局起立的习惯一定早于塔夫脱先生就出现了，在哈利路亚大合唱之前礼貌地起立的故事也并没有一个可靠的根据。老波洛尼厄斯可能是一个讨厌鬼，但他确实在雷欧提斯（Laertes）的著名演说中提供了一些很好的建议，不过雷欧提斯没处理好，因为他正在竭尽全力试图离开镇子。在其他的趣闻中，波洛尼厄斯强调了外表的重要性，我们应该好好记住他的忠告。达尔文主义的演化论可能是西方科学产生的最真实和最强大的思想，但如果我们继续用一个站不住脚的、没有获得支持的、完全推测的、基本上相当愚蠢的故事来说明我们的信念，我们那是在为一个美好的事情穿上脏衣服，我们应该为此感到羞愧，"因为服饰常常代表了一个人"。

17

翻转的兄弟

正如在英国文学中最著名的独白中，哈姆雷特在衡量生与死的相对价值时，描述了将自杀（not to be）作为逃离主动受辱行为的吸引力，那些凌辱包括"压迫者的暴政、傲慢者的欺凌"。但作家和知识分子更担心的是生命的潜在"无边苦海"的相反命运——被抹除和遗忘，被直接忽略的痛苦。根据鲍斯韦尔[①]的记录，塞缪尔·约翰逊用一句著名的格言表达了他对荒谬命运的惊人之语："我宁愿被攻击，也不愿被忽视。对一个作者来说最坏的事情是无视他的作品。"因此，当我最近读到有关英国伟大的生理学家沃尔特·加斯克尔（Walter H. Gaskell，1847~1914）最后岁月的逸事时，感到特别心酸。加斯克尔做过心脏和神经系统功能方面的扎实的实验工作，声名卓绝。但他后面的第二段职业生涯（自 1888 年以后）全部投入到了推广和保护一个关于脊椎动物起源的古怪理论上了。

---

① 詹姆斯·鲍斯韦尔（James Boswell，1740~1795），英国家喻户晓的文学大师、传记作家，现代传记文学的开创者，出生于苏格兰贵族家庭。鲍斯韦尔在 1763 年结识了英国文坛领袖塞缪尔·约翰逊（Samuel Johnson），立志为约翰逊作传。正是得益于《约翰逊传》，约翰逊成为英国人民家喻户晓的人物，鲍斯韦尔也因此成为世界文坛上最著名的传记作家之一。——译注

在《科学家传记词典》中，杰拉尔德·盖森（Gerald L. Geison）为加斯克尔撰写了一篇长文，最后一段写道：

> 在其生命最后的那段岁月里，他的情绪非常低沉……自己心爱的脊椎动物起源理论并未受到应有的关注。甚至是在剑桥大学，加斯克尔一直主讲这一主题到去世，但听众逐年递减，到最后，令人心酸的场景到来了，加斯克尔与孤零零的听众握手结束了自己的课程。

我们可能会对加斯克尔沦落为知识贱民的个人命运感到悲哀。但实话实说，他推动了一个关于脊椎动物起源的相当疯狂的理论。加斯克尔由衷地、毫不动摇地相信，动物的演化必定是沿着一条大脑和神经系统的精细复杂程度不断增加而不断进步的途径进行的。加斯克尔在其出版于 1908 年的力作《脊椎动物的起源》（*The Origin of Vertebrates*，本文引用的加斯克尔的所有资料都来自此书）中写道：

> 我们可以按照同样的法则，从哺乳动物不间断地追溯人类的进化，从爬行动物追溯哺乳动物的进化，从两栖动物追溯爬行动物的进化，从鱼类追溯两栖动物的进化，从节肢动物（昆虫及其近亲）追溯鱼类的进化，从环节动物（分节的蠕虫）追溯节肢动物的进化，我们有希望这一法则能为我们安排动物界所有类群的进化序列。

加斯克尔将这种线性发展的控制原理，确定为"所有上升发展的中央神经系统发育的最重要法则"。为了展示文笔，他接着颠覆了"传道者"①的著名论点（《传道书》9：11），认为这是随机的和无目的的无方向的改变："发展的法则是，竞争不在于速度快，不在于强壮，而在于智慧。"

当他们试图找出无脊椎动物和脊椎动物明显的不同设计之间的连续过渡时，单线前进发展的提倡者遇到了最大的阻碍。在对待这个老问题的时候，加斯克尔采用了古往今来所有线性发展理论者所使用的标准策略：确认最复杂的无脊椎动物，尝试将其与最简单的脊椎动物建立联系。加斯克尔再次遵循传统，选择节肢动物作为其桥梁中无脊椎动物一侧的支柱，然后试图采用他的神经复杂化法则建立联系。他写道：

> 这一考虑，直接将脊椎动物的起源指向了组织程度最高的无脊椎动物类群——节肢动物门。在当今地球上生活的所有动物类群中，仅它们具有在设计上与脊椎动物类似的中枢神经系统。

到目前为止，一切都还符合传统。在他选择一种方式来打造节肢动物与脊椎动物间不太可能存在的联系时，加斯克尔的理论变得有些另类，并有点匪夷所思。在这两个动物门间众多显著的差异当中，有一个主要的差别总是讨论的焦点，同时也是所有线性发展方案的主要障碍。节肢动物和脊椎动物在一般的组织上具有一些大体上的相似特征：细长的、两侧对称的身体，感觉器官位于前段，排泄器官位于后

---

① 《传道书》相传为所罗门王所作，属《旧约》中圣著部分，其主要内容是指出人生的虚空。在书中作者自称为"传道者"，书因此得名。

端，沿着身体主轴存在一些形式上的分节。但主要内部器官的几何结构可谓天壤之别，从而让这个令动物学家争论并失望了几百年经典的问题遇到了死结。

节肢动物的神经系统集中在腹侧，就像两条主要的绳索沿着动物的底面延伸开来。口也位于腹侧，食道位于两条神经索间，胃和消化道的剩余部分分布在神经索的上方。在脊椎动物中，最大的不同之处在于，中枢神经系统沿身体背（顶）面像一条管子一样分布，最终在前端形成球形的大脑。整个消化系统在神经索"下方"沿体轴展布。（附图为加斯克尔书中的插图，以无意搞笑的方式阐明了这一主要区别。）但是，演化（或者一个明智的神圣创造者，就此而言）能将胃位于神经索之上的节肢动物转变为脑在顶端、胃在下的高级脊椎动物吗？

加斯克尔对这样的转变，提出了一个十分大胆的方案，随后，由于他无法为自己的方案提供有说服力的辩护，导致名声受损（学生流失）。加斯克尔认为，随着神经组织不断发展增殖，节肢动物背部肠道演化成了脊椎动物的脑和脊索。新的神经组织开始围绕老的消化道增长，最终扼杀了所有的消化功能，像绞杀榕缠绕寄主大树或蟒蛇绞杀一头猪那样。现代脊椎动物的大脑，环绕古老节肢动物的胃，从而解释了脑室——脑褶皱之间的内部空腔——的形成是祖先节肢动物消化空间的残留。同样，脊索的中央管代表了古老的节肢动物的肠道，现在被神经组织所包围。

但这一假定的解决方案只能导致一个更困难的问题：如果节肢动物的消化道变成了脊椎动物的神经系统，那什么器官又是脊椎动物消化道的前身呢？这个问题难住了加斯克尔，他选择了一个解围方案，但最终

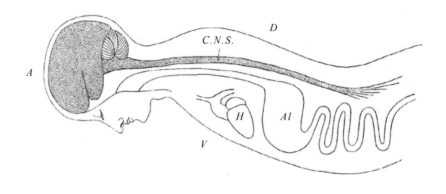

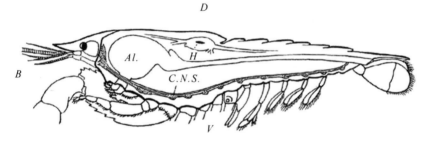

加斯克尔无心的可笑图解，阐明了昆虫和脊椎动物的基本解剖结构。注意在脊椎动物中，中枢神经系统（标记为 C.N.S.）位于胃之上（标记为 Al.），但在节肢动物中位于胃之下。

除了他自己以外（和可能他最后的旁听生）没人买他的账：为了满足明显的需要，脊椎动物的消化道是重新产生的。加斯克尔的结论是：

> 脊椎动物是通过形成一条新的消化道，从远古的节肢动物产生的，而老的那条消化道被不断增长的中枢神经系统所封闭。

如果合适的话，除了谨慎和冷静的警醒效果外，我们能从加斯克尔失败的理论中获取任何信息吗？我当然认为可以，作为本文要表达的一个核心思想，我一直认为当优秀的科学家致力于将自己的事业投入到被后人评判为古怪或疯狂的理论时，有趣和有指导意义的推断总是于矛盾的主张中产生。这一原则当然也适用于加斯克尔的情况，因为我们能从中找出一个具一般约束力的偏见和个人信服的推论，它们促使加斯克尔走向这个古怪的想法——在最初的可能性中，胃变成了大脑和新的消化道。

加斯克尔的可疑的但对于线性进步发展确信无疑的信念，从而导致他提出一个几乎炼金术般的方案：脊椎动物是从节肢动物嬗变而来。但对于这一主题的历史认识，还揭示了一个特别的原因，这个原因与其关于进步的一般信念相互作用，导致他在离题和孤独的道路上越走越远。总之，加斯克尔之所以提出自己的疯狂理论，从历史的角度判断那也是一个疯狂的观点，是因为他无法忍受有关节肢动物和脊椎动物间存在联系的陈旧的标准解释。

考虑一下两者基本的对比和产生联系的最明显的方式。节肢动物长有腹神经索，消化道在上方，而脊椎动物长有背神经索，消化系统在下方。只要颠倒一下，一个变成了另一个。为何不直接颠倒一条分节的蠕虫或昆虫来产生脊椎动物的模式呢？将虫子翻个个〔如卡夫卡（Kafka）在《变形记》（*The Metamorphosis*）中让主角变成了一只蟑螂时想到的那样〕，脊椎动物内部的几何结构出现了——神经系统在消化系统之上。

我并不是想轻率或漫不经心地对待复杂和严肃的问题。在这一争论的历史中，所有参与者都清楚地知道，一只翻转的蠕虫或昆虫并不能变成脊椎动物，这是如此简单而显而易见的。此外，依然存在很多棘手的问题和矛盾之处。拿文献中讨论的最广泛的困境来说，一只翻转的虫子的食道向上穿过神经系统（就是将要成为脊椎动物大脑的区域），在头的顶部出现口的部位。很明显，这样的情况不会发生（在任何真正的脊椎动物中也不存在）！因此，脊椎动物源自于节肢动物的翻转理论必定认为，原先穿过大脑的口萎缩直至封闭，而新的腹侧口在脊椎动物消化道的前端形成。在旧管子的末端形成一个新头，并不比凭空（如加斯克尔的理论所需要的）产生一整套新消化道更大胆或离奇，但没有证据表明这样的情况存在，且整个故事有点像通过愚蠢又特殊的愿望以保留其他复杂想法的意味。

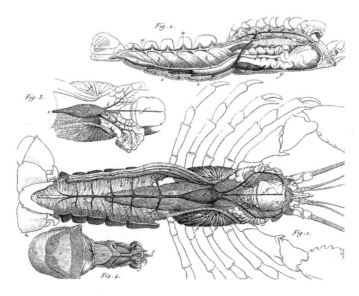

法国动物学家若弗鲁瓦·圣伊莱尔在其 1822 年的专著中美化过的龙虾解剖图。在上图中，描绘了这一节肢动物的背部，说明它与一只倒置的脊椎动物在结构上如何接近。

　　　　　　　　　　达·芬奇的贝壳山与沃尔姆斯会议

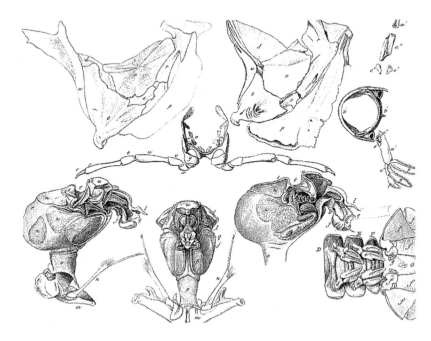

这一图版取自圣伊莱尔的专著，图版中部是一节伸着一对腿的龙虾，
以强调其与一块连着肋骨的椎骨在结构上的假定亲缘性。

　　无论如何，我都不会编造一个抽象的童话故事作为加斯克尔解决
方案的一个假设的代替品。在讨论脊椎动物的起源上，翻转理论具有
悠久而迷人的历史。其创始版本可以追溯到 19 世纪早期，变成了一
场通常称为"先验生物学"（transcendental biology）运动的核心内容，
主要是试图将器官多样性降低为一个或少数几个原型的构建模块，作
为理性转化法则的产物，这些模块可以产生所有实际的解剖结构。
　　一些欧洲最伟大的思想家也加入了这一有瑕疵的宏伟事业。作为
德国最杰出的诗人和科学家，歌德（Goethe）试图解释植物的不同部

翻转的兄弟

分是原型叶的不同表现形式。在法国，艾蒂安·若弗鲁瓦·圣伊莱尔
（Étienne Geoffroy Saint-Hilaire）试图将脊椎动物的骨架描绘成原型
椎骨的一系列变形。

　　19世纪20年代，圣伊莱尔将其雄心勃勃的计划扩展到了将环节
动物和节肢动物纳入同样的框架下。凭借近乎疯狂的气魄（因为太过
以偏概全，而不可能完全正确，但也因为太过有独创性，而不可能完
全错误），他认为节肢动物也是基于脊椎的蓝图构建身体的，但存在
一个重要的差别。脊椎动物用内部的骨架支持软体部分，但长有外骨
骼的昆虫则一定是生活在自己的脊椎内（对圣伊莱尔来说，这是事
实，而非比喻）。这种比较导致了其他奇怪的结果，但圣伊莱尔都明
确地进行了捍卫，包括宣称脊椎动物的肋骨一定与节肢动物的腿是相
同的器官，因此昆虫应该是用它们的肋骨走路。

　　圣伊莱尔也认识到，消化道和神经系统的相反排列对他的主张是
不利的，他认为昆虫和脊椎动物代表了相同原型动物的不同版本，因
此提出了最初版本的翻转理论，以解决对生物统一性的威胁。圣伊莱
尔1822年的初始版本比后来的线性转变的演化情形更有意义，这激
怒了加斯克尔。圣伊莱尔是比达尔文早几十年的早期演化论者，但他
并没有视翻转理论为谱系关系的一种方案。也就是说，他不认为存在
一种通过结构翻转直接演化为原始脊椎动物的节肢动物祖先。圣伊莱
尔所追求的目标完全不同，他想建立一种从同一基本蓝图同时产生节
肢动物和脊椎动物的"统一原型"。

　　于是，他十分中肯地在自己的框架内辩称，这一宏伟的柏拉图式
的蓝图对日常现实真相这样一些"不起眼的"问题毫不关心，比如宇

宙设计的哪一侧是正好对准太阳。一个极其重要的设计包括位于中间的消化道和外围某处的主神经索。节肢动物这一外围区域的定位在下侧，远离太阳，因此我们称之为腹神经索。但脊椎动物则将它们的脊椎定位在上侧，朝向太阳，因此我们称我们近亲所存在的相同结构为背神经索。换句话说就是，节肢动物和脊椎动物是在两个方向上表达的同一设计，相对于阳光和重力外轴而言，这种翻转不重要。

但是，后来的持线性进步的进化理论家不得不公然提出这类物理和历史的观点，认为节肢动物的一个祖先支系实际上通过翻转变成了第一个脊椎动物［对于翻转理论在这一谱系形式上的经典陈述，参见威廉·帕滕（William Patten）的《进化大策略》（*The Grand Strategy of Evolution*，1920）］。加斯克尔无法忍受他所钟爱的线性发展理论的这种不体面的版本。他无法想象由神经组织不断增加协调而成的从水母到人类这样宏伟的发展队列，在庄严有序地走向人类意识的过程中会停顿下来，在临近到达脊椎动物家园的庄严而明确的最后时刻时，进行了一个奇特的小翻转，一个巧妙的翻转。

因此，加斯克尔势必须要保证让自己威武的士兵在通向人类巅峰的历程中，笔直地一致通过。他通过将节肢动物的消化道巧妙地转变为脊椎动物的脑和脊索，而在下面形成全新的消化道满足了这种需要。根据这一设计，他能够保证在生物线性发展的历史中，顶部在上，而底部在下，在节肢动物中神经系统位于消化道之下，而在脊椎动物中神经系统位于消化道之上。加斯克尔认为他的此举能够将线性发展理论从老的翻转理论的荒谬中解救出来，从而解决从节肢动物向脊椎动物过渡的问题。他写道："那么这一理论是如何名誉扫地、彻底失败的呢？简单地说，我想是因为它认为翻转必须的。"因此，加斯克尔发明了自己独特的替代理论，对庄严的翻转理论进行了反驳。他是这样描写第一个脊椎动物的："如果动物不认为是发生过翻转的……脊椎动物的脑室代表了节肢动物祖先原初的胃，脊椎的中央腔代表了节肢动物祖先直的消化道。"

多么讽刺啊。为了避免"古怪的"翻转理论，加斯克尔发明了更为古怪的概念，让胃变成了大脑，而在下面又形成了新的消化道。因此，这就难怪后来的生物学家对这两种投机性的理论避之不及，从而选择了另外一种明显的替代方案：节肢动物和脊椎动物根本不享有相同的解剖蓝图，而是代表了复杂性相似的两个不同的演化脉络，它们都源自更简单的共同祖先，这个祖先既不具有独立的消化道，也不具有中央神经索。毕竟，我们现在已经知道，在5亿多年前节肢动物和脊椎动物就已经分道扬镳了，那些"简单的"节肢动物并没有在向单一进化顶点前进的半途转变成"复杂的"脊椎动物。

此外，这种独立起源的明智想法与20世纪30年代开始兴起的达尔文主义的一个严格版本胜利地完美结合，这个版本是基于构建在自然选择基础上近乎无处不在的适应性设计，像歌德的叶子或圣伊莱尔的椎骨那样的共同的解剖蓝图对其影响甚微。如果适应性和自然选择对每一个演化序列的命运具有如此强大的影响力，为何要探究长期分离的谱系间的深层共性呢？节肢动物和脊椎动物在功能设计上具有一些相同的特征。但这些相似性仅反映了自然选择独立创造最佳结构的力量；在一个有限的生物力学解决方案的世界中应对相同的功能问题时，这种演化现象被称为趋同。

毕竟，如果你想飞翔，就必须长出某种形式的翅膀，因为除此之外别无他法。蝙蝠、鸟类和翼龙（恐龙时代的飞行爬行动物）都独立地演化出了翅膀，因为自然选择没有其他解决之道，且自然选择具有构建这样复杂的趋同的能力，就像是在独立地彰显其卓越的支配力。因此，如果节肢动物和脊椎动物演化出位置相反的消化道和神经系统，为什么要对这同一限制下的不同表达表示担心呢？在五亿多年前，这两个动物门就已经分道扬镳了，无疑是沿着不同的适应路线发展它们的消化和神经器官的。

这种新共识显得如此引人注目，因此现代达尔文演化论的执牛耳者恩斯特·迈尔，打开了圣伊莱尔的解剖统一性思想的历史垃圾桶。我们现在都很钦佩自然选择在构建和重建每一个特征的巨大力量；为了更好地适应，改变并再次改变每个基因的几乎所有的核苷酸。已经独立演化了五亿年的支系不可能保留足够的遗传一致性来编码任何重要的共同设计约束。在其 1963 年划时代的著作《动物物种与演化》（*Animal Species and Evolution*）中，迈尔写道：

> 在孟德尔遗传学说发展的早期，进行过对编码相似特征的同源基因的大量搜寻。对于基因功能的深入了解使得情况变得很清楚，除了在亲缘关系非常近的类群中，寻找同源基因的工作几乎是徒劳的。

历史的判决已经做出。加斯克尔提出了一个古怪的理论来反驳圣伊莱尔的节肢动物和脊椎动物通过翻转相统一的观点。但圣伊莱尔的理论本身就十分古怪。对演化的研究将最终摒弃这种浪漫的废话，并走上自然选择的康庄大道。

但仍存在一个小问题。达尔文在他的最后一本书《腐殖土的产生与蚯蚓的作用》（*The Formation of Vegetable Mould Through the Action of Worms*）中告诉我们，我们决不能低估蚯蚓活动的集体力量。我们的大众文化也承认存在两个主要的隐喻，一个是有序的自然结构，一个是无序的自然结构，都可以用于逆转普遍接受的观点。传统主义者很可能害怕桌子和蠕虫的翻转。一个卑微的蠕虫的翻转，特别是在受侵犯时，可能击垮整个帝国。莎士比亚告诉我们："最小的虫子也会在遭受践踏时爆发。"塞万提斯（Cervantes）在《唐吉诃德》（*Don Quixote*）一书的自序中写道，"即使是一条虫子，在被踩到时，也会奋起反抗。"

双重意义中的象征性和真实性是多么奇妙啊。圣伊莱尔提出了一个理论，通过将脊椎动物与身体分节的蠕虫和翻转过来的节肢动物进行比较，来统一复杂动物的结构。复杂动物原型的这一理论，反过来变成了生物学中疯狂想法的原型。但翻转的蠕虫也是对公认的行为方式和思想产生剧变的主要文化隐喻。我一直很喜欢圣伊莱尔大胆的理论，但我从未梦想他可能是对的，尽管我很早就接受了他关于遗传结构这一途径对自然选择的优化能力具有重要的制约作用的主要观点，并作为我自己职业生涯的中心。在过去的一年或两年间，蠕虫在实际上和象征上发生了两次翻转。圣伊莱尔似乎终究是正确的，当然并不是在每一个细节上都正确，但至少是在基本的观点和理论意义上是正确的。这一惊喜的胜利，从疯狂到明显的真理的反转，成为了我们这个时代中，演化理论最激动人心的总体发展的最好例子。

1977年，我出版了自己的第一本学术专著《个体发生和系统发育》(*Ontogeny and Phylogeny*)。我对这项关于胚胎发育和演化间关系的长期研究工作十分自豪，但也感到十分沮丧，因为我们当时对要解决的问题潜在关键——发育的遗传基础——知之甚少。遗传密码如何将普通生物学的这些最伟大的奇迹统合在一起？从一个明显不定型的微小受精卵成长为有规律的、通常准确无误的复杂成体。我们实际上对此一无所知，但我们相信（如上所述）主要的动物门，在演化上至少分开了5亿年，不可能共享同样制约作用的蓝图或遗传结构。纯粹的达尔文演化论的最终胜利和自然选择为其自身的适应性功能构建了每个基本解剖结构。

　　但现在我们能够轻松地、相对便宜地确定基因的化学结构细节，我们可以追踪这些影响着胚胎发育进程的基因产物（酶和蛋白质）。据此，我们已经获得了惊人的发现，所有的复杂动物门，特别是节肢动物和脊椎动物，尽管已经独立地进化了5亿年，但依然保持着一套构建身体的共同基因蓝图。动物门中很多相似的基本设计，曾一度被信心满满地归因于趋同演化，作为自然选择创建精致的适应性的证据，现在就需要迈尔称之为不可想象的相反的解释了，即相似的特征是同源的，或是相同基因的产物，它们承接自一个共同的祖先，在随后的演化中改变得不够彻底，没有擦除它们类似的结构和功能。相似性记录了保守的历史的制约力量，而非自然选择独立地追求不同支系最佳设计的构建技巧。脊椎动物在一定的意义上是蠕虫和昆虫的真正的兄弟（或同源产物），而不是单纯的类似物。

　　在过去的15年间，有关标准理论的这种主要反转的例子在不断增加。第一个突破性的例子是，在脊椎动物中也发现了昆虫中掌管身体主轴上不同体节特征的指令（统筹触角、口器、腿等在身体上适当位置的生长）的同源异型基因，且差异很小。（同源异型基因首次是通过身体部位出现在错误位置的古怪突变体识别出的，例如，头部应该长触角的地方却长出了腿。在果蝇中，同源异型基因位于一条染色体上，分为两列。有趣的是，在脊椎动物中，在多个拷贝中存在这些相同的序列，如四条不同的染色体上有四个相同序列。）这些脊椎动物的同源染色体并不控制脊椎的基本分节（因此昆虫的体节并非椎骨简单的同源器官，就像圣伊莱尔最初认为的那样）。但椎骨的同源异型基因确实调控中脑和后脑的胚胎分节，并且它们强烈影响其他重要的重复结构，包括脑神经沿体轴的分布。

第二个实例对经典教科书中关于趋同演化的例子造成了严重威胁，三个大动物门中都长有成对的眼，它们分别是脊椎动物、节肢动物（最主要的例子就是苍蝇长有很多单眼构成的复眼）和软体动物（特别是乌贼的复杂透镜眼，在功能上与我们人类的相同，但实际上源自不同的组织）。我们一直认为这三个门的动物的眼睛是完全独立地分别演化的，因为它们的基本解剖结构完全不同。我们将这一假定的趋同视为自然选择力量的首要例证：利用不同的材料，从完全不同的起点，产生具有最佳相似功能的器官。但现在我们已经知晓，三个门的动物的眼睛共享一条遗传的胚胎发育途径，主要受一个基因（在脊椎动物中称作 *Pax-6*）的控制，它保留在三个门中，来自同一祖先，功能依然十分相似，并可以互换（果蝇中的可以在脊椎动物中编码产生眼睛，反之亦然）。最终的结果差异很大（复眼与我们的单镜头眼并不同源），但胚胎的蓝图却共享一个祖先，因此不同动物门的眼睛不能再视为纯粹趋同演化的例子。

在过去十年间，观念的反转十分惊人。迈尔主张，我们实际上不应该寻找不同动物间的遗传同源性和共同的胚胎途径。现在我们已经走到了相反的一端：当我们在果蝇中发现了一个控制发育结构的基本基因，但在脊椎动物中却没有发现一个与之同源的基因时，反而会吃惊不已。最近，查尔斯·基梅尔（Charles B. Kimmel）在一篇关于这一主题的文章的开篇写道："鉴于发育调节基因的高度演化保守性，我们发现我们最喜爱的小鼠调控基因的同源物事实上并不存在于果蝇中，这十分不同寻常。"

尽管如此，我猜我还没有完全适应这样的改变，尽管新视角符合我的希望，并大大助长了我理论上的偏见。我从未梦想我一向最钟爱的世系统一的理论，也就是圣伊莱尔的翻转假说可能也是正确的。从前部末端到后部的基本结构？很好。那么眼睛呢？为什么不是如此？而节肢动物的腹部是脊椎动物的背部？无论多有趣，都有点傻。

除此之外，从现代遗传学和发育生物学语言的意义上看，圣伊莱尔的翻转理论原来是真的。这主要基于加州大学洛杉矶分校的埃迪·德罗伯蒂斯（Eddy M. De Robertis）和位于圣地亚哥的加利福尼亚大学的伊桑·比尔（Ethan Bier）完成于实验室中的工作，在过去两年发表的几篇论文中，圣伊莱尔的理论的所有要点都以当代术语得以肯定。（特别是参见 Holley et al., 1995; De Robertis and Sasai, 1996; François et al., 1994; and François and Bier, 1995；均可见于参考文献。）

本图引自德罗伯蒂斯和笹井芳树（Sasai）[1]的文章，显示了在
果蝇（*Drosophila*）中黑色的腹部（标示为 V）如何形成中央神
经索，在两栖类脊椎动物非洲爪蟾（*Xenopus*）中背部（也为黑
色，标记为 D）如何形成中枢神经。

  圣伊莱尔的"无罪辩护"开始于脊椎动物中一个名为 *chordin* 的
基因的测序。在非洲爪蟾（*Xenopus*）中，*chordin* 基因（就我们所
知，在所有的脊椎动物中都以相似的方式工作）编码一个负责发育中
的胚胎背（顶）侧的蛋白，并在背神经索的形成过程中扮演着重要的
角色。当这些科学家在果蝇中寻找相应的基因时，他们吃惊地发现，
chordin 基因与 *sog* 基因非常相似，因此足以相信它们具有共同的祖
先和遗传同源性。但 *sog* 基因在果蝇幼虫的腹侧（底侧）表达，在此
诱导腹神经索的形成。因此，具有相同演化祖先的基因既构建脊椎动
物的背神经管，又构建果蝇的腹神经索，这与圣伊莱尔的旧主张是一
致的，脊椎动物的背即是节肢动物的腹，这两个动物门可以通过翻转
产生类似的结构。

  仅凭这一有趣的事实并不能确认圣伊莱尔的翻转理论，但德罗伯

---

[1] 笹井芳树（Yoshiki Sasai）是日本著名的细胞学专家，其研究领域包括发育生物学、干细胞器
官发生和组织工程。在理解干细胞发育上做出了不可估量的贡献。

蒂斯和同事接着用另外两个发现证实了这一情况。第一，他们发现有一个负责果蝇背侧结构的主要基因（名为 *decapentaplegic* 或 *dpp*），在脊椎动物非洲爪蟾中也具有相似的对应基因（名为 *Bmp-4*）负责腹侧的结构，这成为了符合圣伊莱尔假设的另外一个翻转。此外，整个系统在两个动物门中似乎以相同的方式工作，只是方位颠倒了而已。这就是说，在果蝇中 *dpp* 基因从背侧到腹侧散布，对 *sog* 基因有拮抗作用，从而抑制腹神经索的形成；而在脊椎动物中，*Bmp-4* 基因（*dpp* 的同源基因）从腹侧到背侧散布，能够对 *chordin* 基因（*sog* 的同源基因）起拮抗作用，并抑制背神经索的形成。（上页图引自原始论文，比语言描述更好地显示了这种关系。）

第二，这些科学家还发现，果蝇的基因在人体内也可以起作用，反之亦然。脊椎动物的 *chordin* 基因可以诱导果蝇腹侧神经组织的形成，而果蝇的 *sog* 基因能诱导脊椎动物背侧的神经组织的形成。我认为这三个发现形成了严密和证据充分的实例，支持圣伊莱尔的翻转理论。

此外，当前的结果证明圣伊莱尔的翻转理论是正确的，但并不涉及线性演化的问题。这些数据并不支持那个愚蠢的概念，即在演化征程中的某一决定性时刻，节肢动物轻轻一翻身变成了第一个脊椎动物。相反，如圣伊莱尔很久前认为的那样，这两个动物门具有共同的构架蓝图，只是安排的方式相反。自同一祖先独立演化的过程中，脊椎动物都共享一种结构设计，而环节动物和节肢动物则以相反的方向安排其身体架构。沿着很多不同的生态途径和生活模式，通过重复一套相同的基因和发育途径，演化展示出了巨大的独创性和多样性。就像静水深流的说法一样，我们的兄弟关系和共同之处远远超出了我们的想象。新设计中暗含着过去的大量信息。

用一个公认的愚蠢形象做结尾吧。B 级电影爱好者都不会忘记那部最经典的 B 级片，文森特·普莱斯（Vincent Price）主演的初版《变蝇人》（*The Fly*）①［不是杰夫·高布伦（Jeff Goldblum）主演混血英雄的那个恐怖翻拍版］。回想一下令人难忘的最后一幕：长着人头的苍蝇困在一张蜘蛛网里，丑陋的八腿小姐（Ms. Eight-Legs）杀气腾腾地走了上去。恐惧的苍蝇发出刺耳的叫声："救命啊！"最终，出于仁慈（长在人身体上的苍蝇头已经死了，因为这两种生物无法拆分和适当重组），另外一个角色向蜘蛛网投了一块石头，帮助苍蝇人脱离了困境。（"他们射马，不是吗？"②）也许在接下来的翻拍中，在这一关键时刻，挥舞着岩石的仁慈杀手能够提供一些动物学上的建议："翻转过来，成为一个人。"

---

① 《变蝇人》是 20 世纪福克斯公司于 1958 年推出的低成本科幻片，是电影史上经典"变蝇人"的开山鼻祖。之后相继于 1959 年推出了《变蝇人回归》，1965 年推出了《苍蝇的诅咒》。并影响了 80 年代的同类电影：1986 年翻拍的《变蝇人》更加注重恐怖视觉的处理，荣获奥斯卡最佳化妆奖。而在 1989 年推出《变蝇人 2》接力演绎"苍蝇热"。——译注

② 此句源自电影《他们射马，不是吗？》（*They Shoot Horses, Don't They?*），又名《夺命舞》《孤注一掷》《射马记》，是美国帕洛玛电影公司 1969 年出品的一部电影，著名导演西德尼·波拉克（Sydney Pollack）的作品。影片曾获第 42 届奥斯卡最佳导演等 9 项提名。电影改编自何芮斯·麦考伊（Horace McCoy）1935 年的同名小说，以大萧条时期的美国为背景，描述了一班参赛者在一个跳舞比赛中明争暗斗的经过。——译注

VI

对事实的不同看法

18

世界观的战争

对"美好往昔"的渴望一直感染着我们所有的人，尽管这样的时代从来没有在我们的幻想之外存在过。这种怀旧的愿望普遍存在，但表达方式却因文化与社会阶层而不同。我们都知道这是老生常谈。平民皮特（Pete）希望他可以毫不费力地一直抽烟、饮酒、吃红肉，而贵族珀西瓦尔（Percival）则哀叹近些日子找不到可靠的仆人。

可以肯定，这种老生常谈可以通过不合理的夸张起作用，但却常常构成了现实的核心。因此，请考虑一下一个真正的贵族珀西瓦尔在1906年写的这段话："后者一直无意识地服侍前者，不像现在的用人那样有着傲慢的自我。"他们并没有让自己比哈佛校长劳伦斯·罗威尔（A. Lawrence Lowell）和诗人艾米·罗威尔（Amy Lowell）的兄弟珀西瓦尔·罗威尔（Percival Lowell）这一著名歌谣中的这些波士顿家族的子孙[①]更高贵：

[①] 罗威尔家族在波士顿的历史上扮演着重要的角色，因拥有巨大的财富和声望，它往往被视为"波士顿婆罗门"这一短语的同义词。罗威尔家族于1639年到达波士顿，第一代为珀西瓦尔·罗威尔（1571~1665），此后家族里人才辈出，在知识界和商界都取得了巨大成就。——译注

这是旧时美好的波士顿

大豆与鳕鱼的故乡，

罗威尔在此与卡波特（Cabots）交谈

而卡波特却只对着上帝讲话。[1]

在科学上，如同在其他很多领域一样，你不一定有了钱就能成功；但按我的想法，这肯定也不一定会有冲突。查尔斯·达尔文继承了一笔可观的财富，然后通过精明的投资进一步大获其利。他很清楚从中获得的智力的好处，主要在于自由和时间。达尔文在自传中写道："我有足够的空闲时间，不用自己去挣面包钱。"但自然选择理论的共同发现者阿尔弗雷德·拉塞尔·华莱士（Alfred Russel Wallace）的生活却很清苦，他是从作为学校教师开始其职业生涯的。作为一名作家和采集者，他靠智慧一直过着简朴的生活。他在智商上可能与达尔文不相上下，但从没有时间进行持续的理论分析与实验。

珀西瓦尔·罗威尔（1885~1916）在数次亚洲之行中度过了年轻的漫游者时光，他把旅行经历写成了书，其中的代表作有《远东之魂》（*The Soul of the Far East*）和《神秘的日本》（*Occult Japan*）。后来，他决定花费毕生精力致力于天文学研究，他花了很多钱在亚利桑那州的弗拉格斯塔夫（Flagstaff）建起一座私人观察站，从终极爆炸（ultimate bang）开始研究。在这里，他做了大量的有用工作，包括预

---

[1] 出自约翰·柯林斯·博西迪（John Collins Bossidy, 1860~1928）的短诗《波士顿烤面包》（A Boston Toast），是为圣十字学院（Holy Cross College）的校友晚宴所写。——译注

言在海王星外还存在一颗行星，最终克莱德·汤博（Clyde Tombaugh）于1930年在他的观察站发现了这颗行星，命名为冥王星[①]。

但一个难以原谅的错误就能吞没一生的好工作。当可理解的失误抹去了美好职业生涯的记忆时，这种命运似乎显得尤为不公［比尔·巴克纳（Bill Buckner）[②]的跛腿，或皮威赫尔曼（Pee Wee Herman）[③]无害的不当行为］。但当错误表现出观念上的顽固，长年累月地进行研究且撰写大量文章，那么发起者便成为自己的掘墓人。至少珀西瓦尔·罗威尔在一个大敌面前栽了跟头，这就是战争之神自身——火星。

在19世纪70年代，意大利天文学家斯基亚帕雷利（Schiaparelli）将火星的表面描述为布满细长而直的纵横交错的沟，他将其称为 *canali*，意大利语意思是"渠道"（没有因果关系），而不是"运河"（英文为canals，这里为有感知能力的生物构建的暗示）。罗威尔陷入了这些不存在现象的魔咒中，在职业生涯剩余的时间里，试图更加精细地绘制地图和解释这些线条："这些线沿着固定的方向延伸数千英里，相对而言是从伦敦到孟买的距离，实际上可能为从波

---

① 国际天文联合会在2006年正式定义了行星的概念，新定义将冥王星排除在行星范围外，将其定义为矮行星。

② 比尔·巴克纳，美国职棒选手，杰出的大联盟球员，生涯战绩出色，共击出2700多支安打，是明星赛球员。不过，他最广为人知的事迹，是1986年世界杯中，为波士顿红袜队对抗纽约大都会队时犯下的错误。他错过一颗可轻易拦截的滚地球，导致红袜队输了比赛，也失去夺冠的机会。——译注

③ 皮威赫尔曼是一个滑稽的虚构人物，由美国喜剧演员保罗·鲁本斯（Paul Reubens）创造并饰演，最出名的是20世纪80年代的两个电视系列剧和电影系列。1991年鲁本斯因在成人剧院猥亵暴露而被捕。——译注

士顿到旧金山的距离。"［所有引文都来自罗威尔的主要著作：《火星及其运河》(*Mars and Its Canals*)。］

罗威尔最终认定这些线条是真正的运河，他甚至给出了一个更加翔实而深入的解释。他将火星视为一个曾经郁郁葱葱的世界，如今却已干涸，极地冰盖是其仅存的大量水源。他确认这些运河必定是这个行星的灌溉系统，是由较高等的（至少具有高度协作性）生物竭尽全力建造出来，以便把冰盖春季融化的水传输到更靠赤道的干旱炎热的文明地区。

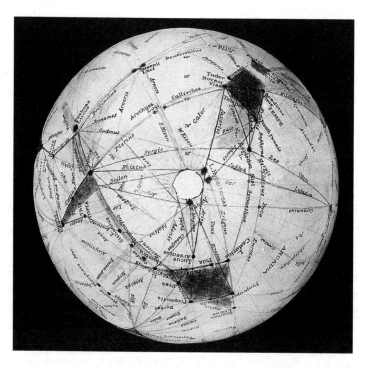

想象中的火星运河地图，来自珀西瓦尔·罗威尔
1906 年的著作《火星及其运河》。

达·芬奇的贝壳山与沃尔姆斯会议

正如我在这些文章中经常强调的，对错误的研究可以为理解人类的思想提供一条特别有成效的途径。真理已经在了，而错误必有原因。如果火星有运河，那么罗威尔就是一位敏锐的观察者。但一个无生命也无动机的机器摄影师，可能会取得更好的观察效果。然而火星并没有运河，我们必须要问罗威尔是如何深深地欺骗了自己的，这个答案必定能得出有启发性的原因与动机。在本文中，我并不是去记叙罗威尔是如何认定存在运河的，相反我将着眼于他把这些推测的结构，解释为更高级文明产物的论点逻辑。我之所以着眼于此，是因为罗威尔的核心错误一直是理解演化总体，以及关于地外生命推测的几个关键性问题的主要障碍。更直接的是，同样的错误还深藏于公众的误解中，例如 1996 年 8 月有人宣称在火星陨石中首次找到了化石生命的证据。

罗威尔是从认为火星上存在大面积的植被这一错误的论点开始他的研究的，这一判断是根据火星表面存在大面积颜色的季节性变化推测出来的。罗威尔认为，"火星上存在植被是暗色标记唯一的合理解释，认为不能简单地只看一时外表情况，而是要根据火星一年中连续不同季节的变化来判断。"

罗威尔下一个重要的推断激起了本文开始时讲述过的关于仆人的抱怨。他认为大面积植物的存在，表明同时也存在一个相应的复杂动物群：

> 作为一个重要的结论，而不仅仅是假定的前提，可以肯定植物生命存在于火星会引发深入探讨……这让我们立刻会联系到存在更高等、更

吸引人的生命种类的极大可能性，不是通过似是而非的一般类比，而是通过明确的特定演绎。植物群的存在本身就是推断动物群存在的前提。

罗威尔列举出了植物和动物之间相互依存的所有常见实例，其中包括昆虫授粉与蚯蚓松动土壤。可是他似乎从未认识到在动物已经生存的地球之上，演化出相互作用的特殊情况并不一定意味着动植物间要有必然和普遍的联系。毕竟，植物可以首先演化而动物无需跟从。（罗威尔硬把自认为高级的动物比作自大的仆人，这些动物甚至不知道它们让植物受益为的是在其他方面收到众所周知的回报。）

在确信（他十分满意）火星上一定有动物之后，罗威尔思考这些动物达到了何种复杂程度，而从来不怀疑生命一旦起源之后便必定向着越来越高级演变："古生物学已经证明生命一旦起源，"他写道，"就会沿着植物与动物两条路径并肩演化，随着时间的推移越来越复杂。"

罗威尔认为演化的前进机制锁定在适应行星在冷却过程中所产生的变化。在行星炎热的初始期，最简单的生命形式在热带地区繁荣。但持续的变冷则会让更大的有机物复合体度过不断恶化的困难时光。当情况变得艰难，这里引用一段老生常谈：

随着长期的变冷，水蒸气凝结为液态水时它（生命）开始出现。chromacea 与 confervae（罗威尔时代对单细胞植物与动物的称呼）开始形成并向着临界点不断突破。接着随着温度降低出现海藻与根头类动物（rihizopods），然后是陆生植物与有肺脊椎动物。动物群与植物群携手变得更加复杂完美，生命随着温度降低而不断演化。

火星距离太阳比地球远且体积比地球小，它的冷却程度必定超过地球。因此火星上的生物必定比智人高级。尽管我们吹嘘自己的能力与技术，但我们建造了什么样的东西，火星上的天文望远镜观察者才会认为是高级生命的产物？中国的长城？我们最大的城市？无论什么都比不上火星运河的规模：

> 这个结果（演化到复杂程度更高的阶段）无论如何都不是地球上偶尔才出现的情况，这是在生物演化中必不可少的一个阶段。随着生物大脑不断发育，生物就可以趋利避害，克服更恶劣的环境，不仅能生存下去且可以不断扩张。这种想法的证据越来越表现在生物生存的栖息地上。在地球上，就我们引以为傲的智慧而言，我们并未先进到能脱离不留痕迹的低级状态。

特别要说的是，火星环境的日益恶化暗示了演化中的生命需要有心智上的变化：

> 在一个老化的世界里，生命生存的环境愈加困难，为了生存下去，生命的心智必须越来越具特点，从而得以演化。因此，在火星上发现智慧高度发达的生命，完全符合我们对这个星球目前状态下的期望。

我们把这些猜想和推断综合在一起：火星上有植被；有植物自然

也就意味着有动物存在，且它们必定演化到更加复杂的程度。行星的不断变冷，越来越具挑战性的环境可以刺激演化的进程；火星的冷却程度超过了地球，因此生活在火星上的生命必定比智人高级。那些假想的运河就自然而然被解释为技术工程了，目的是为了合理地利用这个变冷、变干的星球上日益衰竭的资源。

斯基亚帕雷利的"渠道"实际上代表了这个词的意大利语在英语中表达出的意思——指由更高级生命建造的、用来开发唯一可以获得的水源的、行星规模的真正运河。

> 缺水是它们的关键特征……就我们能看到的而言，唯一能得到的水来源于（极地）冰雪半年一次的融化，这些冰雪是在上一年的冬天积聚而成。此外，除了空气中的水分再无其他来源。由于水对所有生命形式不可或缺，离开水生物无法存活。但随着行星变老，其海洋会消失……整个水源也会逐渐消失。其表面上的生命面临水资源日益匮乏……因此，[运河的]终极目标是开发半年融化一次的冰雪作为水源，将水输送到行星表面各处……因此网状运河系统作为一精密的实体，从南极到北极支撑着整个星球。从这个事实来看，我们不仅发现了运河建造者具有全球眼光，而且还敏锐地洞察到只有水源这样普遍都需求的物质才能成为潜在的根本原因。

罗威尔认为，我们不仅应该佩服能够建造这个系统的生物的高度智慧，而且应该钦佩它们可以在行星规模上协作的超乎寻常的道德！（我们人类似乎根本无法做到。）"第一个我们必须接受的结论就是它们一定具有智慧和非好战的特征，这样才能保证它们在整个星球上作为一个整体发挥作用。"

尽管这个宏伟而高贵的行星试图避开面临的灾难，但火星文明注定要走向衰亡。我们至少可以在更高的进化阶段中获得勇气和慰藉，地球生命也会走到这个阶段（而我们可能希望的是另外一种结果）：

> 让人们对火星如此感兴趣的原因之一就是其前瞻性，它给出了地球演化的方向。在我们自己的世界里，我们只能研究我们的现在与过去，但在火星上我们可以以某种形式窥探未来。两颗星球上生命的演化历程毫无疑问是不同的，然而其中一颗有助于我们理解另外一颗，尽管这种理解不是完美的。

罗威尔天马行空的理论引发了全世界如潮水般的关注与评论，大多数持否定意见。（直到 20 世纪 60 年代"水手号"卫星对火星进行近地拍摄后，火星上并不存在运河的看法才得以确认。我依然清楚地记得罗威尔的旧理论遗留下的新闻"诱饵"，大众媒体把"水手号"的探险很大程度上仍视为对运河存在的一次验证。我作为一名年轻的太空狂热分子，虽然对这一相反的结果一点也不惊奇，但仍感到失望！）

在罗威尔出版其关于火星运河的书时，阿尔弗雷德·拉塞尔·华莱士仍旧健在并十分活跃，仍旧靠舞文弄墨来维持生计。（达尔文和他的朋友们，部分出于自己继承遗产好运的内疚，为华莱士担保获得了一笔政府年度养老金，但是还是不足以让华莱士过上衣食无忧的学者生活。）华莱士一直对地外天体是否存在生命有浓厚兴趣，他曾经提出了独特而怪异的理论，把地球人视为宇宙当中唯一的高级智慧生命形式，并写过一整本书来反驳罗威尔的运河理论[《火星是否可以居住？》(*Is Mars Habitable?*)，伦敦：麦克米兰出版社，1907 年]。

华莱士错误地接受了运河的存在，并试图给出纯物理学的解释——"寒冷导致的受热的外壳收缩，但内部没有收缩"而产生裂缝。然而他却对罗威尔的生物学解释进行了猛烈的抨击：

能让罗威尔先生得出曾经有一高度智慧生命在火星上居住过的一大特征就是所谓的"运河"，它们十分平直，绵延万里，遍布表面，它们从冰雪覆盖的一极横跨整个行星表面延伸到另外一极。这个系统十分庞大，15 年的持续观察，发现它们在稳定地"生长"与延伸，这对他的思想产生了深刻的影响。在十分轻率地扫了一眼事实与可能性之后，他就将它们定为"非自然产物"，应为艺术杰作，因此进而判定必定存在高等智慧生物设计并建造了它们。这种想法影响或者说支配了他关于这个主题的所有作品。由此产生的无数问题或者被忽视，或者引证一些完全站不住脚的证据。例如，他甚至从未讨论过这样大规模的水利工程水源完全不够的问题，也没有提到过建造如此庞大的一个运河系统有多么荒唐，暴露在他所描述过的干旱条件下，光是蒸发造成的浪费就是可供给水源的 10 倍……出于这样的目的利用开放的运河，只能证明这些所谓的高等生物是多么无知和愚蠢。而可以肯定的是，早在完成一半之前就

达·芬奇的贝壳山与沃尔姆斯会议

无法投入使用，因此任何有理智的生物都会停止修建这种运河。

最近关于火星陨石中的化石生命证据的报道，让我把罗威尔与华莱士的著作从书架上取下重新阅读（我将他们二人的著作并排放在书架上，因为历史上常常很讽刺性地把活着时候的敌人在死后并排放置）。这些假定的细菌级别的生物与罗威尔认为的运河的聪明建造者相差甚远，但一个常见的错误却让我备受打击，这个错误既让罗威尔上面的结论失去威力，又标明了公众不合理地痴迷于当前报道的主要原因。

1996 年 8 月 7 日，美国国家航空航天局（NASA）召开新闻发布会宣称会在即将于 8 月 16 日出版的《科学》（Science）杂志中，发表由大卫·S. 麦凯（David S. McKay）与其他八位合作者撰写的题为"寻找火星过去的生命：火星陨石 ALH84001 号中可能的生物活动遗迹"（Search for Past Life on Mars: Possible Relic Biogenic Activity in Martian Meteorite ALH84001）一文。简而言之，这些科学家认为在已知的 12 颗火星陨石当中（正如可以根据符合火星大气与地表状况的化学"痕迹"进行合理推测一样），有一颗包含有生命迹象，它们沉积在岩石裂缝中以碳酸盐物质的形式保存了下来。据推断，这些裂缝是大约于 36 亿年前在火星上形成并被充填的。（1500 万年前，由于天体撞击火星造成了火星岩石被抛向太空，最终在大约 1.3 万年前落在南极洲冰原上。）

关于生命的这些有争议的证据，不是那些像贝壳或者骨骼这样的"硬"数据，而是由以同位素比值形式出现的化学信息和生物活动形成的矿物沉淀（但也有其他的解释）组成，此外还有微小的棒状与毛发状物质，粗看类似地球上最小型的细菌，但也可以解释为来源于无机结构。作为一个赌徒，我不会把任何钱押在这种情况之上，但无论如何我也不会拒绝这种想法。麦凯与其合作者的文章比较谨慎且较有意义，基于两个尚未得到广泛认可的原因让他们的结果看似是必定合理的：首先，在最初的 10 亿年中，火星具备流水和浓密的大气层（那时的陨石裂缝充填有碳酸盐物质）；其二，同期的地球处于类似的环境状况下，的确演化出了细菌级别的生命形式。

圣海伦斯火山的爆发，让这个消息一下子激起了公众的浓厚兴趣。其标题占据了几乎所有主要报刊的头条。《时代》（*Time*）杂志一时间在是用火星还是用在共和党大会上获得提名的多尔（Dole）和肯普（Kemp）来做封面摇摆不定。他们发表社论称："对于一个新闻杂志来说，最糟糕的事情莫过于长期新闻匮乏。而几乎同样让人头疼的是，一周之内有两个新闻故事同时需要公布。"（他们最终选择了活生生的人而不是推测的化石细菌，火星仅仅出现在杂志封面的一角，即杰克·肯普的头顶。）在更小范围内，我的电话信息记录显示，在不到两个小时内就收到了 25 次记者打来的电话。

我们的领导人也欣喜若狂。比尔·克林顿抓住时机，期望在共和党大会召开的时候抢一点风头，他很快召开一个新闻发布会宣称："今天 84001 号岩石跨越数十亿年和上亿英里来与我们面对面对话。"我的 4 个月后去世的好友卡尔·萨根也在医院的病床上欢欣鼓舞："如果这个结果得到证实，那么这就是人类历史的一个转折点，表明生命不仅能在一个微小太阳系中的两颗行星上生存，而且在整个浩瀚宇宙当中也可以出现。"

一周之后，在我们原声摘要播出和短时聚焦明星的文化中，这个故事从公众视野中消失了。这一发现消失得如此之快，相比让很多已经将其作为自哥白尼与达尔文以来最伟大的科学进步的评论者始料未及！大诗人拜伦（Lord Byron）在《恰尔德·哈罗尔德游记》（*Childe Harold*）中写道："这是一个学生的故事，一个神奇的时刻！"但安迪·沃霍尔[①]毫无疑问地把注意力等分成 4 个 15 分钟，这样才能按照现代生活的节奏放置其艺术的手指，并把机会不加选择地留给了这个时代的每个人——从卡托·凯林（Kato Kaelin）到可怜的博比特先生（Mr. Bobbitt），他们的故事很快以多种方式消失了。

不过，转念一想，是这个故事或许不值得"长腿走下去"，它会因为缺少维持新闻传播的证据与新材料而自然死亡。我愿意站在中立的立场上说，公众的兴趣很大程度上是基于一虚假的前提，这个前提让故事很早就夭折了——恰当的规划应该是既要让公众一直保持关注又要经得起时间的考验。

罗威尔根据"低等"植物的假想证据推断必定存在"小绿人"（Little Green Men）的逻辑存在很多问题，但没有一个问题像最简单的生命一旦产生，就必定朝着更复杂和最终产生意识这种假设那样如此重要或持续到今天。在这样的框架下，只要行星的环境始终保持宜居，以任何形式起源的生命都预示演化的终点是具有意识的复杂生物。因此罗威尔认为简单植物的起源开启了一个演化历程，最终会产生运河

---

① 安迪·沃霍尔（Andy Warhol，1928~1987）被誉为 20 世纪艺术界最有名的人物之一，是波普艺术的倡导者和领袖，也是对波普艺术影响最大的艺术家。——译注

的建造者。发现"最低等级"几乎等同于确保了出现"最高等级"。

一次又一次，特别是在电台的电话交谈节目与报纸的"街道上的男人（与女人）"栏目中，感兴趣的公众犯着同样的错误：任何种类的生命，无论有多简单，一旦在另外的世界产生，演化出意识就必定成为可以预料的自然序列。（火星环境干涸而又寒冷，因此在我们这个邻居上的生命的演化停留在了细菌级别。但这个序列必定在很多其他地方完成了，因为我们清楚生命完全可以在其他行星上产生，那么小绿人一定能遍布宇宙。）

《时代》杂志的社论是以一个错误的前提开始的，更糟糕的是出现了一个错误的二分说法，把这种假设不可避免出现的科学推断同神学抉择进行了对比：

> 发现生命可以存在于宇宙其他地方的证据，带来了人类最深奥的问题：为什么生命确定存在？是否可以简单地认为，如果足够的宇宙物质在一起溢出足够长的时间，是否最终会在某个地方或者很多地方有分子形成，这个分子可以不断地自我复制一直到演化成为一种可以挠自己头的生物？或者说是否是全能的上帝开启了一个高深莫测的过程，是为了给本来会变得冰冷与没有生机的宇宙带去温暖与生机？

也许我可以给出第三种解释——在我看来这是迄今为止可能性最大的一个（也是大多数科学家的观点），它能让我们从正确的角度看待最近提出的火星存在生命的主张。如果这个第三种观点能被更容易地理解和接受，那么假想的火星化石就可以享受比错误而短暂的15

达·芬奇的贝壳山与沃尔姆斯会议

分钟要长得多的荣耀时光。但反过来也会开启一项持续的研究工作，用来寻找细菌级的火星生命所引起的真正关键问题的答案。

假定只要行星具备合适的要素与环境条件，最简单的细胞生命起源就是有机化学与自发组织系统的物理学作用下可以预料的结果——毫无疑问这在我们这个浩瀚的宇宙中是普遍现象。但还要考虑到，假定生命在起源之后其后来的发展方向是无法预料的。

从环境变化历史来看，生命演化必定经历了无数的可能性，这些可能事前根本无法预料，所以实际上没有一条路线——例如以智人或者小绿人形式出现的意识之途径——可以被解释成通向天堂的康庄大道，而只能被视为一条艰难曲折的道路，途中充满了不计其数的艰难险阻和无数的岔路。因此在另外一颗星球之上分毫不差地完整再现我们地球上的这种路线，在亿万种情况中几乎就是天方夜谭。（既然宇宙中存在着亿万颗符合条件的行星，那么以某种形式存在的意识形体——没有我们知道的唯一的例子那样，具有双眼、四肢与带有神经元的大脑——就可能频繁地演化出来。但如果百万分之一的生命起源导致意识出现，那么火星细菌昭示小绿人的出现就显得不靠谱。）

换句话说，我认为我们已经按照传统观念错误地划分出生命三步走的顺序：（1）没有生命的合适的星球；（2）细菌等级的最简单的细胞生命的起源；（3）意识的演化。我们傲慢地假定生命必定能演化出像我们一样的高等生物，据此传统观点推测任何种类的生命都有神奇的独特性，而后都会不可避免地朝着产生意识的方向前进。因此从第1步向第2步转变几率十分渺茫且纷繁复杂，但从第2步向第3步的途径则比较平坦且可以预料。

只有在这种错误的观点下，我才可以理解为何地球上那么多人对最近报道的火星化石如此激动。人们草草接受了错误结论，认为报道中的第 2 步要从第 1 步走来几乎是不可能发生的奇迹，而要到完全可以预料的第 3 步则只需要时间即可——所以以发现细菌和记录小绿人是一回事情（火星上并未达成这一步，仅仅是因为条件发生了变化，水体消失，因此在足够长的时间里未能实现突破）。这种普遍观点与罗威尔的运河理论唯一的差别在于，我们对火星的地质历史了解日益深入。罗威尔认为火星的环境状况虽然持续恶化，但仍旧具备实现可以预料的第 3 步的可能。而如今，我们知道火星在很早以前就已经干涸，生命仅停留在第 2 步。

　　但我认为这三个步骤的划分大错特错，理由是我们很偏颇地把生命起源看得十分特殊，把后来出现意识当作是生命起源后的最终顶峰。可以肯定的是，第 1 步与第 2 步之间通路畅通无阻且可以不断反复——代表适当条件下的物理与化学的一般作用。而第 2 步向第 3 步的转变则概率极低，就像在同等选择情况下，在数百万条道路中选择任何一条都是可能行不通的一样。细菌等级的生命几乎可以起源于任何地方，然后通常在某个特别的地方开始演化，如果这个地方合适的话，那么就会演变出非常好的结果，因为即便在今天细菌依然主宰了地球上几乎所有有生命的环境。如今我们生活在细菌时代［见我 1996 年《生命的壮阔》（*Full House*）一书］，地球一直就是如此。这些最简单的生物将会统治我们的星球（如果环境一直适合生命生存的话）一直到太阳爆炸。在我们目前短暂的地质时期中，细菌会用十分娱乐的眼光看着我们在现在这个阶段的喜怒哀乐。对于它们来说，我们仅仅是临时而又美味的载体，适合深入开发。

如果我们可以再次调整视角，把智人视为极为罕见的珍奇物种，把细菌等级的生命视为常见的普遍现象，那么我们最终可以根据火星化石这个背景提出真正能吸引人的问题。如果生命是在特定环境下以一种普遍的物质属性起源的（极有可能已经实现），那么在不同的独立区域，生命的基本结构与组成会有多大程度的变化？目前我们不能根据知道的那么一点唯一的"样品"——地球上的生命——来回答这个问题，原因很有趣，它是科学方法的核心。

所有地球上的生命——从细菌到蘑菇到河马——在很大程度上享有惊人的生物化学相似性，这包括了 DNA 与 RNA 的遗传结构，且都普遍使用 ATP 作为能量存储化合物。存在两种可能的情况能解释这些规律性，这两种情况在解释生命本质上有显著差别：或者是所有早期生命共有这些特性，因为没有其他的化学反应起作用；或者是这些相似性仅仅记录了地球上所有生物的共同血统的单一起源，作为众多可能性中的一种，这种起源碰巧选择了这一化学特征。在第一种情况中，作为唯一可靠的选择，其他世界的生命可以独立地演化出一样的化学特征；在第二种情况中，其他生命系统则有可以广泛替代的化学过程为特征。

就生命的本质而言，我们无法提出更重要的问题。但具有讽刺意味的是，就目前我们掌握的信息资料也无法回答这个问题。毕竟，科学实验要求可以重复对所预料的结果进行验证。如果一种现象碰巧只出现一次，那么我们就无法得知是我们观察到的情况本来就如此，还是"重复实验"可能会产生明显不同的结果。

不幸的是，所有地球上的生命，这也是我们知道的唯一生命形式，就目前的多样性而言都是单一实验的结果，地球上所有的物种皆起源于同一祖先。我们迫切需要进行重复实验（若干次实验更好，但我们不要那么贪心！）以便于进行判断。

火星是我们进行二次实验的第一个真正的希望所在——这是寻找解决问题正确答案的必要条件。除非地球与火星生命起源于一个共同祖先——如果火星化石可以通过陨石撞击到达地球，这种可能性就很明显！——那么火星上的任何生命都可以盛在我们以前期望的二次实验圣杯当中。

火星上的古老化石无法提供什么证据，因为我们需要的是带有完整生物化学物质的活体材料，用于读取 DNA，或研究地球生命的学者无法想象的可行的替代物。

如今的火星表面冰冷、干涸，一片死寂。而在我们的星球上，细菌可以生活在地表之下，水体可以渗透到深达若干英里的岩石空隙中。火星上类似的地下环境仍旧可以有液体形态的水体特征。因此，如果细菌级别的生命曾经在火星上产生过，那么几乎可以肯定这些生物在很久之前就从火星表面消失了，但仍然可以生活在地表之下宜居的岩石环境中。来自火星的推测存在的化石给我们提供了一个最大的理由，来期待第二次实验依然埋在我们兄弟星球表面之下，且依然生机勃勃易得到推进。

所以我们应该派出机器人，甚至（最终）需要我们人类亲自去查看、寻找并回到地球——只有这样，这个实验才可以进行下去！忘记那些小绿人吧，忘记那些根本不存在的运河建造者，忘记那些以古老

1980 年美国国家航空航天局发射的"海盗号"（Viking Orbiter）
探测器拍摄的火星表面近景。

的细菌作为意识最终演化的错误观念下产生的幻想吧。最简单的生命
可以遍布宇宙，第二个独立的样品或许可以解决这个时代的谜团。我
们应该发挥独特而又奇异的智慧，去探索宇宙生命结构范围内的直接
证据。下一步是从最接近太阳的所有其他行星中找到一个备选答案。
宇宙的细菌寄主多种多样，占据主导地位的细菌会因为罗威尔认为是
智慧的种类而不是细菌的种类可以遍布宇宙而嘲笑他，然后满意地微
笑着说："所以你最终会理解；干得好，你这个忠实的好仆人。"

19

根头类的胜利

我不是一个很喜欢打赌的人。对于我来说，man o'war① 就是一艘英国战舰，或一个生活在塔希提岛上的土著舞者，穿着草裙在沙滩上为各种好莱坞版本的《叛舰喋血记》(*Mutiny on the Bounty*)中弗莱切·克里斯坦（Fletcher Christian）与布莱船长（Captain Bligh）翩翩起舞。但是如果有人强迫我要么行动要么闭嘴，那么我会对演化中的进步这一有争议的主题押上不寻常的一注。

我们的文化传统对演化一直存在比较大的误解，大多数人认为演化的趋势随着时间的推移会不断趋于复杂，这必定预示着生命历史存在基本的、可预测的方向。但达尔文的自然选择只能产生对不断变化的局部环境的适应性，且外形与行为的简化同增加复杂性一样，都可以在当前的栖息环境中更好地发挥功能。因此我们可以预测，演化中出现简化的例子将与复杂性的增加一样普通。

但我愿意冒险投一票给文化传统中不被看好的一方，我怀疑

---

① man o'war（也作 man of war、man-of-war 或 man-o'-war）是英国皇家海军在 16 世纪到 19 世纪对强大军舰或护卫舰的表达方式。——译注

达·芬奇的贝壳山与沃尔姆斯会议

演化趋于简单化的实例实际上可能具有一个小的整体优势。我之所以冒险提出这样的设想，是因为有几万到几十万的物种所持的一般生活式——寄生，其成年个体通常会出现演化中的简化现象，这与自由生活的生物的祖先形成了鲜明对比。由于我知道没有类似的现象来矫正复杂性带来的偏差，所以对所有情况进行统计分析可以得出主要趋势还是不断简单化——因为自由生活的生物中自然选择没有方向上的偏好，而寄生现象则给出了走向简单化的明确指示。

在生物自身条件范围内，我认为这个结论是无懈可击的。但自然是神奇而又多变的，而人类的认识毕竟有限，这种不足带来的局限性在自然情况中常常显得十分可笑。这种关于寄生生物的论调仅在另外一种偏见主导的情况下有效，这种偏见几乎和我们演化在进步的等式一样严重：我们错误地把成年个体的剖析视为生物的整体，且我们未能考虑整个生命循环周期与生理学功能上的复杂性。

想想关于博物学的传统故事中一个标准的"悲歌"或者"奇迹故事"：蜉蝣只能存活一天［这个悲哀的故事甚至十分专业地记录在该生物类群分类上——蜉蝣目（Ephemeroptera）］。没错，成年蜉蝣只能享受短时间的阳光，但我们应该珍视这个完整的生命周期，并认识到幼虫或者幼年阶段可以生存发育数月。幼虫不仅仅是为短暂的成年期做准备。我们可以更好地把整个生命周期视为劳动的分工阶段，其中幼虫是取食与生长阶段，而成年则是短暂的繁殖阶段。从这个意义上来说，我们完全可以把蜉蝣的成年时期看作是为幼虫制造新一代真正基本的取食器的聪明而又短暂的工具。这种昆虫正应了巴特勒

（Butler）[①]那句著名的妙语，即一只鸡仅仅是鸡蛋产生另一个鸡蛋的方式。

本文讲述的是成年寄生生物极端简单化的最著名的故事。是为了阐明、调和，甚至可能解决两个严重妨碍我们理解博物学的偏见：对演化进程的错误估计，以及仅考虑生物的成年期而为未考虑整个生命周期从而低估了生物的价值。

成年蟹奴（*Sacculina*）是根头目（Rhizocephala）这个有大约200个种的庞大类群的典型代表，它几乎与其藤壶祖先没有多少差异——或者说在解剖上与外观上更加简化。因为蟹奴的拉丁语 *Sacculina* 是"小囊"的意思，而 Rhizocephala（根头目甲壳动物）则是希腊语"根头"（root-head）的意思，所以这两个名字准确地记录了这种演化上的巨大变化。我们可以看到，就根源上来说根头目动物很明显当属藤壶类，但其成体并没有保留一点其甲壳动物过往的迹象。根头类寄生在其他甲壳动物身上，几乎寄生于所有十足类（螃蟹与及其近亲）身上。成体由两部分组成，其名字几乎都是用方言而不是专业术语表达的。（与通常的做法相比有让人耳目一新的变化。）从外部来看，一个观察者只能看到附着在螃蟹腹部的下方的一个不定形的囊［称为外体（*externa*）］。囊只不过是一个繁殖器官，它包含了卵巢与用于引导雄性让精子进入的通道。外体不包含其他分化的部分——没有附肢，没有感觉器官，没有消化道且没

---

① 塞缪尔·巴特勒（Samuel Butler，1835~1902），是一位反传统英国作家，活跃于维多利亚时代。两部最有名的作品是乌托邦式讽刺小说《乌有之乡》（*Erewhon*）和半自传体小说《众生之路》（*The Way of All Flesh*）。他也是基督教、演化思想史、意大利艺术、意大利文学史研究家。——译注

达·芬奇的贝壳山与沃尔姆斯会议

有分节特征。受精卵在外体内部发育（外体而后执行育儿袋的功能）。

在没有明显营养源的情况下外体如何发挥功能？详细的观察揭示出，它们存在一根管子可以刺穿螃蟹下腹，把外体连接到精细的网状"根"上［称为内体（*interna*）］。这些根遍布螃蟹的整个体内。它们可以穿过血腔空间（类似于血管），接触到很多螃蟹的内部器官。它们可以通过吸收螃蟹的体液来滋补寄生体。在一些寄生物种中，根限定在寄主腹部之内，但蟹奴的根可以延展到整个身体，直

兰基斯特绘制的"退化的"成年蟹奴，展示了外体（囊）和内体（根）。

达附肢的末端。（用人类不恰当的话语来说，这个系统不像乍看起来那样可怕。寄生体不会吞噬寄主，而是会一直将螃蟹视为"维系生命"的系统。）蟹奴一名（最常见的属）证明了外体的重要性，而根头目或者根头类整个类群的名称来自于内体。

动物学家从 18 世纪 80 年代就知道这些藤壶寄生体（尽管最早记录的人准确地观察到了寄生体从外体释放幼体，但却错误地把囊解释为螃蟹的器官，为寄生体所诱导产生的，类似一些昆虫侵染植物以生长虫瘿）。自从最初发现这种现象之后，根头类就成为了寄生退化程度最大的标准实例，在传统的博物学中扮演着经典的角色。在达尔文的时代，很多一流动物学家都把蟹奴作为演化的主要奇迹

之一。

德国生物学家弗里茨·缪勒（Fritz Müller）在 1863 年撰写了一部名著，该书给予达尔文关键性的早期支持。缪勒的著作几乎都在描述甲壳动物的解剖特征，但给出的总标题是 "Für Darwin"（献给达尔文）。缪勒提到了蟹奴，以及它与自由生活的藤壶的明确的亲缘关系，将其作为演化的"退化蜕变"的主要实例。他将该属作为"退化蜕变甲壳类系列中的顶峰"，而且记录了这些动物有限的活动能力：

> 生命唯一持久存在的现象……就是根部的强有力收缩与身体交替的伸展与收缩，这种运动造成水体流入腔体并通过宽孔再次被排出体外。

大英博物馆自然历史部后来的主任兰基斯特（E. Ray Lankester，1847~1929）在 1880 年出版了一本名为《退化：达尔文主义的一章》（*Degeneration: A Chapter in Darwinism*）的著作。他以蟹奴为主要的实例把退化定义为"组织化的缺失，导致后裔在结构上要比祖先简单或者低等得多"。兰基斯特把这种藤壶类寄生生物描述为"一种可以吸收营养并产卵的小囊"。

伊夫·德拉吉（Yves Delage，1854~1920）是法国最好的博物学家之一，并且还是一位爱国的拉马克主义者，他在 1884 年出版了一部关于蟹奴的主要实证研究著作。他把该属描述为"一种单一的寄生体，萎缩为以包含生殖器官在内的囊"。他还写道"蟹奴似乎是造出来冷却那些天马行空的想象力的生物之一"（faits pour refroidir les imaginations aventureuses）。

因此，所有重要的学者和专家都把根头目视为寄生生物在演化中退化的主要代表（如果我们希望避免遭到道德上的谴责，至少可以说成是简单化）。我不会因为这种有局限的观点把成体看作附着在内体根部的外囊，而去质疑这种论断。但我的确反对这种局限性带来的短视。从适度延伸的观点来看——出于三个主要原因我将按顺序讨论——根头类明显是复杂的动物，其独一无二的精细结构堪与地球上任何一种生物媲美。然而在这种更宽的视野中，它们与以前一样，始终是人们关注的焦点——就像欧洲最伟大的动物学家错误地把它们当作达尔文式退化的经典实例时，其实它是演化意义的重要体现。

1. 根头目完整的生命周期。我们以前是如何辨识出蟹奴有藤壶类的祖先的呢？我们现在可以通过 DNA 测序获得这种信息，但 19 世纪早期的动物学家已经准确地确定了根头类的亲缘关系。在成年外体与内体的研究还无法提供如此细微线索的时候，他们是如何做到的呢？

对于雌性根头类复杂生命周期的观察，最终解决了这个动物学谜题。（我后面会讨论雄性的生长，作为我的第三个结论。）它们生长的最初两个阶段与普通藤壶的发育并无多大区别，因此无法鉴定。一般认为幼体从外体的育儿袋中的离开是扩散阶段，在很多甲壳动物中很普遍，被称为无节幼体（*nauplius*）。根头类的幼体经历了多达四个中间环节（蜕皮阶段），除了缺少所有的取食结构以外，外形上和普通甲壳类无节幼体很像，接着直接到了具单一中眼的独特特征阶段。

在本文中，我会尽量克制自己不要偏离主题，这主要是因为我发现故事的主线实在精彩了，但我不得不偏离一次主题，因为它惊人地展现了科学人性的一面。1884 年，伊夫·德拉吉出版的关于蟹奴的专著毫无疑问是根头类早期研究最重要的成果，书中有超过 300 页较为枯燥的解剖描述，主要针对的是生命周期的早期阶段。但他在几个方面表达了对一位德国同事考斯曼（R. Kossmann）的强烈不满。德拉吉特别指出了考斯曼在鉴定两个幼虫眼睛上的错误。在其早期的著作中，这位法国爱国人士承认了他对考斯曼错误的出言恶毒且幸灾乐祸。考斯曼以前曾经讥讽过一个法国人，一位真正的绅士海塞（Monsieur Hesse），因为后者解释蟹奴的生命周期有误。德拉吉出于两个原因进行如此的攻击。首先，可怜的海塞是一位痴迷的业余爱好者，仅仅在退休以后研究过海洋动物学，"这是一个其他人追求享受长期工作后带来的宁静生活时光的年纪，在德国与其他国家均是如此"。考斯曼本应更大度些。其次，让人无法原谅的是，考斯曼明确攻击海塞是法国人，这明显违背了科学作为一个国际性与合作性事业的规范。接着，德拉吉推测了考斯曼的动机，并回忆了法国在 1872 年的普法战争中战败给自己带来的苦涩记忆。

我不能原谅的是，这位所谓的绅士（考斯曼先生）很乐于看到一位科学家掉进错误的深渊，只是因为他是一个法国人。这明显是狭隘思维下的产物，且这样的想法很快会破坏科学讨论的神圣性。但考斯曼先生却满嘴借口。特别要说的是，他是在 1872 年撰写的文章，当时德国还陶醉在最近的军事胜利当中，他没能控制自我，最终还是忍不住公开在背后狠踢了战败者一脚。

达·芬奇的贝壳山与沃尔姆斯会议

仅根据单眼无节幼体只能把根头类鉴定为甲壳动物，但下一个阶段的腺介幼体只出现在藤壶中，因此表明了根头类的祖先特征。如果无节幼体是处于水体扩散传播阶段，那么随后的腺介幼体可以利用被称为小触须的成对的前部附肢在基底上爬行，用来确保自身处于合适的位置上，而后分泌出粘附物以永久固定。这种粘附物可以把大多数藤壶固定在岩石上，但一些种类可以附着在鲸鱼或者海龟身体之上，还有一个种类可以深入鲸鱼皮肤中，过着近乎寄生生活。所以我们可以轻松地设想，从固着于岩石到外部附着于其他动物之上，进而从内部挖掘洞穴防御，并最终实现真正的内部寄生的一系列转变。在任何情况下，根头类腺介幼体的功能类似于其藤壶对应的部分，用于寻找合适的地点附着在甲壳动物寄主上。（所青睐的地点因种类的不同而变化：一些驻留在鳃部，一些在四肢上。）

我们现在来到了讨论的最核心部分，思考根头类复杂生命循环中由新的演化阶段定义的奇异的独特性。附着在寄主体外的腺介幼体是如何进入到寄主的身体内部成为成年体的？根头类的生命循环是从一般分类特征到独特分类特征的。根据最初的无节幼体可以把该种生物定为甲壳动物，随后的腺介幼体则表明其在甲壳动物中位于藤壶类的分类位置。但下一个阶段则只属于根头类。

由于雌性腺介幼体是通过其小触须附着在寄主上的，变形成为根头类生命周期中独一无二的一个阶段，正如德拉吉在 1884 年发现的那样，被命名为藤壶幼体（kentrogon，意思是"飞镖幼体"）。藤壶幼体比腺介幼体更小更简单，发育出一套重要而特殊的器官——德拉吉的"飞镖"（现在一般称为"注射针"）。藤壶幼体的注射针其功能相当于皮下注射器，是把成年阶段的前体注射到寄主体内。

　　在根头类大约 200 个种中，成体输送系统的原基呈现出了极大的多样性。一个类群的藤壶幼体将其整个腹部表面粘附于寄主上。接着，注射针刺穿寄主腹部表面，它需要穿过三层才能获取一个通道，这三层是藤壶幼体的表皮、附着粘结层与寄主的表皮。在另外一个类群中，藤壶幼虫的腹部表面并没有粘结，小触须继续起着附着寄主的功能。在这些类型中，包括蟹奴属自身在内，都是直接通过一根注射针刺穿寄主的身体！第三个类群则完全省掉了藤壶腺介幼体阶段，幼体的注射针刺穿寄主并将成年寄生物的原初细胞传输过去。

　　1884 年，伊夫·德拉吉发现了藤壶幼体及其注射器官，他难掩内心的兴奋。他写道：

　　　　不论是与藤壶还是与整个动物界的任何已知的情况相比，所有这些事实是如此引人注目、如此出人意料和如此神秘莫测，以至于读者会原谅我提供了如此详尽的事实文件。

　　但下一个观察结果让我更觉惊奇——根头类最奇特的地方，对此我难以置信（如果资料不那么准确的话）。成年寄生体的原初细胞是由

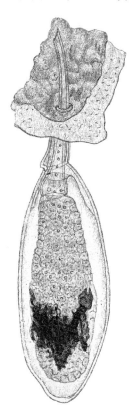

伊夫·德拉吉绘制的根头类藤壶幼体的原始图，将其成年阶段的前体注射到蟹的体内。注意，位于顶部的注射针刺穿了一片蟹体。

什么组成的呢？什么东西可以通过皮下注射装置开出的狭小的孔洞？

德拉吉发现了这种机制，他认为有若干具有一定结构可成为成体中不同组织的前体细胞，被注入寄主。他对从幼体到成体发生的大幅度的"缩减"表示难以理解。你可以想象一下，经过无节幼体、腺介幼体与藤壶幼体这几个复杂的形态后，把自己快速缩减为只有几个细胞，进而快速冒险地转变成为成体。这是如此关键转变中一架最短的桥梁！德拉吉写道："蟹奴试图从其刚结束的过去重新产生出一些东西来。"接着，德拉吉进行了类比，将此比作一个乘坐热气球的人把所有能想到的多余重量丢掉以免气球破裂。

所有的一切都解释为，寄客为了保证自身足够小以便很容易地通过针头孔所决定的狭窄通道。（被转移的细胞）也是如此，这就像一个热气球驾驶者当其气球已经损失了部分气体，他所要做的是不惜一切代价让气球再次升起来，这就需要扔掉一切非必需的东西，以减轻重量。

好吧，德拉吉先生，实际的情况远超出了你的想象。有一点你非常正确，很多种类的确会通过注射针来传送几个细胞。但也有物种缩减到了极致，仅一个细胞！注射针可以把这仅有的一个细胞注入寄主的体内，生命周期的两部分可以通过最低程度的联系来维持其必需的连续性。看上去就像是大自然在根头类生命周期中插入了一个类似于受精卵的阶段，受精卵是常见有性生物世代之间保持最低程度的联系。

在最近的文章中可以查到根头类传输一个细胞的证据，文章的作者是来自哥本哈根大学动物研究所的当代首席学者延斯·T.霍格（Jens T. Høeg）。（我在准备写本文的时候读过霍格的十几篇好文章，感谢他给了我如此丰富的信息与启示。）1985年发表在《动物学报》上那篇关于磁异蟹奴（*Lernaeodiscus porcellane*）的文章里，霍格提到了腺介幼体的驻留、藤壶幼体的形成和在藤壶幼体中识别出单个细胞注入寄主的情况。霍格描述了藤壶幼体中这架微缩的桥梁："因为其大小与外形不具有特化效果，侵入细胞显然与周围的上皮细胞、神经细胞与腺细胞差别明显。"

1995年9月14日，《自然》杂志报道了一个更引人注目的发现："寄生性藤壶（根头目）侵入寄主中出现新的活跃多细胞阶段。"这个发现是由亨里克·格伦纳（Henrik Glenner）和延斯·T.霍格完成的，也是本文最初的灵感之源。作者发现了拟武洛孛蟹奴（*Loxothylacus panopaei*）藤壶幼体把以前从未发现的结构注入了寄主当中：一个包裹在非细胞鞘中的含有多个细胞的蠕虫状实体。这个"蠕虫"在寄主体内分裂，产生大约25个独立的细胞，然后"通过卷曲与扭转交替的运动方式"扩散开来。很显然每个细胞都有潜力发育成一个完整的成年寄生体，但通常只有一个能成功（只有少数螃蟹体内发育出了带有独立根系统的多重外体）。

这种最小限度的传送解释了成年根头类为什么没有呈现出与藤壶有亲缘关系的迹象。如果成年寄生体是从单个传送细胞重新发育的，那么分类上可以识别的幼体部分发育成成体时，所有结构上的限制都将被打破。总之，从注入位置迁移来的原始细胞或者细胞可以通过寄主的循环空间，找到驻留地点，建立内部根系统，并最终通过寄主的腹腔以新的结构形式出现，这种结构有一个好听的名字，叫"处女外体"（virgin externa）。

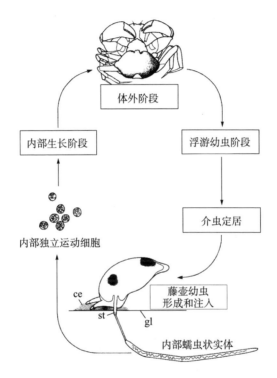

根头类复杂的生命周期：最近的实验揭示出，在一些种类中，藤壶幼体向寄主蟹注射入一个可移动的、蠕虫状的实体，它们随后分裂成数个独立的移动细胞。

将以下所有情况综合起来：无节幼体；腺介幼体；藤壶幼体；进入寄主的注入通道，少数情况下通过单个细胞；迁移进入永久驻地；根状内体的繁殖和外体的出现。把这些阶段加起来与我们自身进行比较，即便我们有青少年时期的"狂飙突进"（Sturm und Drang），你会为哪个生命周期打上更"复杂"的标签呢？

2. 操纵和掌控寄主。成年寄生体看起来类似于一个扎根的液滴，就像大多数其貌不扬的人常常在其普通的外表之下隐藏着巨大的力量一样（如同一个好莱坞"恶棍"被发现有着巨大的痛苦和悲伤那样），注意避免把丑陋的疣与好的简化等同起来。成年根头类寄生体比外体的外观看上去更加会给自己留一手。

从逻辑上思考后面的问题，将其作为成年寄生体必须具备的生理与行为复杂性的标志。我们知道在腺介幼体试图定居时，螃蟹会发起反击，宿主动物会不断地清洁和梳理自身以便把停留其身体上的腺介幼体清除掉，因此绝大多数寄生体都会死掉。事实上，按照我的观点，开拓性腺介幼体到粘附性藤壶幼体的快速转变（在一些种类中在10分钟之内就可以实现），藤壶幼体贴伏的形状和很多种类中幼体会牢固地粘在寄主上，都可以比较合理地解释为寄生体对潜在宿主强烈反击的积极适应的结果。

但当处女外体刺穿螃蟹的腹腔，贴在螃蟹身体下侧时，所有的"反击"都变得徒劳了。螃蟹仍然有积极的清理反应，但并不是刻意针对去除外体。为什么不再反击呢？螃蟹究竟怎么了？在1981年发表于《甲壳动物学学报》（*Journal of Crustacean Biology*）上的一篇优秀文章中，作者拉里·E.里奇（Larry E. Ritchie）与延斯·T.霍格通过研究根头类的磁异蟹奴回答了这些问题：

> 寄生体以外体形式返回到表面。是什么让宿主在不断清洁时还不会

把寄生体当作外界物质或者"寄生体"而消灭之呢？当外体出现在宿主的表面时，必定是出现在宿主无法清除的位置或者不能清除的外形，或者被宿主认为是"自身"的一部分而不会去伤害。

由于能够到或者清除外体，那只能是第二个和更有趣的选择了。换句话说寄生体在一定程度上可以使宿主的防卫瘫痪，可能是用一些欺骗手段麻痹螃蟹的免疫反应，让宿主认为寄生体是其身体的一部分。作者继续写道：

> 控制宿主的演化极有可能是通过某种形式的激素作用，这代表了根头类的终极反防御适应性，因为它可以瘫痪宿主的防卫系统……宿主一旦被控制，就完全成了为寄生体服务的工具。

"服务工具"一词可能听起来很极端，但综合寄生体对宿主的侵占、接管与控制而言，只能让人不由得产生一种对寄生体无与伦比的娴熟（和智慧）驾驭能力的近乎可怕的崇敬之感！

首先，成年寄生体蚕食宿主并不是直接通过吃掉性腺组织（就像大多数情况下的"寄生阉割"，这是这个可怕世界中常见的现象），而是通过一些神秘的机制，这些机制极有可能与内体根部刺入螃蟹的神经系统有关系。在蟹奴中（而不是在大多数其他的根头类中），寄生体也可以打断宿主的蜕皮周期，因此螃蟹再也不会蜕去其外壳（这明显地对外体有利，通过蜕皮很容易就可将外体去掉）。

磁异蟹奴把控制宿主变成了一门精细的艺术。被寄生体控制之后，雄蟹无论在解剖上还是行为上都发育出了雌性的特征，而雌性则更加雌性化。新出现的外体则占据了螃蟹自身的（在通常发育的未被控制的雌性中）卵块同样的形状和位置，附着在腹腔的下侧。无论是雄蟹

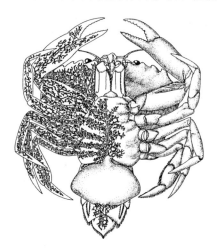

成年蟹奴的"根"侵入到蟹的体内，滋养寄生体，并阉割宿主，但并不将其杀死。

还是雌蟹（两种性别都会因为寄生而雌性化），于是会把外体作为其自身的一部分。换句话说，寄生体夺走了所有投到螃蟹自身后代身上的综合关怀。螃蟹通过摆动其腹部为外体换气，主动（且仔细）用四肢来清洁外体。而且里奇与霍格已经证明这些行为对于外体的生存来说是必不可少的，因为当他们把用于清洁的四肢从被寄生的螃蟹身上去除以后，"外体很快就变脏且坏死"。最后，"简单的"根头类甚至欺骗螃蟹把寄生幼体作为自身的受精卵从外体中释放出去！里奇与霍格写道：

在寄生体释放幼体时，宿主通过正常的排卵行为进行协助。通常（螃蟹）很神秘地从岩石底下爬出，踮脚抬起身体，而后一起一伏地摆动着腹部。同时寄生体把无节幼体排进宿主产生的水流当中。

简而言之，根头类是海洋无脊椎动物世界的布谷鸟，在其他物种的"巢"中产卵，模仿宿主的卵（外体与蟹的卵块相似），然后骗取宿主亲代的抚育。但根头类甚至更彻底，它们总是阉割它们的宿主，而布谷鸟仅有一部分会杀死它们养父母的合法雏鸟。

　　总之，根头类将螃蟹变成一种达尔文密码，一架完全按照寄生体的意志工作的取食机器。被奴役的螃蟹对自身的演化历史没有任何贡献，其"达尔文式的适应性"成为浮云。所有取食与生长都是为了满足根头类的演化利益，随着内体吸干螃蟹的营养，它们会完全牺牲螃蟹为代价以惊人的速率繁殖。但尽管如此精细，寄生体还必须用长久而完美的手段来维持螃蟹的生存，不会榨干寄主而砸掉这个金饭碗，但也不会让螃蟹按照达尔文式的利益为自身做任何事情。

　　根头类可以在相当长的一段时间内维持这种精妙的平衡。里奇与霍格在实验室对被控制的螃蟹观察了 2 年，发现寄生体一点也没有产生副作用，并且一直在繁殖。而且根头类可以以惊人的数量繁殖，这一切都是靠螃蟹的取食来维持。约根·吕岑（Jørgen Lützen）在 1984 年发表了一篇关于蟹奴（*Sacculina carcini*）的文章，他发现在 7 月中旬到 10 月的繁殖季节里，单个外体可以产生多达 6 批卵，平均每一批有 20 万个，这样每一季的产卵量超过 100 万个。的确很复杂，但却十分高效。如果我是一个有意识的根头类，我会把这句话当作座右铭：不要称我为一个带着根系的简单小囊。

　　3. 雄性的情况如何？（或者，根头类生命周期中更进一步的复杂性。）上述前两类复杂性仅仅考虑的是雌性根头类。德拉吉和所有早期研究根头类的学者把外体视为雌雄同体，同时带有雄性与雌性器官。但外体仅仅构成了成年雌性的一部分。雄性根头类一直到 20 世纪 60 年代才有翔实的文献记载，当时一批日本动物学家最终弄清了根头类完整的性别系统，并识别出了真正的雄性。

雄性的生命周期和雌性的发育有着令人惊奇的差别——当我们完整看待其整体生物学而不仅仅是成年解剖学特征时，这也从另外一个角度表明了根头类的复杂性。两性之间无节幼体的开始阶段和腺介幼体区别不大。但雌性腺介幼体驻留在螃蟹上开始内部刺入阶段，而雄性则落在雌性外体上。在蟹奴及其近亲当中，处女外体中并没有开口。但这种最初的外体很快就蜕变到第二阶段，此时则带有被称为"外套膜孔"（mantle aperture）的小孔。这个小孔可以通向两条通道，称为"细胞接受器"（cell receptacles）。

成功的雄性腺介幼体驻留在外体小孔上。而后在腺介幼体中形成一个只有雄性才有的阶段，称为三乔幼体（trichogon）。三乔幼体很明显相当于雌性的藤壶幼体，但外形上要简单得多，没有肌肉、附肢、神经组织或者感觉器官。三乔幼体看起来类似于一小块未分化的细胞，被覆盖了小型脊突的表皮（这个名字意思是"多毛的幼体"）所包围。三乔幼体通过介虫的触角进入到外体的小孔当中，并且沿着细胞接受器的通道前行。（两个三乔幼体有可能分别进入不同的接受器中。）三乔幼体而后扔掉脊突表皮，以小团细胞的形式停留在通道的末端。（其他的根头类不会形成三乔幼体，雄性细胞团必定是通过腺介幼体触手直接注入外体体内。）这些微小的雄性细胞就成为产生精子的源头。

这些事实不会让人类那些过时的大男子主义者有一丝心动，因为

达·芬奇的贝壳山与沃尔姆斯会议

雄性根头类的结局是微小的侏儒，直接被注入无比巨大的雌性身体当中，最终逐渐成为一连接疏松的细胞小团停留在外体的深处。生物学家将这样的雄性称为超寄生生物（Hyperparasite），因为它们是寄生在寄生体之上的寄生者。雌性寄生在螃蟹身体之上，但微小的雄性却完全依赖雌性存活。雄性细胞永久地封闭在相对巨大且起保护作用的雌性体内深处（我猜这对于男人来说甚至是一种奇怪的弗洛伊德式的幻觉），而后在外体产生卵子的同时产生精子。

总之，雄性与雌性根头类具有复杂但不同的生命周期，雌性重新把螃蟹宿主构建为一个支持系统时表现出的极大的复杂性，这一切都暴露出了我们传统智慧的肤浅。内部根系与外部小囊的成年解剖特征看起来似乎很简单，以至于我们一直把根头类视为退化的寄生体。

对根头类的重新审视，让我不得不接受教训修正最初关于寄生的看法，以纠正把演化视为进步的偏见。因为我无法继续坚持用寄生退化的观点，来说明在演化趋势中简化的情况要略多于复杂化。但这种纠正也同时引发了一个关于反对可预测进步的观点，这个观点可以把我们带回到达尔文思想知识传承的源头。

兰基斯特在其 1880 年的著作《退化：达尔文主义的一章》中，准确地把进步的信念当作是对达尔文自然选择理论根本上的错误判断。兰基斯特写道：

> 博物学家一直假设，自然选择和适者生存的过程一贯如此，其结果不外乎或者让屈从于这一点的所有生物其结构得到提升且更加复杂，或者让它们保持不变，完全适应其生存状况，就像保持它们始终处在平衡

状态中一样。人们一直认为曾经存在过大约 6 条或者 7 条大的演化世系，而且沿着每一世系始终存在着持续不断的进步，也就是朝着更加复杂化的方向发展。

兰基斯特而后引用了假设的退化实例，其中把根头类作为主要例子，来证明自然选择并不能确保进步。"退化，"他写道，"可以被定义为一种结构上的渐变，生物适应了变化较少且复杂程度降低的生活环境。"换句话说就是，兰基斯特坚持了达尔文更深层次的原则，即自然选择只能导致出现局部适应，而不能引发全面的进步。他正确地指出，自然选择带来的生活环境的简化可能会导致生物解剖结构的简化，而这种简化的后裔很好地适应了其栖息环境，就像之前较为复杂的祖先适应更加复杂的生活方式一样。但兰基斯特错误地把根头类看成正好是对应简化生存条件的退化生物。一种关于整个根头类生命周期更宽广的观点揭示出，经过几个复杂的生长阶段之后，会出现极为复杂的结构及其相对应的适应性。而雌性外体简单的成年小囊仅仅是整个复杂故事的冰山一角。

根头类反过来为达尔文的真正原则提供了一个极好的实例，通过自然选择产生了适当的局部适应。根头类很好地适应了其复杂的生活条件。但就其独一无二的特征演化而言，根头类并没有比任何近亲变得更好（或者更糟）。根头类因为生活在螃蟹体内就比生活在岩石上的藤壶更好吗？难道就因为成年根头类雌性看起来像一个小囊，而不是一套包裹在复杂壳体中的鳃，就比藤壶更低等吗？螃蟹比藤壶更高等吗？我们认为海马比旗鱼更高等，蝙蝠比土豚更高等吗？这样的问题十分愚蠢，且容易引起误导。

　　自然选择只能让每一种生物适应其自身所生活的局部环境，因此这样一种机制就不能成为我们对进步最古老、最荒唐的偏见的依据。根头类脱离了这种进步的偏见，不是因为它们退化，而是因为它们很好地适应了自身所面对的复杂环境，并且因其发生了特化。我们怎么可能把动物王国中所有完全不同的独特性等同于大而化之的更好与更坏呢？希望它们给我们贫乏而愚昧的智力上的帮助——不仅是它们在驾驭螃蟹取得达尔文式优势的巨大成功——代表了根头类的最终胜利。

20

我们能真的了解树懒和贪婪吗？

在丁尼生的哀叹中，我们可以发现关于智力和实际生命中一个常见问题的经典概述。在爱的记忆中，他最好的（已故的）朋友阿瑟·哈勒姆（Arthur Hallam）似乎是那么的近，但实际上却是如此遥远：

> 他看上去是这么近，却又是那么远。

柯勒律治[①]在《古舟子咏》（*Ancient Mariner*）中对同一个问题做了经典的具体描述，虽然完全被包围其中，但却一点也用不到：

> 水啊水，到处是水，
> 却无一滴可喝。

这种它离你如此之近，你几乎可以触摸到，但对于任何可用的

[①] 塞缪尔·泰勒·柯勒律治（Samuel Taylor Coleridge, 1772~1834），英国诗人和评论家，他一生是在贫病交困和鸦片成瘾的阴影下度过的，但依然坚持创作，确立了其在浪漫派诗人中的地位。——译注

感知手段来说又是那么遥远的共同的体验，明显地提供了一种喜忧参半的祝福——既是日常生活中的主要挫折，又是科学进步的主要推动力。我最喜欢的例子大部分都有一个依然在积极发展中的美好结局。考虑到医学历史上有那么多的遗憾，经过了那么多个世纪（直到最近）取得的进展却依然不大，这主要是源自仅涉及一两英寸区域的诊断问题。要可视化的病痛不在其他地方，恰好就在我们不透明的皮肤表层之下。由于没人能看到发展中的肿瘤或内部的感染源，千百万（可能数十亿）的早产儿，经常痛苦地死去。早期的医生能做的就是将它切掉或（有时）将它取出，这里的"它"指的是那些比较大的部位（例如四肢），这是因为根本无法精确地定位小的和局部的病变。因此，可以想象得到，从 X 射线到 CT 扫描再到核磁共振成像等一大批发明，它们带来了多大的好处。能够看到物体内部一两英寸范围内情况的能力已经彻底改变了我们的生活，大大提高了我们生活的福祉。

博物学家一直在致力于一项高贵而迷人的事业，试图以我们能接触到的最深刻的方式，认识地球上惊人的生物多样性。采用可能最优的方法却立刻碰到了丁尼生所说的不可能接触的极限。我与其他一些生物面对面，渴望知道它那杰出生命力的本质。我向上帝请求科学可知性的看门人：给我一分钟，就一分钟，到这种生物的皮肤内。让我能够与其他生物的感知器官连接 60 秒，那么我就可以知晓一代代博物学家一直在追求的答案。

但是这个神像巴力 ① 那样毫无反应，巴力曾对他的 450 个先知的

---

① 巴力（Baal）是犹太教以前迦南宗教里的主神。他曾打败过邪恶的海神雅姆，并在女战神阿娜特的协助下年复一年地与死神莫特相搏，导致四季的更替和万物的枯荣。——译注

我们能真的了解树懒和贪婪吗？

397

大声的、强烈的请求毫无反应，甚至是在伊利亚嘲笑这些先知的神无能时也不为所动。我只能从外面看（或者切入内部，但血肉和基因不能揭示生物的整体），我必然采用一整套无法避免的间接方法——有些的确十分复杂。我可以解剖、实验和推断。我可以记录有关行为和反应的大量数据。但如果我在那个宝贵的 60 秒里成为一只甲虫或一个芽孢杆菌，并有完美的记忆来讲述这段经历，我就可以真的实现达尔文的早期笔记中的格言了，其中包含了他在 19 世纪 30 年代晚期关于演化思想的初始呈现："了解狒狒的人对形而上学的贡献会超过哲学家洛克。"

相反，我们只能从外面一窥究竟，直接面对我们的对象，然后满怀疑惑。不过，考虑到我们的方法必定远不能与直接生活在它们体内相比，后者虽好但毕竟遥不可及，在一个无法转生的世界中我们已经做得够好了。我们的间接方法曾教给我们很多关于马的事情，但如果你想了解更多，你是愿意做正在冲刺的快马"旋风"[①] 呢，还是之后接受采访的骑手埃迪·雅嘉卢（Eddie Arcaro）？

在最近一次哥斯达黎加之旅中，我与这一古老的悖论（多次）迎面而遇。该国素以最关注贫瘠的热带土地上现有的自然环境的健康和保护而闻名——这样做不仅道义上是正确的，而且对于该国和我们所有的人都有利可图。两只哥斯达黎加动物特别神秘地盯着我，让我旧思泛起，如果我能进入它们的世界一分钟，我就能够了解它们。小型哺乳动物和昆虫给我们的印象是狂热的，一些爬行动物和两栖动物似

---

① "旋风"（Whirlaway，1938.4.2~1953.4.6）是美国著名的冠军赛马，与骑手埃迪·雅嘉卢合作在 1941 年赢得美国赛马大赛三冠王。——译注

乎有些麻木呆滞。我们无法克服这些差异，如果仅仅是因为所有这些生物改变了其习惯和步调：松鼠可以在树枝上一动不动，而"不动的"青蛙用快如闪电的舌头捕虫入口。

树懒的行动普遍很缓慢，它们的整个世界似乎与我们的完全不同。我不禁想，它们的颅腔内似乎有一部慢镜头相机，以完全不同的时钟衡量它们所有的行动。对它们而言，我们以及部分其他动物，似乎像行动中的启斯东警察^①或《绿野仙踪》中的芒奇金人^②吗？我们狂热的步调（与它们庄严的步伐相比）构成了它们所知的唯一的外部世界在它们的大脑中被记录为与迟钝对等的"客观现实"吗？如果埃尔·格列柯^③的那些同样又高又瘦的人中的一员，走出画布做他自己，进入我们的世界，我们是否都是显得可笑的矮胖子，或者他什么都不知道（凭借几个世纪的经验在艺术画廊中对伸头傻看的人的了解，但从未看过其他画布上的同类一眼），因此视我们为正常的人或典型的类型呢？但树懒知道其他树懒，也一定能感知不同步调的外部世界。也许它们没有注意到其中的差异，也许只是它们被逗乐了，也许它们根本不在意。我很想知道。

---

① 启斯东警察（Keystone Cops）是默片时代美国启斯东影片公司拍摄的一系列滑稽喜剧电影中的一群笨手笨脚的警察。——译注
② 芒奇金人（Munchkins）是小说《绿野仙踪》中能歌善舞的小矮人。——译注
③ 埃尔·格列柯（El Greco，1541~1614），本名多米尼克·提托克波洛（Doménikos Theotokópoulos）。文艺复兴时期绘画家、雕塑家与建筑家。出生于后拜占庭艺术时期的克里特，在希腊度过了成长、学习的 36 个年头后，迁往西班牙。因为他在西班牙被称为外来的画家或是"希腊人"，El Greco，意即"希腊人"。这个绰号，后来一直被当作他的名字，沿用不绝。他的肖像画和宗教画以扭曲的透视图、拉长的人物造型和鲜亮刺目的颜色为特点，瘦瘦高高的人物造形显得不食人间烟火，非常符合现代审美观。——译注

无论如何，撇开哲学思索不谈，我从未被一种无处不在的差别感如此强烈地打动过，这种差异感来自如生命节奏这类如此基本的东西。树懒头下脚上地倒挂在树枝上，手脚并用地一点点向前挪动，非常缓慢。（显然）不是直接出于谨慎的原因，而是按照它们自己通常的观念进行的。它们伸出前肢去够多叶的食物时，亦有着极度的倦怠感。它们身上的长毛中长满藻类，给整个身体带来绿色的气息，又由于它们行动迟缓，致使看上去就像在地上生了根。（当然，最后一句只是个比喻，但我曾听说过滚石不生苔的说法！）

　　至少它们给我的印象并不是那么古怪。树懒似乎以相同的基本方式影响着所有的西方观察者。英国人给它们取的名字用的就是带有"慢"的意思的词根，因此也标示了树懒具有的七宗罪（Seven Deadly Sins）之一。在我所知道的其他语言中，也都使用了相同的名称，在法语中为 paresseux，西班牙语中为 perezoso，意大利语中为 pigrizia，都有"懒惰"或"好逸恶劳"之意。在林奈的拉丁名中，它们是 *ignavus*，意思和前面所述相同——林奈正式命名了一个树懒属（*Bradypus*），希腊语中意为"慢足"（slow-foot）。就在我驻足于曼努埃尔·安东尼奥国家公园（Manuel Antonio National Park）看大树高处的一只树懒时，我听到一群德国游客在谈论这只"faul"（脏）动物。我认为他们只是不喜欢这种可怜的动物，但我忽然想起在德语中"faul"意为"懒惰"，树懒用德语说就是 Faultier。

　　但多慢是慢呢？（正如我在介绍本文的主题时所写，我们至少可以通过实验和积累外部的数据，替代我们进入其他动物大脑的真正渴望。）在早期的资料中，对一个已经足够真正的现实，充满了夸张的污蔑之词。尼希米·格鲁（Nehemiah Grew）被《牛津英语词典》（*Oxford English Dictionary*）尊为首位科学家，在他撰写于 1681 年的标本名录（属伦敦皇家学会）中，就用英文俗称称呼它们："sloth（树懒）……是一种行动如此之慢的动物，它们爬上一棵树然后爬下来，至少要花三四天的时间。"在 18 世纪中叶出版的《自然系统》（*Systema Naturae*）中，林奈对这种生物进行了正式命名，他写道："其行动十分缓慢且勉强，一天几乎迈不出 50 步。"

虽然无法挑战伊索的乌龟，但事实上，树懒的脚步还是比较轻快的。在一本关于树懒的经典著作《树懒的功能和形态》（*Function and Form in the Sloth*）中，戈法特（M. Goffart[①]）在"行为活动"一章的开篇写道："树懒一天要睡或休息大约 20 个小时，所进行的活动不会超过相同大小的更高级哺乳动物的百分之十。"戈法特然后总结了一些测量树懒速度的详细研究。它们沿着横杆（是它们在自然界中钟爱的树枝的一个很好的实验替代品）的运动平均速度可以到每小时 0.1 到 0.3 英里（1 英里≈1.609 千米），其最大的速度可达每小时 1.0 英里。

很明显，由于树懒十分适应沿着树枝上头朝下的运动，我们就不会对它们在地面上异常的头朝上的运动的极度不适应感到惊奇了。由于其前肢比后肢长，为了适应树上生活趾甲总是弯曲成钩，致使它们在地面上步履蹒跚，在陆地上的速度每小时不超过 0.1~0.2 英里——根本无法逃过美洲豹的猎杀。

树懒解剖学和生理学的几个方面特征也反映了它们行动的极端缓慢。对收缩时间的研究显示，用戈法特的话说就是："树懒属收缩速

---

① 原文有误，拼成了 M. Goffert。——译注

度最快的肌肉仅为猫同样肌肉收缩速度的四分之一到六分之一。"与其他几乎所有的哺乳动物相比，树懒体温还是比较低的，变化也比较大——这毫无疑问事关它们的慢生活。大多数哺乳动物的体温维持在37.8℃之下一点点（如人类"标准"为37℃）。生活在澳大利亚和其他几个地方的卵生单孔目和有袋目动物，体温十分低，例如鸭嘴兽是温血动物中体温最低的，大约为29.4℃。

树懒属于哺乳动物贫齿目绝对的新世界代表，该目还包括犰狳和中南美洲三个食蚁兽属。在有胎盘类哺乳动物中，贫齿目的体温最低。例如，树懒属的两个种全天的体温在27.8~32.2℃之间，随外界的温度变化而不同。

然而，通过这些外部数据得出的最好的推论来认识树懒的内在现实的所有尝试都完全失败了（原因来自我们无法克服的以自我为中心的观点），至少大众的认识是如此。从其作为定义的名字，到我们不断强调它们迟钝、愚蠢和缓慢的日常行为，我们已经形成了关于树懒的这样一种印象，即它们在大树的高处无所事事。这一传统始于法国大博物学家乔治·布丰，在他的19世纪的经典著作、多卷本的《博物志》（*Histoire Naturelle*）中已有体现。树懒是哺乳动物中布丰最看不起的一种，并通过与人类能力的明确比较（以他惯有的优雅文风）表达了他的嘲讽，并没有试图通过树懒自己充满机遇和危险的世界来认识它们。布丰写道（我翻译的）：

大自然通过猴子向我们展示活力、生机和热情，通过树懒展示缓慢、束缚和制约。我们应该更多地说一下树懒的可怜而非懒惰——它们身体的缺失、匮乏和缺陷：不长门牙或犬齿，眼睛小而易被遮住，下巴厚重，平平的毛发看上去像干草……腿太短，难以转身，难以到终点……无可活动的独立脚趾，但却长着二三根超长的趾甲……迟缓、愚蠢，不考虑自己的身体，甚至看上去那种习惯性的悲伤，亦起因于这种奇异而疏于照顾的形态。没有进攻或防御的武器，无安全保证措施，无可利用的安全逃生资源；它们并非囿于一个国家，而是地球上的一个小点——它们所出生的树下；它们是大空间中的囚徒……关于它们的一切都彰显了它们的悲惨境地。它们是大自然创造的次品，几乎根本没有生存的能力，只能存续一段时间，然后将被从生命的名单中抹掉……这些树懒是有血有肉的动物谱系中最低等的存在，再多一个缺陷就会让其无法生存。

布丰似乎没有对树懒表达足够的蔑视，于是他认为人类的苦难源自有意识的决定在道德上的失败，而非先天的秉性。但仅有树懒具有明确的内在退化的本性：

> 丢人现眼的树懒可能是唯一一种不受大自然待见的生物，也是唯一一种予我们以天生不幸图像的生物。

布丰只是在最后才有点收敛，开始考虑树懒自己的内部状态（如本文的建议），猜想事情可能并没有那么坏，这样一种迟缓的动物可能并不知道自己的困境：

> 如果因缺乏感情而导致的痛苦并非最大的不幸，尽管这些动物的

痛苦看上去很明显，但事实并非如此，因为它们似乎没有什么感觉：它们悲伤的样子、阴沉的表情，它们对任何打击的不敏感，都彰显了它们的麻木不仁。

如果我想赞美树懒并反对布丰，我要对这一点多说一句。传统的防御手段是强调那些可能激发人类尊重的被忽略的特征。例如，尽管树懒通常行动缓慢，但也能快速地胡乱挥舞布丰曾诋毁过的坚硬的长趾甲（出于哺乳动物的本能，雄性会为性竞争进行打斗；既然真的逃不了了就要坚决抵抗）。此外，它们的迟缓（和满身藻类）是逃避天敌的一种适应功能，并不应该视为世系原始性的负担。

我还可以指出，仍然试图通过唤起人类的注意力来构建一套常规的防御，树懒演化出了大量有趣而独特的特征。例如，树懒并非濒临灭绝的可怜虫，而是一个充满活力的类群，它们共两属六种：长有三趾的树懒属（*Bradypus*）和长有两趾的两趾树懒属（*Choloepus*）。除了一两个例外，所有的哺乳动物都长有七块颈（脖子）椎（参见第 16 篇文章），是的，甚至长颈鹿也是如此（每一块都很长）。但由于一些未知的原因，树懒改变了这一普遍的规则。两趾树懒属仅有六块颈椎，而树懒属则有九块。由于增加了额外的椎骨，树懒属成员的头可以转动 270 度，也就是一圈的四分之三！这并不像老套的卡通片说的那样头能转一圈（还记得匹诺曹转过来向杰佩托展示校服的场景吗？），但也是真实世界中最接近的了。

有太多喜欢树懒的人，包括我在内，都试图通过一种策略支持这些背负恶名的贫齿目动物，也就是让它们在人类的语境中显得美好或

　　　　　　　　　　　　达・芬奇的贝壳山与沃尔姆斯会议

有趣。例如，戈法特在两个世纪后继续对抗布丰的恶语，他写道：

尽管探险家经常说树懒呆板、恍惚和愚蠢，那些作为宠物饲养熟悉它们的人发现，它们的表情十分丰富。堤雷（Tirler）说，它们的脸上总是带着温厚的笑容。在放松的时候，两趾树懒的表情是一种平静的愉悦。

对这个主题我考虑得越多，我越觉得我们应该试着了解树懒是如何感知和记录这个世界的，而不仅仅是罗列引起我们共鸣或取悦我们（其中包括顺利下地上厕所时带来的难以言表的喜悦之情！）的全部特征。当然，要想真的了解，我需要在树懒的大脑中待上一分钟，但地球上并没有实现这一目标的力量。因此，我在思考这样的谜：普通人的行走在它们眼中看似愚蠢无能的启斯东警察的疯狂，或是以太极拳的速度抓取一片树叶是它们能感知到的正常步调。因此，越是能进入到一种哺乳动物远亲的头脑中，越能直接地了解它们。

于是我转向了我在哥斯达黎加的第二号最爱——吃腐尸的猛禽，特别是红头美洲鹫。我在心中，将这些鸟类和与其差别最大的树懒联系在一起是因为它们让我深深地感到好奇，在这些生活方式与我们自己的选择和倾向形成鲜明对比的动物的头脑中，存在怎样"不同的世界"——那是唯一我们能够直接知晓的世界。但我随后发现了当时十分不为我所知的联系。这两类生物都引起了最伟大的历史品位仲裁人乔治·布丰的极大蔑视。我已经引述了布丰对树懒的贬低，下面看一下他对秃鹫的看法吧：

雄鹰一对一地攻击自己的敌人或猎物……相反，秃鹫却像胆小的刺客成群结队，像劫匪而非武士，像鸟类屠杀者而非天堂猎鹰。在该属（秃鹫），有一些联合起来对付它们的猎物，几个打一个；还有一些只在意尸体，撕扯后只剩下骨头。腐肉和感染吸引着它们，而非排斥它们……如果我们拿这些鸟与哺乳动物进行比较，秃鹫将老虎的力量和凶残与豺狗的懦弱和贪婪结合在了一起，它们还成群结队吞食腐尸、撕裂尸体。相反，雄鹰具有狮子的勇敢、高贵、慷慨和宽宏大量。

布丰还告诉我们如何简单地区分秃鹫和雄鹰，前者是秃头秃颈的恶心的食腐者，后者是羽毛整洁的高贵猎手。如果这个高贵的法国博物学家知晓了秃鹫秃头的适应性价值，他无疑会将它们在自己心目中的地位降得更低。——因为我们现在还记得布丰，很大程度上是因为他的著名格言"文如其人"（le style c'est l'homme même）。秃鹫将整个头伸到腐尸中，常规的羽毛层很快就成了危险的阻碍，但血污不会沾在光滑裸露的皮肤上。引用一份标准的文献［莱斯利·布朗（Leslie Brown）和迪思·阿马东（Dean Amadon）的《鹰、雕和隼的世界》（*Eagles, Hawks, and Falcons of the World*）］："如果头上的羽毛没有脱落，上面将沾满血污，可能会发生感染。"（我对适应性主义者"原来如此故事"的模式不怎么感冒，但这个特别的故事让我颇以为然，特别是旧大陆和新大陆的秃鹫不具很近的亲缘关系，而是各自独立地演化出头部失去羽毛，这很明显是源自同样的功能。）

站在人类的角度，这些鸟很少能被认为是令人愉悦的。对于我在哥斯达黎加观察到的红头美洲鹫（*Cathartes aura*），布丰在总结中用尽了形容之词："它们像狼那样贪婪、懦弱、恶心、可恶，活着的时候令人讨厌，死后也毫无用处。"想一想最伟大的新大陆秃鹫，伟大的（几近灭绝）加州神鹫，它具有飞鸟世界最大的翼展。我不愿贬损为挽救这一出色的物种正在进行的崇高努力（遵守人类的道德标准与我们对其他动物的判断完全不相关），但关于进食中的加州神鹫的描述几乎无法激发任何发自内心的情感。

在一份写于 20 世纪 50 年代早期的关于秃鹫行为的标准资料里，那时它们的数量尚未急速下降，卡尔·考福德（Carl B. Koford）描述了一群秃鹫如何为了争夺一具尸体进行你死我活的争斗，它们一起（包括秃鹫和死的食物）慢慢地向山下滑去：

> 尸体的大小如一只鹿，随着秃鹫的取食被拖到了山下。我曾经看到过 20 只秃鹫取食一头小牛……在激烈的争食后不久，尸体就被一步步拖下了山坡，在几只精力充沛的秃鹫参与下，尸体被拖到了距离起始点 200 码（约 183 米）远的山坡下。

在当前强调"家庭价值"的背景下，我不会过多地考虑它们取食方式的细节。我只想说，羊、鹿和牛（大型尸体的主要来源）的皮难以穿透，因此秃鹫先是要从天然的开口处下嘴，然后将它们的秃脑袋伸入去，大快朵颐。

但我依然愿意（几乎）以任何代价换取在一只红头美洲鹫的脑袋中待上一分钟。它们在尸体上空默默地盘旋时，它们的世界是什么样子的？是什么吸引了它们？它们的审美是什么样的？腐烂和腐败真的有吸引力吗？——如果有，程度越深越好，还是具有一个最佳点？如果我是秃鹫大脑中的小小人，我会视（和闻）平原上的死牛，为人类探险家眼中的彩虹尽头的一罐金子或草原中的绿洲吗？

由于这些问题出现在距离我的图书馆数千英里外的哥斯达黎加，我没有认识到早就有大量文献关注这一主题了，或者至少在严格受限和可操作的方式上，人类可以通过从鸟类自己的观念世界外有限的点来探索解决这些问题。特别是，博物学家早就感到好奇，并讨论秃鹫是如何寻找猎物的了。

这个古老的问题立即引出两个疑问，两者都让答案变得更难解、更复杂。第一，一般来说鸟类的视觉都非常敏锐，特别是那些与秃鹫亲缘关系很近的猛禽（如鹰、隼，及其近亲）。但对于寻找腐尸，闻比看似乎更有效。因此，秃鹫就是靠闻这一最不像鸟的感官来寻找食物吗？第二，如前面所提到的，"秃鹫"很大程度上是一个功能性词语，指那些以腐尸为食的鸟类，它们有一些的亲缘关系不同，但都演化出了相似的特征。如果我们发现有一个种的嗅觉根本不行，我们不能得出结论说其他种类（有不同的演化祖先）可能也不是主要依靠嗅觉的。

显然，旧大陆的秃鹫完全靠视觉。在看不见时，它们无法察觉散发出强烈味道的美味腐肉包。但有些新大陆的秃鹫则以闻作为主要感觉来源。有关我在哥斯达黎加看到的那些红头美洲鹫早已是争论的焦点。争论至少要回到奥杜邦所处的时代，1826 年他在爱丁堡自然历史学会（Natural History Society of Edinburgh）宣读了一篇论文，题为"记美洲鹫的习性，从探索美洲鹫超凡的嗅觉能力来论述美洲鹫的习性"。奥杜邦将其模棱两可的实验解释为，美洲鹫不能闻味，完全依靠敏锐的视觉定位猎物。对其所研究的黑美洲鹫（*Coragyps*），他可能是正确的，但对于他鉴定错了的红头美洲鹫来说，情况并非如此。因此，对我在哥斯达黎加看到的种类来说，疑问依然存在。

作为对奥杜邦观点的考证，他的朋友、美国著名博物学家约翰·巴克曼（John Bachman）又做了一组实验，以期证实奥杜邦的结论。他甚至召集了一批有学识、高尚的市民去观察他的工作，并签署了一份证明书（不禁让我想起了约瑟夫·史密斯和摩门教金片的官方目击者 ① ）。

在南美"小猎犬号"上的年轻人达尔文也关注起了这个问题，他照例以最富有成效的方式追问问题的关键，得出基本正确的答案。他用安第斯神鹫（*Vultur gryphus*）做了一个初步的实验，得出的结论是该种不会闻味。达尔文写道：

> 回想起奥杜邦先生的实验……我试着做了以下的实验：用绳子将神鹫绑住并一一排在墙角，排成一长排。我用一张白纸包住一片肉，拿在手上，在距离它们大约 3 码（约 2.74 米）处来回走动，未发现它们有什么反应。然后我将肉包扔在距离一只老雄鸟 1 码内的地上，它有意地看了一会儿，然后就再也没有反应了。我用一根棍将肉包一点点推近，直

---

① 约瑟夫·史密斯（Joseph Smith，1806~1844），摩门教主要分支后期圣徒运动的创始人。史密斯在纽约曼彻斯特自己家附近的山上发现了金片。据说金片上有上帝的启示，经史密斯翻译就成了《摩门经》。——译注

到它们可以用喙够到。白纸一下子在其暴怒中被撕碎了，这一长排的鸟都激动起来，扇动着翅膀。在同样的环境下，这根本不可能骗过一只狗。

但达尔文认识到其他的种可能会闻味，他提到了支持红头美洲鹫喜欢用嗅觉作为重要感觉的证据：

> 支持和反对秃鹫具有敏锐嗅觉的证据几乎持平。欧文教授曾证明过红头美洲鹫的嗅觉神经十分发达，就在欧文先生的文章在动物学会上宣读的那天晚上，一位老先生说他曾在西印度群岛两次看到秃鹫在一座房子的屋顶上聚集，当时有未被掩埋的尸体正在遭受侵袭：在当时的情况下，几乎不可能通过视觉来发现。

（我想补充一点，达尔文也很喜欢安第斯神鹫，尽管就人类而言它们的生活方式十分可疑。在对这一物种进行讨论的末尾，他写道："神鹫在羊群上空不断盘旋的时候，其飞行姿势真是美极了……看着这么大一种鸟，一个小时又一个小时地盘旋和滑翔在山峦和河流上方，轻松自在……真是太奇妙了。"）

直到 1964 年，关于红头美洲鹫嗅觉的问题才得到了正确的解答。肯尼斯·施塔格[①]基于多年巧妙而仔细的实验给出了决定性的证据，红头美洲鹫实际上依靠敏锐的嗅觉寻找腐尸。红头美洲鹫往往是用眼睛做出最初的判断（尽管最早的线索可能也是来自嗅觉）。然后，它

---

① 肯尼斯·施塔格（Kenneth E. Stager, 1915.1.28~2009.5.13），美国加州洛杉矶县自然历史博物馆鸟类学家。——译注

们在高空绕着尸体以很大的弧形盘旋，直到在下风捕捉到气味。就像顺着气味回家一样，它们会大大地缩短著名圆圈（秃鹫留给我们的标准符号）的半径，然后再下来大快朵颐。

具有讽刺意味的是，施塔格发现先前的研究者经常误解了有关嗅觉的证据，因为他们以为"越腐败越好"，于是用完全腐烂的肉进行实验。实际上，红头美洲鹫喜欢那些刚刚有点腐烂的食物，如果有选择的话，它们会拒绝高度腐烂的肉（或者除非在十分饥饿的情况下才不得不做下下之选）。施塔格写道："美洲鹫比较更喜欢相对新鲜的肉，而不是腐烂的肉。如果在一个地区食物短缺，美洲鹫才会吃那些高度腐化的尸体。实验……表明，被俘的美洲鹫绝对喜欢刚死的新孵化的小鸡，而非腐化的尸体。"

我十分感谢所有这些好信息，但我更希望有在一只美洲鹫的大脑中待上无法实现的一分钟，特别是在看到或闻到下面的大地上有上好腐肉餐的第一分钟。

这样的猜度必然会引起关于动物"意识"这一主题的争论。我承认，我发现这个主题既乏味又毫无意义，就像有些人纠缠主观的"词"，他们错误地认为是在争辩重要的和可解决的"事物"。如果我问"狗有意识吗"，无休止的热烈争论变成了针对这个令人困惑的词的不同定义，而没有关注有趣的、可以实证解决的问题，即狗能做什么，不能做什么。（当然，我也承认，这个关于狗的内在心理状态的真实——事物本身而非词语——但不可知的有趣话题引发了很多问题。）狗是否能"思考"或"具有意识"取决于定义的选择。有些人认为任何不能从细节出发，然后运用形式逻辑的工具进行推理产生一般概念（如真理或宗教）的生物不可能有"意识"。另外一些人则将"意识"赋予能够识别亲属、记住以前经历过危险或快乐的地方的生物。按照第一条标准，狗当然没有意识，但如按照第二条，它们就具有意识。但狗还是狗，依然是在感受它们的感觉，我们选择的标签毫无意义。

在哥斯达黎加和国际社会努力保护生物多样性的背景下，这一问题就成了核心，这是因为一直以来就有这样的争论，也就是说，为何像人类这样的所谓的高尚而有道德的生物，会虐待甚至屠杀其他位于生命树末端位置上的物种。在17世纪明确形成的笛卡儿传统，毫无疑问在人类的历史中发展出了很多"民间"和其他版本，认为其他动物都是毫无感情的机器，无论怎么定义，就只有人类享有"意识"。这一理论的极端版本认为，因为人类之外的动物没有意识，其他哺乳动物明显的疼痛和痛苦（对我们来说，这种疼痛和痛苦是发自内心的，因为这些演化上的近亲所表现出的声音和面部表情，与我们面对同样的刺激所产生的反应是相同的）也只代表了没有内在感情的自动反应。因此，进一步说，我们可能会担心其他原因导致的灭绝，而对必要的杀戮没有任何的总体痛苦或苦恼。

我并不认为今天的大部分人还持有强烈的笛卡儿传统的立场，但视"低等"动物"没有感情"的传统依然存在，并成了为我们的贪婪辩护的补缀。就如同我们种族主义的祖先认为，只要给他们维持身体所需的食物和住所，"麻木不仁"的印第安人在面对生活环境或生活方式丧失时就没有概念上或哲学上的痛苦；只要奴役者能够保证身体上的安全，"原始的"非洲人不会因被强制剥夺土地和家庭而感到痛苦。

　　我不想让辩论走向极端。任何关于意识的定义必定涉及层级。我愿意相信，在海绵或扁虫体内待上我那不可能实现的一分钟，可能无法揭示任何我称之为意识的精神活动。由于没有让自己陷入关于定义的无法解决的争论中，因此我还是有信心，作为具有基本相同器官的演化近亲，无论任何有意义的边界（一定是模糊的）何在，秃鹫和树懒同我们站在一个意识层级里。因此，当我们正视它们，瞥一眼感情上和概念上的同类时，也就不会犯错了。我确信，如果我能进入到它们的体内，一分钟内我确实可以做些事情。秃鹫必定有审美，树懒必定有速度感。

　　现代的树懒仅是早先家族多样性的残余——两个小型的树栖属。在 1 万到 1.5 万年前，体大如象的大地懒依然生活在美洲。（很多不看博物馆标签的人，经常会将其巨大的、保存良好的骨架错当成恐龙。）现代贫齿目的另外一个类群也在不远的过去灭绝了，例如长着比龟类还好的装甲的巨大雕齿兽，即化石犰狳。

　　几百万年前在巴拿马地峡隆起之前，南美曾经是一个孤立了几千万年的大陆，远比澳大利亚更大更具多样化。北美的哺乳动物跨越新陆桥蜂拥而至的后果是，导致了大量南美本土哺乳动物走向了灭绝（尽管其中的因果关系尚存争议）。事实上，一般被视为南美特有的大多数大型哺乳动物，如美洲豹、美洲驼和貘，都是来自北美的移民。南美也有一些种类设法北上，包括美国南方诸州的犰狳，以及被（错误地）命名的北美负鼠。但大部分南美特有的类群都灭绝了，包括肉食性的有袋类的古鬣狗，掠食性的不能飞行的巨形骇鸟，类似马

（无亲缘关系）的滑距骨兽，类似骆驼（同样无亲缘关系，系统演化上独特的类群）的后弓兽——参见第 7 篇文章。我还希望这个异常多样、演化上不同的动物群系能幸存下来，我只能怪巴拿马地峡的自然隆升，是它引发了这一特殊的生物悲剧。

因此，年长的树懒看到了大自然在她意外的偶然中所取得的成就。现生的物种正在经历人类用更强大和有意识的力量在做的事。如果我能在树懒体内待上一分钟，我会不会听到它们对于遭受灭绝的哀叹？我会不会收到让人类暂停、进行重新评估的请求？——最重要的是，请慢下来！

21

既有秩序的逆转

    我们都知道世界是如何运转的。在莎士比亚的《佩里克里斯》（*Pericles*）一剧中，渔夫问他的老板："老大，我很好奇鱼在海里是怎么过活的？"得到的明确的答复是，"嘿，它们就如同人生活在陆地上一样，大的净拣小的吃。"因此，当幽默作家发明了颠三倒四的世界时，他们颠倒了已有的秩序，之后便强调他们的荒谬的正确性。爱丽丝的仙境建立在"先判决，后评审"的原理之上。在吉尔伯特和萨利文的秩父市^①中，被判以杀头罪的裁缝高阁（Ko-ko），反而被提拔成了最高行刑大人（Lord High Executioner）——毕竟这非常明显，一个人"不能砍掉另一个人的头，除非他砍掉自己的"。比修（Pish-Tush）用一首热烈的歌曲加上一组活泼的合唱解释了所有的一切："我没错，你没错，大家都没错。"

    所谓的后现代主义运动的社会和文学评论家都强调，在他们的论述的令人费解的术语中经常隐藏着的一个令人信服的和重要的论证，

---

① 秩父市（Titipu）出自吉尔伯特和萨利文合作的第九部歌剧《日本天皇》中的故事发生地，这部歌剧也是吉尔伯特和萨利文作品中最受欢迎的一部。——译注

即对于已有秩序的传统支持，通常依赖于对"二元论"和"层级论"的自然性的主张。在创造二元论时，我们将一个主题分成截然不同的两类；在将层级结构加到这些二元论时，我们将一类视为优，而另一类视为劣。我们都知道我们的社会和政治生活中的二元层级结构，从过去几个世纪的正义对异教徒，到我们气量异常狭小的现代社会中，应该予以减税的百万年薪的首席执行官对可能失去饭碗的单身妈妈。后现代主义者正确地认为，这样的二元论和层级结构表现了我们对政治效用（通常是邪恶的）的构建，而不能表现大自然真实和必然存在的规则。我们可以选择用很多含有完全不同含义的其他方法认识我们的世界。

我们也倾向于根据支配地位，对自然按照二元层级分类。我们经常从生态的角度将世界分为捕食者和被捕食者，或从解剖的角度将世界分为复杂和占优势的"高等"动物、简单和从属的"低等"生物。我不否认这样的解析在平常预测中的用处——大鱼通常吃小鱼，而不是相反。但后现代主义的批判应该使我们富于怀疑精神，促使我们仔细检查隐藏在我们所喜爱分类的最初构想背后的复杂社会原因。具支配地位的二元论可能主要记录了人类强加给自然的东西，而不是鸟类和蜜蜂对我们的直接表达。

博物学家倾向于避免以这种哲学模式进行有倾向性的说教（尽管我经常在这些文章受到此类诱惑）。我们喜爱的怀疑风格是完全基于经验的：如果我想质疑你们提出的普遍性，我会去寻找有血有肉的反面例子。这样的反例大量存在，它们形成了一个标准的博物写作流派中的一大类，即"古怪的惊奇"或"海狸的奇怪方法"的传统。（很抱歉，我想我是如此地蔑视——我自己的无耻二元论。这些故事都很好。我常常向往更多知识性概括和不那么华丽的写作。）

我们之所以对于"怪案"（strange cases）很迷恋，是因为它们脱离了常规的二元论的主导，我在这篇文章的题目中称之为"既有秩序的逆转"。作为一个明显的例子和这种文学形式的典范，食虫植物总是能激起人们最初的兴趣，其猎物越大、在分类上越"高级"，我们越会感到不可思议。我们对一个捕蝇草（Venus's-flytrap，英文俗称维纳斯的捕蝇器）捕获一只蚊子见怪不怪，但却对猪笼草吞食一只鸟和啮齿动物惊恐不已。

我将包含这些例子的文件夹命名为"逆转"。长期以来，我一直在寻找最好的例子，在这些例子中，基于支配地位的三种最突出的二元论都遭到逆转：捕食者和猎物、高与低、大与小。换句话说就是，分类上通常认为体形小、结构原始的一类生物，一般会捕食体形大、结构高级的掠食类动物。现在我已经搜集了四个有趣的例子，对于支撑一篇文章来说已经足够了。因为我们后现代主义者公然放弃了层级排序，在此我将简单地不带偏见地按照发表的时间顺序将它们一一列出。（这个意义上，后现代主义可能是本文没有采用更好的逻辑结构的一种逃避和借口，其实我对这一运动也真的不感冒！）

I. **青蛙和虫**。青蛙吃虫。如果虫吃青蛙，那么我们应该会被送到疯人院或这个世界走到了末日。我康奈尔大学的同事托马斯·艾斯纳（Thomes Eisner）在我们的专业领域德高望重，他是研究包含有重要和实用性一般信息的自然怪异现象的高手。1982 年 8 月的一天，在亚利桑那州的一个小池塘，艾斯纳和几个同事发现成千上万的锄足蟾

（*Scaphiopus*）聚集在泥泞的岸边，几乎同时从蝌蚪蜕变成成年蟾蜍。艾斯纳和同事在一篇学术论文中描述了他们的发现［参见杰克曼（R. Jackman）等人 1983 年的文章，在书后的参考文献中有列］：

> 在某些地方它们间隔仅几厘米，都是最小的成年个体［体长 1.5 到 2 厘米（不到 1 英寸）］。很明显它们中有些是死亡或正在死去的蟾蜍，似乎被泥中的捕食者抓住，部分被拖入泥中，仅留有头，或头和躯干露在外面。我们数了一下，这样半潜状态的蟾蜍大约有几十只。

于是他们开始深挖寻找捕食者，令他们吃惊的是："发现大量类似蛆的昆虫幼虫，后来经鉴定是白背黑虻（*Tabanus punctifer*）。"也就是说，虻能吃蟾蜍！（当注意到小蟾蜍比巨大的虻的幼虫小得多时，吃惊程度会减轻很多。）在不同寻常的大昆虫和最大的小无脊椎动物中也记录有这样颠倒的例子，例如，螳螂会捕食青蛙、小鸟，甚至是老鼠。

虻的幼虫钻入泥中，屁股在前，直到长着口器的头部与泥的表面齐平。接着幼虫将尖尖的上颚插入蟾蜍的后腿或腹部捕捉蟾蜍，将其部分地拖入泥中。这些幼虫吸干这些蟾蜍的血和体液，置之于死地。请记住，博物中的很多故事，从人类的标准看是令人很不舒服的。

我喜爱艾斯纳和同事在文章中具有讽刺性的最后一句话，在学术论文中是很少这样写的，但古怪的故事总是允许存在一些文学色彩：

> 我们所报道的例子是常规的蟾蜍吃飞虫模式的一个反例，尽管……蟾蜍吃飞虫模式在常见的形式中是主流。成年锄足蟾可能偶尔会捕食

虹，尽管它们的幼虫以锄足蟾为食。

格林伯格（J. Greenberg）为 1983 年 11 月 5 日的《科学新闻》（*Science News*）写过一篇报道，文章以对这样的颠倒充满激情的评论开始：

> 这是佛罗里达州奥基乔比县的小联盟队（Okeechobee Fla. Little League）痛击纽约扬基队，这是沃利·考克斯[①]追求女生时打败了伯特·雷诺兹[②]；这是格林纳达[③]入侵了美国。托马斯·艾斯纳说，"这不同于我曾见过的任何事情。"

2. 龙虾和蜗牛。所有博物学家都知道，十足的甲壳类动物（龙虾、螃蟹和虾等）吃螺。事实上，作为演化"军备竞赛"扩大版的一个经典例子，我的同事海尔特·弗尔迈伊（Geerat Vermeij）很多年前就对此进行了优美的描述，在地质历史中蟹爪力量的增加与螺更有效的保护装置（如刺、罗纹、变厚和波浪状的壳）是协同演化的。陆生蟹是我喜爱的研究对象加勒比的陆生蜗牛蜂巢螺（*Cerion*）的主要捕食者。如果螺吃十足类动物，我们也应该要退休了。

---

① 沃利·考克斯（Wally Cox, 1924~1973）是一位美国喜剧演员和电视电影演员。他参演过美国电视连续剧《私家侦探先生》（1952~1955）和其他一些受欢迎的节目，以及 20 多部电影。——译注
② 伯特·雷诺兹（Burt Reynolds, 1936~2018）是美国知名的演员、导演和制片人。他曾连续五年（1978~1982）被评为世界头号票房明星。1997 年获奥斯卡最佳男配角提名。——译注
③ 格林纳达是美洲西印度群岛中向风群岛南部国家。主要宗教为天主教，英联邦成员国。首都圣乔治。——译注

达·芬奇的贝壳山与沃尔姆斯会议

阿莫斯·巴凯（Amos Barkai）和克里斯托弗·麦奎德（Christopher McQuaid）研究马尔库斯岛（Marcus）和马尔加斯岛（Malgas）周围水域中的南非龙虾和蛾螺（中等大小），这两个岛位于南非的萨尔达尼亚湾，相距仅四英里。如所有敬畏上帝的人都只会正确地猜测，在马尔加斯岛上，南非龙虾吃软体动物，大部分为贻贝和几种蛾螺。1988年，巴凯和麦奎德在文章中写道："南非龙虾攻击蛾螺时，通常用嘴咬碎壳的边缘。"

二十年前，当地的捕虾者报告说，在这两个岛上南非龙虾的数量均等。不知何故，南非龙虾从马尔库斯岛上消失了，这可能与20世纪70年代周围水域有一段时间氧含量低有关。由于缺少了龙虾这一常见的顶级捕食者，水域中出现了广泛的贝床，蛾螺的种群密度飙升。巴凯和麦奎德自问道："尽管食物丰富，南非龙虾为何没有在马尔库斯岛重新定居？"

为了回答自己的问题，他们做了一个简单的实验，但结果却十分惊人。食物反而成了捕食者，这次是由于数量上的绝对优势，而不是体形上的（蛾螺比南非龙虾小得多）。科学散文中的传统被动语态，并不能很好地传递兴奋之情，但一个好的故事可以轻松超越这样的小局限。因此，用巴凯和麦奎德自己的话说，根本不需要我再做任何进一步的评论（我禁不住想将这一情况完全不恰当地比喻为奴隶起义，例如斯巴达克斯之类的）：

> 马尔加斯岛的上千只龙虾被贴上标签，转移到了马尔库斯岛……结果立竿见影。明显健康的龙虾很快被大量蛾螺打垮。刚被释放，就可看到

几百只龙虾立刻被攻击，一周后在马尔库斯岛已经看见不到活龙虾了……龙虾可通过游走暂时逃脱，但每次只要一接触基底就会有很多蛾螺来攻击它们，然后会聚拢更多的蛾螺直到它们逃无可逃。三百多只蛾螺平均在十五分钟内就可以杀死一只龙虾，在一个小时内就会让它们尸骨无存。

这就是暴君的下场。(*sic semper tyrannis.*)

3. **鱼和腰鞭毛虫**。鱼一般不吃腰鞭毛虫，为何它们会屈尊注意这些漂浮在浮游生物中的微小藻类呢？腰鞭毛虫当然不吃鱼。鉴于两者间巨大的体量差异，要产生这样的想法真是会让人笑掉大牙。

然而，腰鞭毛虫可以通过早就知晓的间接机制杀死鱼类，人们因它们巨大的现实意义开展了很好的研究。在适宜的条件下，腰鞭毛虫的数量可以达到每升水 6000 万个有机体。这些所谓的水华能使水变色和有毒，其中"赤潮"就是最为人熟知的例子，从而致使鱼和其他海洋生物大量死亡。

北卡罗来纳州立大学的伯克霍尔德（J. M. Burkholder）和一队同事研究了美国东南部河口与鱼类死亡有关的有毒水华。发生于帕姆利科河（Pamlico River）最严重的水华事件曾经导致近一百万条大西洋鲱鱼死亡。这一事件的古怪之处不在于鱼类死亡本身，这是腰鞭毛虫暴发的常见结果。我们早已经将赤潮期间鱼类和其他海洋生物的死亡视为腰鞭毛虫毒素的被动和"非有意而为"的结果，或水华中大量藻类暴发的其他结果。没有人想过，腰鞭毛虫可能会出于自身明显优势的演化响应，而主动杀死鱼类，包括藻类可以从杀死的鱼中获取更多的营养。因此，腰鞭毛虫似乎真的是以这种积极演化的方式在杀死和吃掉鱼类，这是一种最奇特的逆转。

腰鞭毛虫处于休眠状态，躺在海底一个保护性的囊孢内。当鱼游过来时，囊孢破裂，释放出能游动、生长的运动细胞，分泌强力的水溶性神经性毒素，将鱼杀死。到目前为止，那又怎样呢？虽然鱼的出现似乎确实诱导了腰鞭毛虫（囊孢破裂）的活动，这表明它们之间存在直接的联系。解剖学和行为学两方面的证据都表明，腰鞭毛虫为了吃鱼，已经积极演化出了自己的策略。囊孢破裂后释放出的游动的细胞，从下表面长出一根称为小柄的突起，这些细胞似乎会主动游向已死或将死的鱼。从鱼身上脱落的组织颗粒，附着在小柄上，被消化掉了。在我讲述的四个案例中，研究者在此所描述的反转案例是体量差异最大的：

> 致命武器是它们分泌出的神经毒素。（它）引起鱼的神经中毒症状是，突然的不规则运动，无法定向，倦怠和明显的窒息，直至死亡。在此期间没有观察到藻类直接攻击鱼。接着游动细胞的游泳速度会快速增加，并到达从死鱼身上脱落下的组织碎片处，用小柄附着并消化这些组织碎片。

4. 海绵和节肢动物。在无脊椎动物中，海绵的地位最低（位于演化阶梯的底部），而节肢动物的地位则最高（仅比天使低一点，也就是说，在复杂性上升的线性序列中排在脊椎动物之前）。海绵无独立的器官，通常是通过将水泵入到体内的水管中，过滤水中的有机小颗粒为食。节肢动物长着眼睛、附肢、大脑和消化系统，很多都是主动捕食者。大部分节肢动物对低等的海绵看不上眼，但我们也很少能想象出，海绵如何或为何可以征服和吃掉节肢动物。

然而，在 1995 年的一篇题为"食肉海绵"（Carnivorous Sponges）的文章中，马赛海洋中心（Centre d'Oceanologie of Marseille）的万斯莱特（J. Vacelet）和勃利－伊斯纳特（N. Boury-Esnault）发现了一种杀手海绵（如同吃鱼的腰鞭毛虫①那样奇特，但两者都是存在的）。这种海绵的近亲，石棉正羽海绵属（*Asbestopluma*）的成员，仅在深海中发现过（根据历史记录，其发现的深度有超过 7500 米的），在那里无法观察其行为和饮食喜好。但万斯莱特和勃利－伊斯纳特在地中海洞穴的浅水（不超过 30 米）中发现了一个新种，戴水肺的潜水员可以直接在此观察。

深海中非常贫瘠，生活在这里的很多生物发展出了特殊的适应性，用以获取大型而稀有的生物（但浅海的近亲可以追逐大量较小的猎物）。石棉正羽海绵丧失了通过身体的过滤道和泵水的特化细胞（环细胞）。因此，这种深海海绵怎样进食呢？

这种海绵从身体前端伸出长长的细丝。一张由细小的骨针做成的毯子覆盖在细丝的表面。作者评论说："骨针盖层……让细丝具有像魔术贴一样的粘合性"，这便是这种解剖差异最大的无脊椎动物捕食反转的关键。海绵用细丝捕捉小型甲壳动物，它们就像粘在你衣服口袋魔术贴上的绒球一样，再也逃不掉了。作者继续说："新长出的细

① 能吃鱼的多环旋沟藻（*Cochlodinium polykrikoides*）是一种混合营养的腰鞭毛虫，它们是毒鱼赤潮中最常见的生物。自从 1961 年马加莱夫（Margalef）在波多黎各的沿海水域首次发现之后，在热带、亚热带和温带水域都发现了多环旋沟藻的身影。它们对水产养殖非常不利，夏季时，在全球很多国家都会对养殖的鱼类和贝类造成特别的毒害。——译注

丝围绕猎物不断生长，一天后将其完全包裹起来，并在数天内将其消化殆尽。"换句话说，海绵成了食肉动物。

四个神奇的故事可以让我们的先入为主的偏见，特别是基于一个类别支配另一个类别的二元分类的偏见，有所暂停。小家伙们有时也可以逆袭，可能经常让分类本身受到质疑。

在这些反转中，我发现了另外的信息，当既有秩序崩溃或仅仅无法保证它们所称的不变性时，就必须时常对它们进行重新评估。在我们努力认识生命历史的过程中，我们要学会界定偶发的和不可预测的事件，那些不只发生一次，且是可多次重复的规律性现象是可作为一般规律存在于生命历史中的。（在我自己的人生观中，偶然性的存在远远大于所有西方传统和最大心理希望的预期。偶然性频频出现在任何特定物种和谱系的起源中。智人是一个偶然的小分枝，并非演化的过程中随复杂性必然上升的可预测的结果，参见本书第15篇末尾达尔文的观点。）

规律似的一般性包含广泛的现象，但并不针对特定谱系的历史。群落的生态结构可能提供一个有希望的搜索基础，因为结构组织的有些原则必定会超越特定的生物，这些生物在任何时候都会占据一个既定的角色。例如，我想象中的所有处于平衡态的生态系统，必定维持比捕食者更多的被捕食者的生物量。我会接受这种作为可预测原理的观点，不过我还是更喜欢偶然性。我也一直愿意接受合理重复的其他规则的不变性，例如，单细胞生物不会杀死和吃掉大型的多细胞生物。但这四个逆转的例子让我犹豫了。

《物种起源》中有一个著名的段落，查尔斯·达尔文通过物种独立定殖的可见的重复，赞美特定生态模式的恒定性，反对一系列偶发的不可预测的结果：

当我们凝视披覆着植物和灌丛的纷繁的河岸时，常会以为它们的种类和数量的比例纯属偶然。其实，这种看法是大错特错的。谁都听说过，在美洲一片森林被砍伐以后，那里会长出不同的植物群落。但是，看看美国南部的古代印第安废墟吧！当初那里的树木一定会被完全清除过，可是现在，废墟上生长着的美丽之物与周围原始森林中的植物，在物种的多样性和数量比例方面完全一致。在过去悠悠岁月中，在那些年年播撒成千种子的树木之间、昆虫之间有激烈的生存斗争；在昆虫、蜗牛、小动物与鸷鸟猛兽之间也有激烈的生存斗争！一切生物都力求繁殖，而它们又彼此相食，有的吃树，吃它们的种子和幼苗，有的吃刚长出地面会影响树木生长的其他植物。如果我们将一把羽毛扔向空中，羽毛会依一定法则散落在地上。要弄清楚每支羽毛应落在何方，这的确是个难题。但是这个难题与数百年来动植物间是如何作用，以至最终决定了古印第安废墟上今日植物的种类和数量比例的问题相比较，那可就显得简单多了！

但同样的模式并不总会从同一批物种定殖的邻近起点重现。即使是已有秩序的最明显的可预测模式，也可能失败。把龙虾从南美一个岛屿周围的水中除去，新平衡可能很快就会出现，一种方法就是通过将它们先前的猎物转变成一队联动的捕食者来积极地驱逐龙虾！

因此，我感觉到了这四种情况的挑战，所透露的信息可能比它们的现象学的原始特质更深，并由此产生对我们的二元论和层级分类的抨击。我们并不知道构成生态系统的规则。我们甚至不知道，是否存在通常意义上的规则。因此，我很想用达西·汤普森的名言［1942年版的《生长与形态》（*Growth and Form*）］作为结尾，来表达我们对微观世界的无知。我们对于生态系统的构成规则并非一无所知，但将要面对的是怎样的严峻挑战和怎样鼓舞人心的前进方向："我们已经来到了一个世界的边缘，在此我们毫无经验，必须彻底改变我们所有的先入之见。"

时空的深处（代译后记）

科学是文化的一部分。它不是由神秘祭司掌控的异想之事，而是人类思想传统的一大辉煌成就。——斯蒂芬·杰·古尔德

一

自 1974 年 1 月开始，美国自然历史博物馆主办的科普月刊《自然历史》杂志，邀请哈佛大学的演化生物学家斯蒂芬·杰·古尔德开辟了名为"这种生命观"（This View of Life）的专栏，每期一稿。令人没有想到的是，在此后的 25 年间，古尔德笔耕不辍，到 2000 年 12 月连续刊出 300 期，从未间断。

古尔德的专栏备受读者欢迎，是《自然历史》杂志的王牌栏目。从第一篇文章《大小和形状》（Size and Shape）到最后一篇《我已着陆》（I Have Landed），古尔德自始至终讨论的都是生命演化的秘密、人类对生命现象的认识、科学传统的演变等偏学术性和思想性的问题。对于这样一些与现实生活距离有点远的话题能受读者的如此喜爱，不仅体现了作者的深厚的写作功力和优美的文笔，也体现了英美

等英语国家民众的科学素养。

对于大多数中国人而言，并不太了解"这种生命观"到底是怎样一种生命观。古尔德该专栏的名称其实源自达尔文出版于 1859 年的《物种起源》的最后段中的句子：

> 这种生命观是何其壮丽恢宏：它将为数不多的几种能力注入到寥寥几个或单个类型之中；在地球按照固定的法则继续运行之时，生命从如此简单的源头，演化出了无尽的、最美丽和最奇妙的类型，且演化一直在持续。

达尔文的《物种起源》自然是人类发展史中最重要的思想文本之一，在书中系统阐述了"基于自然选择的"演化理论，即，我们当前所见的缤纷生命完全可以用自然演化的原理进行解释，不需假上帝或其他非自然因素之手。这是一种划时代的、颠覆性的生命观。

尽管据说《物种起源》一书的第一版共印行了 1250 册，当日便销售一空，且到 1872 年又进行了五次修订，但由于达尔文时代没有解决有关地球的年龄以及缺乏遗传机制的问题，达尔文演化论的核心思想"自然选择"的接受度并不高。

进入 20 世纪之后，伴随着孟德尔遗传定律的重新发现，以及遗传学、分类学、古生物学、比较解剖学、胚胎学以及其他领域取得了巨大进展，现代综合演化论随之诞生。现代综合演化论继承和发展了达尔文演化学说，彻底否定获得性状的遗传，强调演化的渐进性，认为演化是群体而不是个体的现象，并重新确认了自然选择压倒一切的重要性。在这个过程中英国学者费希尔（R. A. Fisher）、霍尔登（J. B. S. Haldane）、赫胥黎（J. S. Huxley），德国学者伦许（R. Rensch）和美国学者赖特（S. Wright）、杜布赞斯基（T. Dobzhansky）、迈尔（E. Mayr）、斯特宾斯（G. L. Stebbins）、辛普森（G. G. Simpson）等人在各个不同的专业领域做出了巨大的贡献。

其中辛普森是著名古生物学家，以对古哺乳动物的研究著称于世。除了众多的学术论文和专著之外，辛普森还写了大量有关达尔文、历史生物学的本质、生命世界中的明显目的问题，以及关于宇宙进化和人类演化未来的思考的文章。1964 年，辛普森将这些文章集结成书，名为《这种生命观：一个演化学者的世界》（*This View of Life: The World of an Evolutionist*），与达尔文的思想一脉相承。

十一年之后，古尔德秉承导师辛普森的衣钵，将这一短语用作自己专栏之名，也算是对历史的传承。古尔德以其广博的学识和精练的文字吸引了众多的读者，在社会上引起广泛的反响和很好的声誉。古尔德专栏文章的成功，引起了出版商的注意。总部位于纽约的诺顿书局与他签约，将其在 1974~1977 年间的专栏文章以《自达尔文以来》（*Ever Since Darwin*）为名于 1977 年结集出版，随即赢得一片喝彩声。自此一发而不可收，这一系列专栏文章结集的第二册《熊猫的拇指》（*The Panda's Thumb*）获 1981 年美国自然科学图书奖。此后又结集出版了《母鸡的牙齿和马的脚趾》（*Hen's Teeth and Horse's Toes*）、《火烈鸟的微笑》（*Flamingo's Smile*）、《雷龙记》（*Bully for Brontosaurus*）、《八只小猪》（*Eight Little Piggies*）、《干草堆中的恐龙》（*Dinosaur in a Haystack*）、《生命的壮阔》（*Full House*）、《马拉喀什的谎石》（*The Lying Stones of Marrakech*），最终以《我已登陆》（*I Have Landed*）圆满结束了他历时 25 年的专栏文集。

此外，古尔德还出版了题为《时间之箭，时间之环》（*Time's Arrow, Time's Cycle*）的演讲集及名为《暴风雨中的海胆》（*An Urchin in the Storm*）的书评集。他介绍寒武纪生物大爆发的《奇妙的生命》（*Wonderful Life*）一书，曾名列《纽约时报》最畅销书榜，1991 年获得英国皇家学会罗纳－普兰克奖（Rhone-Poulenc Prize）、美国历史协会的福柯奇奖（Forkosch Award），并获得 1991 年的普利策奖非小说类入围奖。在《追问千禧年》（*Questioning the Millennium*）一书中，古尔德用博学、热情和奇思妙想对千禧年的概念，以及其含义随时间的变化、末世论思想的发展等进行了探讨。在去世前的几个月，他最后的巨著《演化论的结构》（*The Structure of Evolutionary Theory*）面世，该书长达 1400 多页，全面总结了他在演化理论方面的思想。

在演化理论上，古尔德与埃尔德里奇发扬光大的点（间）断平衡论（Punctuated equilibrium）在学术界影响广泛，对传统的渐变演化论进行了有效的补充。该理论认为，从宏观的化石记录看，生物的演化表现为：迅速变化的短暂成种期与成种后漫长的停滞期两种状态的交替，即物种一般都处于长期稳定平衡的状态，直到新的成种事件打断这一平衡状态为止。在《个体发生和系统发育》（*Ontogeny and Phylogeny*，1977）一书中，古尔德对生物个体的发育、物种的演化和生物谱系发生之间的关系进行了梳理，探讨了生物重演律从苏格拉底时代到 20 世纪初的发展历史，是演化生物学的经典著作。

二

国人对于古尔德的了解大约开始于 20 世纪 80 年代初。随着改革开放的推进，我国各领域的学者开始接触国外的理论和成果，古生物学者开始积极介绍点（间）断平衡理论，如殷鸿福院士在 1982 年就曾撰文介绍过这一理论。但这时对古尔德的认识主要限于与古生物学和生物演化有关的专业领域。

中国公众对古尔德的认识可能要从 1997 年三联书店出版的中译本《自达尔文以来》算起，该书的译者为田洺。随后三联书店又在 1999 年出版了田洺翻译的古尔德的《熊猫的拇指》和《追问千禧年》等书，从此古尔德被中国很多自然史的爱好者和读书人所熟知。

笔者大约是在 1999 年左右迷上自然史的，古尔德的书也算是启蒙读物了，同时也知晓了田洺这个名字。2000 年，笔者考入中科院读研究生，第一年在位于北京玉泉路的中国科学技术大学研究生院（北京）学习基础课。当时有一门课的老师正是田洺，田洺老师身材高大，大脸盘，声音洪亮，上课时在教桌后面一坐，侃侃而谈，颇为洒脱。田洺老师课的内容很散，讲的主要是自然哲学史，从古希腊开始，泰勒斯、阿那克西曼德、阿那克西美尼，这些名字也是第一次走进笔者的世界。

田洺老师的课讲得很慢，一个学期结束时，也仅讲到了中世纪，连现代科学的诞生都没有到，课也就这样结束了。田洺老师的课也没有教材，又因为是选修课，只是当故事讲，让上课人了解一下即可。

由于上课的人来自各个研究所，专业各不相同，几乎没有人会以科学史或自然哲学为专业，最后考没考试也已经记不清了。在田洺老师课的影响下，笔者去玉泉路花鸟虫鱼市场的旧书摊购买了商务印书馆1975年翻译出版的丹皮尔的《科学史》和1985年华中工学院出版社翻译出版的洛伊斯·N.玛格纳的《生命科学史》等书，渐渐对科学史初步有了一点了解。

田洺老师在课上没有讲过他翻译的书的事情，很多人也并不知道他翻译出版了很多书。

一年的基础课学习后，笔者回到了自己的研究所跟着导师做具体的研究，以薇甘菊为材料研究外来物种入侵的生态和进化。硕士毕业后笔者又考入了中科院南古所，从事古植物学方面的学习和研究，距离古尔德的距离更近了。毕业后，笔者有幸留所工作，工作之余与同事合作翻译出版了古尔德的《奇妙的生命》一书，该书讲述了布尔吉斯页岩的发现和研究的故事，以及寒武纪生命大爆发在生命历史中的意义。书出版后笔者给田洺老师寄了一本。

大约是在2009年，科学院在合肥召开了一次有关科学传播的会议，笔者在会上又见到了田洺老师，在会后聊起了以前在北京上课的事，还聊起了方舟子，令人感慨万分。随后不久，田洺老师作为战略规划局副局长到南古所调研座谈再次见了面。如今，那次调研活动的报告在南古所的网站上还能找得到。调研座谈中，他谈及了对南古所的敬仰之情，以及对于戎嘉余院士早年组织并主持编写的《理论古生物学文集》的赞许，该书介绍了很多演化理论与古生物学结合的最近进展，其中就有古尔德等倡导的点（间）断平衡理论。

后来听说田洺老师离开了战略规划局，出任科学传播研究中心的主任。在到北京出差时前往他位于中关村中国科学院文献情报中心的办公室拜访，可惜他当时外出不在，没有见到。

再之后就是在 2016 年听说田洺老师因病去世了，年仅 58 岁，闻讯很是震惊。2018 年春，笔者在老家县医院陪父亲住院期间，闲来无事，查看微信中联系人的信息，找到了三位英年早逝的老师，心生感慨，并发了一条朋友圈，写道："在医院闲来无事，在微信中查看手机联系人显示名单，忽然发现有三位师长已经驾鹤西游了，他们都是自己专业中的一方诸侯，且都走得那么匆忙，给我们留下无尽的四年……"其中一位就是田洺老师，另外两位是复旦大学的钟扬老师和南古所的腕足化石专家陈秀琴老师，他们去世时的年纪都不大，最大的陈秀琴老师也仅刚过六十。

三

本书的翻译是田洺老师推荐的，由于笔者学力有限，本不想承接此项重要工作，但虚荣心作怪最终还是答应了下来。由于种种原因，翻译工作进展得很不顺利，并请重庆市地勘局 208 水文地质工程地质队的张锋博士翻译了 13、18 和 19 三篇，直到今年才得以全部完成。书中的错误和不当之处望请读者批评指正！

如今田洺老师已经去世 4 年了，而古尔德更是已经去世 18 年了。

"流光容易把人抛"。世间最无情的应该要算时间了。地球生命自大约 38 亿年前一路走来，历经波折，无数生命形式在地球这个大舞台上轮番上演，最终形成了我们今天所见的生机勃勃的星球。无论是现生的鲜活的，还是那些仅以化石形式保留下来的远古生命，与人类都有着或远或近的亲缘关系，追溯到某个时间点上，我们都有一个共同祖先。

作为生命演化的产物，人类虽然出现的时间相对较短，从与近亲黑猩猩分道扬镳算起，也不过七八百万年的时间，而走上文明之路的时间更是仅仅只有万年之短。得益于文字等的发明，人类走上了与其他亿万生灵不同的道路，具有了自我意识和认识改造周围世界的能力。

人类是自然之子，是大自然的有机部分，时时刻刻都在与周围的环境互动。从最初直观、感性的认识，到后来进行理性的解读，人类走过了漫长的道路。在对自然的认识上，地中海东北沿岸讲希腊语地区的哲学家率先试图辨识出构成万物的主要物质。正是这种对自然世界的哲学思考，奠定了理性和科学的传统。几经周折，在宗教和世俗力量的共同作用之下，现代科学最终在欧洲得以诞生，产生了我们今天所熟知的各个学科。

从古至今，博物学与人们生活的关系最为密切，对于各种自然物体的识别和解读贯穿整个人类的历史。人们对自然物体的认识不仅受限于个人的知识储备，而且受所处时代的认识水平和思想风潮所制约。人们在日常生活中总会发现一些出乎意料的异常现象，好奇心强的人必然会产生一些想法尝试解释这些事实，因此对于同一现象就可能产生很多不同的观点，甚至有些会相互冲突。例如高山上岩石中类似生物形态的物体，最初古希腊的哲人们还见山是山，认为它们是生物的残余；但在无法解释海洋生物如何会出现在距离大海千百里外的山巅岩石中，再加以人们受限于短暂的人生经验很难想象海陆的变迁时，生物残余的解释就难以被人接受了，于是有人提出是岩石内自发产生的类似生命形态的物体；随着时间的推移，化石为生物残余的事实被接受后，人们又在面临宗教统治人们思想时，采用了大洪水解释它们出现在高山上的原因。种种认识都是在各种新发现的启发下层层推进的，其过程从来不会一帆风顺，而是千回百转。

在整个人类对自然认识的历史中，对于生命的本质、化石的性质、进化是否发生等问题解答产生了各种各样的假说和理论，有些风靡一时，有些历久弥新，有些则沉寂在人类浩瀚的文献海洋中。无论如何，它们都是人类智慧的结晶。对于科学发展历史的追溯，是人类自我认识的过程，也是继往开来的必经之路。

古尔德深谙此理，在他的笔下，科学的往事纷至沓来，熔今天的常识与过去的误解于一炉，烹制出一道道美味的思想佳肴。从他的书中，从他的文章中，我们可以知道古人的误解有其历史背景，我们习以为常的事情其实是先前反复努力的智慧果实，我们对古人的误解也比比皆是。

就让我们随着古尔德的笔触走进时空深处，领略生命和科学波澜壮阔的历史吧！

傅　强

2020 年 2 月 27 日

南京　北极阁东南麓

参考文献

Bahn, P. G. and J. Vertut. 1988. *Images of the Ice Age*. New York: Facts on File.

Barber, L. 1980. *The Heyday of Natural History*. Garden City, N.Y.: Doubleday.

Barkai, A., and C. McQuaid. 1988. "Predator-Prey Role Reversal in a Marine Benthic Ecosystem." *Science* 242: 62-64.

Barnosky, A. 1985. "Taphonomy and Herd Structure of the Extinct Irish Elk *Megaloceras giganteus*." *Science* 228: 340-44.

Barnosky, A. 1986. "The Great Horned Giants of Ireland: The Irish Elk." *Carnegie Magazine* 58: 22-29.

Boyle, R. 1661. *The Sceptical Chymist*. London: J. Cadwell.

Boyle, R. 1688. *A Disquisition About the Final Causes of Natural Things*. London: H. C. for John Taylor.

Brace, C. L. 1977. *Human Evolution*. 2nd ed. New York: Macmillan.

Brace, C. L. 1991. *The Stages of Human Evolution*. Englewood Cliffs, N.J.: Prentice Hall.

Breuil, H. 1906. *L'Evolution de la peinture et de la gravure sur murailles dans les cavernes ornées de l'age du renne*. Paris: Congres Prehistorique de France.

Breuil, H. 1952. *Les Figures Incisées et Ponctuées de la Grotte de Kiantapo*. Belgium: Musée Royal du Congo Belge.

Brooks, W. K. 1889. "The Lucayan Indians." *Popular Science Monthly* 36: 88-98.

Brooks, W. K. 1889. "On the Lucayan Indians." *Memoirs of the National*

Academy of Sciences 4: 2, 213-23.

Brown, L., and D. Amadon. 1968. *Eagles, Hawks, and Falcons of the World.* New York: McGraw-Hill.

Buffon, G. 1752. *Histoire Naturelle.* Paris.

Burkholder, J. M., E. J. Noga, C. H. Hobbs, and H. B. Glassgow Jr. 1992. "New 'Phantom' Dinoflagellate Is the Causative Agent of Major Estuarine Fish Kills." *Nature* 358: 407-10.

Chambers, R. 1853. *A Biographical Dictionary of Eminent Scotsmen.* Glasgow: Blackie.

Chauvet, J. 1996. *Chauvet Cave: The Discovery of the World's Oldest Paintings.* London: Thames and Hudson.

Clutton-Brock, T. 1982. "The Functions of Antlers." *Behavior* 79:108-25.

Coe, M. D. 1992. *Breaking the Maya Code.* New York: Thames and Hudson.

Cuvier, G. 1812. *Recherches sur les ossemens fossiles.* Paris: Deterville.

Dagg, A., and J. B. Foster. 1976. *The Giraffe: Its Biology, Behavior, and Ecology.* New York: Van Nostrand Reinhold Co.

Dana, J. D. 1852-55. *Crustacea.* Philadelphia: C. Sherman.

Dana, J. D. 1857. *Thoughts on Species.* Philadelphia.

Dana, J. D. 1863. "On Parallel Relations of the Classes of Vertebrates, and on Some Characteristics of the Reptilian Birds." *American Journal of Science* 36:315-21.

Dana, J. D. 1863-76. "The Classification of Animals Based on the Principle of Cephalization." *American Journal of Science,* 1863, 36:321-52, 440-41; 1864, 37:10-33, 157-83; 1866, 41:163-74; 1876, 12:245-51.

Dana, J. D. 1872. *Corals and Coral Islands.* New York: Dodd & Mead.

Dana, J. D. 1876. *Manual of Geology.* 2nd ed. New York: Ivision, Blakeman, Taylor and Company.

Darwin, C. 1842. *The Structure and Distribution of Coral Reefs.* London.

Darwin, C. 1851-54. "A Monograph on the Fossil Cirripedes of Great Britain. (Lepadidae, Balanidae, Verrucidae)." London: Palaeontographical Society.

Darwin, C. 1859. *On the Origin of Species.* London: John Murray.

Darwin, C. 1868. *The Variation of Animals and Plants Under Domestication.* London: John Murray.

Darwin, C. 1881. *The Formation of Vegetable Mould Through the Action of Worms.* London: John Murray.

De Robertis, E. M., and Y. Sasai. 1996. "A Common Plan for Dorsoventral

Patterning in Bilateria." *Nature* 380: 37-40.

Delage, Y. 1884. *Evolution de la Sacculine* (Sacculina Carcini *Thomps*): *Crustace endoparasite de l'ordre nouveau des Kentrogonides*. Paris: Centre National de la Recherche Scientifique.

Dickens, C. 1859-1895. *All the Year Round*. London: Chapman and Hall.

Dickens, C. 1865. *Our Mutual Friend*. Philadelphia: T. B. Peterson & Brothers.

Dimery, N. J., R. McN. Alexander and K. A. Deyst. 1985. "Mechanics of the Ligamentum Nuchae of Some Artiodactyls." *Journal of Zoology* 206: 341-51.

Du Chaillu, P. B. 1861. *Explorations and Adventures in Equatorial Africa*. London: John Murray.

Egerton, J. 1995. *Turner: The Fighting* Temeraire. London: National Gallery Publications.

Farago, C. 1996. *Leonardo da Vinci: Codex Leicester: A Masterpiece of Science*. New York: American Museum of Natural History.

Figuier, L. 1863. *La Terre Avant la Deluge*. Paris: Hachette.

François, V. and E. Bier. 1995. "The *Xenopus chordin* and the *Drosophila short gastrulation* Genes Encode Homologous Proteins Functioning in Dorsal-Ventral Axis Formation." *Cell* 80: 19-20.

François, V., M. Solloway, J. W. O'Neill, H. Emery, and E. Bier. 1994. "Dorsal-Ventral Patterning of the *Drosophila* Embryo Depends on a Putative Negative Growth Factor Encoded by the *short gastrulation* Gene. *Genes and Development* 8: 2602-26.

Gaskell, W. H. 1908. *The Origin of Vertebrates*. London: Longmans, Green and Co.

Geoffroy St. Hilaire, E. 1822. "Considérations générales sur la vertèbre." Paris, *Memoires du Museum National D'Histoire Naturelle* 9: 89-119.

Gerace, D. T., ed. 1987. "Columbus and His World." San Salvador, Bahamian Field Station. Fort Lauderdale: The Station.

Glenner, H., and J. T. Høeg. 1995. "A New Motile, Multicellular Stage Involved in Host Invasion by Parasitic Barnacles (Rhizocephala)." *Nature* 377: 147-50.

Goffart, M. 1971. *Function and Form in the Sloth*. New York: Pergamon Press.

Gosse, P. H. 1856. *The Aquarium: An Unveiling of the Wonders of the Deep Sea*. 2nd ed. London: J. Van Voorst.

Gould, S. J. 1965. "Is Uniformitarianism Necessary?" *American Journal of*

Science 263: 223-28.

Gould, S. J. 1974. "The Origin and Function of 'Bizarre' Structures: Antler Size and Skull Size in the 'Irish Elk.' " *Evolution* 28: 191-220.

Gould, S. J. 1977. *Ontogeny and Phylogeny.* Cambridge, Mass.: Belknap Press of Harvard University Press.

Gould, S. J. 1986. "Knight Takes Bishop?" *Natural History* 95:5, 18-33.

Gould, S. J. 1992. "Red in Tooth and Claw." *Natural History* 101:11, 14-23.

Gould, S. J. 1994. "Lucy on the Earth in Stasis." *Natural History* 103:9, 12-20.

Greenberg, J. 1983. "Poetic Justice in the Arizona Desert." *Science News* 124:19, 293.

Gross, C. G. 1993. "Hippocampus Minor and Man's Place on Nature: A Case Study in the Social Construction of Neuroanatomy." *Hippocampus* 3: 403-13.

Hibberd, S. 1858. *Rustic Adornments*, 2nd ed. London: Groombridge and Sons.

Hitching, F. 1983. *The Neck of the Giraffe: Darwin, Evolution, and the New Biology.* New York: New American Library.

Høeg, J. T. 1985. "Cypris Settlement, Kentrogon Formation and Host Invasion in the Parasitic Barnacle *Lernaeodiscus porcellanae* (Muller) (Crustacea: Cirripedia: Rhizocephala)." *Acta Zoologica* 66: 1-45.

Holley, S. A., P. D. Jackson, Y. Sasai, B. Lu, E. M. De Robertis, F. M. Hoffmann, and E. L. Ferguson. 1995. "A Conserved System for Dorsal-Ventral Patterning in Insects and Vertebrates Involving *Sog* and *Chordin.*" *Nature* 376: 249-53.

Huxley, T. H. 1863. *Evidence as to Man's Place in Nature.* New York: D. Appleton.

Jackman, R., S. Nowicki, D. J. Aneshanslex, and T. Eisner. 1983. "Predatory Capture of Toads by Fly Larvae." *Science* 222: 515-16.

James, H. 1898. *The Two Magics: The Turn of the Screw.* London: Macmillan & Co.

Johanson, D. C. and D. Edgar. 1996. *From Lucy to Language.* London: Weidenfeld & Nicolson.

Kemp, M. 1981. *Leonardo da Vinci: The Marvellous Works of Nature and Man.* Cambridge, Mass: Harvard University Press.

Kennedy, D. H. 1983. *Little Sparrow: A Portrait of Sophia Kovalevsky.* Athens: Ohio University Press.

Kimmel, C. B. 1996. "Was Urbilateria Segmented?" *Trends in Genetics* 12: 329-31.

Kingsley, C. 1863. *The Water Babies.* New York: Macmillan.

Kipling, R. 1902. *Just So Stories for Little Children.* New York: Doubleday.

Kircher, A. 1664. *Mundus Subterraneus.* Amsterdam: J. Jansson.

Kitchener, A. 1987. "Fighting Behaviour of the Extinct Irish Elk." *Modern Geology* 11: 1-28.

Koford, C. B. 1953. *The California Condor.* New York: National Audubon Society.

Kovalevsky, V. 1980. *The Complete Works of Vladimir Kovalevsky.* Edited by S. J. Gould. New York: Arno Press. (Contains French articles on horses, 1873; German article on horses, 1876; English article on artiodactyls, 1874; and two German articles on artiodactyls, 1876.)

Krafft-Ebing, R. von. 1892. *Psychopathia Sexualis.* London: F. A. Davis Co.

Lamarck, J. B. 1809. *Philosophie Zoologique.* Paris: Dentu.

Lankester, E. R. 1880. *Degeneration: A Chapter in Darwinism.* London: Macmillan and Co.

Leroi-Gourhan, A. 1967. *Treasures of Prehistoric Art.* New York: H. N. Abrams.

Levin, I. 1976. *The Boys from Brazil.* New York: Random House.

Linnaeus, C. 1758. *Systema Naturae.* Stockholm.

Linnaeus, C. 1759. *Genera Morborum.* Upsala.

Linnaeus, C. 1771. *Fundamenta Testaceologiae.* Upsala: ex officena Edmanniana.

Lister, A. M. 1994. "The Evolution of the Giant Deer, *Megaloceros giganteus* (Blumembach)." *Journal of the Linnean Society of London* 112:65-100.

Lowell, P. 1906. *Mars and Its Canals.* New York: Macmillan Company.

Lutzen, J. 1984. "Growth, Reproduction, and Life Span in *Sacculina carcini* Thompson (Cirripedia:Rhizocephala) in the Isefjord, Denmark." *Sarsia* 69: 91-106.

Lyell, C. 1832-33. *Principles of Geology.* London: J. Murray.

MacCurdy, E. 1939. *The Notebooks of Leonardo da Vinci.* New York: Reynal & Hitchcock.

Mayr, E. 1963. *Animal Species and Evolution.* Cambridge, Mass.: Belknap Press of Harvard University Press.

McKay, D. S., E. K. Gibson Jr., K. L. Thomas-Keprta, H. Vali, C. S. Romanek, S. J. Clemett, X. D. F. Chillier, C. R. Maechling, and R. N. Zare. 1996. "Search for Past Life on Mars: Possible Relic Biogenic Activity in Martian

Meteorite ALH84001." *Science* 273: 924-30.

Mendes da Costa, E. 1757. *A Natural History of Fossils.* London: L. Davis and C. Reymers.

Mendes da Costa, E. 1776. *Elements of Conchology, or, An Introduction to the Knowledge of Shells.* London: B. White.

Mitchell, G. F., and H. M. Parkes. 1949. "The Giant Deer in Ireland." *Proceedings of the Royal Irish Academy* 52(B)(7):291-314.

Mivart, St. George J. 1871. *On the Genesis of Species.* New York: D. Appleton and Co.

Morison, S. E. 1942. *Admiral of the Ocean Sea.* Boston: Little, Brown and Co.

Muller, F. 1864. *Für Darwin.* Leipzig: Wilhelm Engelmann.

Nichols, J. 1817-58. *Illustrations of the literary history of the eighteenth century. Consisting of authentic memoirs and original letters of eminent persons; and intended as a sequel to the Literary anecdotes.* London: Nichols, Son, and Bentley.

Osborn, H. F. 1918. *The Origin and Evolution of Life: On the Theory of Action, Reaction and Interaction of Energy.* London: G. Bell.

Owen, R. 1846. *A History of British Fossil Mammals, and Birds.* London: J. Van Voorst.

Owen, R. 1865. *Memoir on the Gorilla.* London: Taylor and Francis.

Owen, R. 1866. *Memoir of the Dodo.* London: Taylor and Francis.

Paley, W. 1802. *Natural Theology.* London: R. Faulder.

Patten, E. 1920. *The Grand Strategy of Evolution.* Boston: R. G. Badger.

Rehbock, P. F. 1980. "The Victorian Aquarium in Ecological and Social Perspective." In M. Sears and D. Merriman, eds. *Oceanography: The Past, International Congress on the History of Oceanography.* New York: Springer Verlag.

Richter, P. J. 1883. *The Literary Works of Leonardo da Vinci.* London: S. Low, Marston, Searle & Rivington.

Ritchie, L. E., and J. T. Høeg. 1981. "The Life History of *Lernaeodiscus porcellanae* (Cirripedia:Rhizocephala) and Co-Evolution with its Porcellanid Host." *Journal of Crustacean Biology* 1: 334-47.

Rolfe, W. D. Ian, 1983. "William Hunter (1718-1783) on Irish 'Elk' and Stubbs's Moose." *Archives of Natural History* 11: 263-90.

Rudwick, M. J. S. 1992. *Scenes from Deep Time.* Chicago: University of Chicago Press.

Rupke, N. A. 1994. *Richard Owen: Victorian Naturalist.* New Haven: Yale University Press.

Ruspoli, M. 1987. *The Cave of Lascaux: The Final Photographs.* New York: Abrams.

Sauer, C. O. 1966. *The Early Spanish Main.* Berkeley: University of California Press.

Scheuchzer, J. J. 1732-37. *Physique Sacrée, ou Histoire-Naturelle de la Bible.* Amsterdam: Chez P. Schenk.

Smith, G. 1968. *The Dictionary of National Biography.* Oxford: Oxford University Press.

Stager, K. E. 1964. "The Role of Olfaction in Food Location by the Turkey Vulture (*Cathartes aura*)." *Los Angeles County Museum Contributions in Science* 81:63.

Strickland, H. E. and A. G. Melville. 1848. *The Dodo and Its Kindred.* London: Reeve, Benham, and Reeve.

Stringer, C. 1996. *African Exodus.* London: Cape.

Swisher III, C. C., W. J. Rink, S. C. Anton, H. P. Schwarcz, G. H. Curtis, A. Suprijo, and Widiasmoro. 1996. "Latest *Homo erectus* of Java." *Science* 274:5294, 1870-74.

Thompson, D. W. 1942. *On Growth and Form.* Cambridge: Cambridge University Press.

Turner, R. 1992. *Inventing Leonardo.* Berkeley: University of California Press.

Tyson, E. 1699. *Orang-outang, sive,* Homo sylvestris, *or the Anatomy of a Pygmie compared with that of a Monkey, an Ape, and a Man.* London: T. Bennet, Daniel Brown, and Mr. Hunt.

Vacelet, J., and N. Boury-Esnault. 1995. "Carnivorous Sponges." *Nature* 373: 333-35.

Wallerius, J. G. 1747. *Mineralogia, Eller Mineralriket, Indelt och beskrifvit.* Stockholm.

Whitehead, P. J. P. 1977. "Emmanuel Mendes da Costa (1717-1791) and the *Conchology, or Natural History of Shells." Bulletin of the British Museum of Natural History* (Historical Series), 6: 1-24.

Wood, J. G. 1868. *The Fresh and Salt-Water Aquarium.* London: G. Routledge.

图片来源

感谢以下机构允许复制使用：

第 21 页　*La Gioconda* (the Mona Lisa), Leonardo da Vinci, Louvre, Paris, France. Neg. no. 93DE1846. Photograph by RMN-R. G. Ojeda.

第 26, 28, 29, 31 页　Sketches by Leonardo da Vinci from the Leicester Codex. Courtesy of Seth Joel/Corbis Corporation.

第 38 页　*The Fighting* Temeraire *Tugged to Her Last Berth to Be Broken Up, 1838,* J.M.W. Turner, 1839, copyright © National Gallery, London.

第 60, 61 页　From *Physica Sacra*, J. J. Scheuchzer, 1730s. Photographs by Jackie Beckett, American Museum of Natural History.

第 63, 65 页　From *The Earth Before the Flood*, Louis Figuier, 1863, and 4th ed., 1865. Photographs by Jackie Beckett, American Museum of Natural History.

第 66 页　From *Rustic Adornments*, Shirley Hibberd, 2nd ed., 1858. Photographs by Jackie Beckett, American Museum of Natural History.

第 72 页　From *Fundamenta Testaceologiae*, Carolus Linnaeus, 1771.

第 127 页　From *On the Classification and Geological Distribution of the Mammalia*, Richard Owen, 1859.

第 154 页　From monograph, Vladimir Kovalevsky, 1876. Photograph by Craig Chesek, American Museum of Natural History.

第 169 页　Lascaux Cave painting. Photograph by Jean-Marie Chauvet/Sygma. Courtesy of the French Government Tourist Office.

第 191 页　*The Moose*, George Stubbs, 1770, Hunterian Art Gallery, University of Glasgow, Scotland.

第 193 页　*Megaloceros* from Cougnac Cave, southwest France. Modified after Lorblanchet et al., 1993, by A. M. Lister, 1994, *Zoological Journal of the Linnean Society*, London.

第 199 页　Skeleton of an Irish elk, Richard Owen, 1846. Neg. no. 2A23132. Courtesy of the Department of Library Services, American Museum of Natural History.

第 216 页　Copyright©1997 Donald C. Johanson. Used by permission of Nevraumont Publishing Co., New York.

第 230 页　Photographs courtesy of Sally Walker.

第 232 页　Photograph by Jackie Beckett, American Museum of Natural History.

第 248 页　From *Memoir of the Dodo*, Richard Owen, 1866. Neg. no. 5848. Courtesy of the Department of Library Services, American Museum of Natural History.

第 250 页　left: From *Memoir of the Dodo*, Richard Owen, 1866. Neg. no. 5847. right: From *The Dodo and Its Kindred*, H. E. Strickland and A. G. Melville, 1848. Neg. no. 5869. Both courtesy of the Department of Library Services, American Museum of Natural History.

第 262 页　Illustration by John Tenniel from *Alice's Adventures in Wonderland*, Lewis Carroll, 1865. Copyright © Corbis-Bettmann.

第 267 页　Engraving of Anton Von Werner's original painting, copyright © The Granger Collection, New York.

第 307 页　*Evolution*, copyright © Vint Lawrence, 1995.

第 323 页　*La giraffe*, Georges Buffon.

第 340 页　From *The Origin of Vertebrates*, Walter Holbrook Gaskell, 1908.

第 342, 343 页　From *Memoires du Museum d'Histoire Naturelle*, Geoffroy Saint-Hilaire, 1822. Neg. nos. 338680, 337423. Photographs by Jackie Beckett. Courtesy of the Department of Library Services, American Museum of Natural History.

第 352 页　E. M. De Robertis and Y. Sasai; reprinted with permission from *Nature*, vol. 380. Copyright © 1996 Macmillan Magazines Limited.

第 360 页　From *Mars and Its Canals*, Percival Lowell (New York: Macmillan, 1906). Courtesy of the Lowell Observatory, Arizona.

第 375 页　Copyright © UPI/Corbis-Bettmann.

第 379 页　From *Degeneration: A Chapter in Darwinism*, E. Ray Lankester (London: Macmillan and Co., 1880).

第 384 页　Courtesy of Archives de Zoologie Expérimentale Deuxième Série, Tome II, 1884.

第 387 页　Beth Beyerholm; with permission from *Nature*, vol. 377. Copyright © 1995 Macmillan Magazines Limited.

第 390 页　Courtesy of Nancy J. Haver, from *Invertebrates*, R. C. Brusca and G. J. Brusca (Sinauer Associates, 1990).

第 420 页　*Reverse Evolution* copyright © Vint Lawrence, 1995.

索引

图书在版编目（CIP）数据

达·芬奇的贝壳山和沃尔姆斯会议 /（美）斯蒂芬·杰·古尔德著；傅强，张锋译. —北京：商务印书馆，2020

（自然文库）

ISBN 978-7-100-18632-2

Ⅰ.①达… Ⅱ.①斯… ②傅… ③张… Ⅲ.①生命科学—文集 Ⅳ.① Q1-0

中国版本图书馆 CIP 数据核字（2020）第 096640 号

自然文库
达·芬奇的贝壳山与沃尔姆斯会议
〔美〕斯蒂芬·杰·古尔德　著
傅强　张锋　译

商 务 印 书 馆 出 版
（北京王府井大街 36 号　邮政编码 100710）
商 务 印 书 馆 发 行
北京新华印刷有限公司印刷
ISBN 978 - 7 - 100 - 18632 - 2

2020 年 8 月第 1 版　　　开本 710×1000　1/16
2020 年 8 月北京第 1 次印刷　　印张 28¾

定价：88.00 元